KB127065

0612
입속사용
설명서

신생아~12세까지 우리 아이를 위한
0612 입속사용설명서

초판 1쇄 발행 2023년 4월 30일

지은이 공정인
그림 신연지
디자인 제이로드

발행처 늘푸른봄
주소 충청남도 천안시 서북구 노태산로 73
전화 070-4880-3900
팩스 070-7543-8375
이메일 dalbaram77@naver.com

ISBN 979-11-982815-1-7 03590

- 값은 뒤표지에 있습니다.
- 잘못 만들어진 책은 구입하신 곳에서 교환해 드립니다.

신생아~12세까지

우리 아이를 위한

0612 입속사용 설명서

공정인 지음

늘푸른봄

프롤로그

"아이 데리고 치과 가기 무섭고, 막막해요"
"신경 써서 한다고 했는데, 또 충치가 생겼어요"
"우리 아이가 치아교정을 받아야 하나요?"

초보 엄마들이 많이 하는 이야기입니다. 아이가 태어나면 기쁨과 동시에 미지의 세계가 열립니다. 힘들기도 하지만 아이를 통해 말로 표현할 수 없는 행복감을 느끼기도 하지요. 육아라고 하는 것은 우리에게 이렇게 여러 감정을 가져다줍니다. 아이를 키우는 것은 동시에 많은 것을 알아가야 합니다.

갓 태어난 아이는 입안에 치아가 없습니다. 닦아야 할까요? 아니면 안 닦아도 될까요? 생후 6개월이 되면 첫니가 나기 시작합니다. 그 치아는 어떻게 닦아야 할까요? 안타깝지만 치과에서 종사하는 의료인조차도 이것에 대해 자세히 안내해 줄 수 있는 사람은 많지 않습니다. 지금껏 치과의 치료 기술은 눈부시게 발달하여 왔습니다. 반면에 부끄럽지만, 질환을 예방하고 건강을 지키는 활동은 매우 부족합니다.

조금만 더 살펴볼까요? '생후 6개월부터 만 12세까지' 아이의 입속에서는 엄청난 변화가 있습니다. 20개의 유치가 나오고, 어느 순간 하나씩 빠지게 됩니다. 결국 28개의 어른 치아가 만들어집니다. 이 과정에서 위턱과 아래턱도 자라며 얼굴의 외형이 결정됩니다.

너무나 중요한 이 시기에 대해 양육자가 원하는 정보를 얻는 것은 쉽지 않은 일이었습니다. 아이의 건강한 치아와 올바른 얼굴 성장을 위해 개월별, 연령별로 상세히 알려주는 육아지침서는 찾기 어려웠기 때문입니다.

육아는 어렵습니다. 우선 정확한 정보를 찾는 것도 만만치 않습니다. 알아야 할 것이 너무나 많습니다. 게다가 알고 있어도 실천해 내기는 더 어려운 일이지요. 우리는 이것을 너무나 잘 알고 있습니다.

하지만 우리는 또한 알고 있습니다. 부모는 위대합니다. 그 누구도 완벽하진 않지만, 자신의 아이에게 최선을 다합니다. 아낌없이 헌신합니다. 힘들고 부족하지만 사랑의 힘으로 아이를 키워갑니다. 부모도 함께 성장합니다. 이 책은 그런 보통의 부모를 위해 집필되었습니다.

예방치의학을 공부하며 아이들의 교육과 예방이 중요하다는 것을 점점 느끼게 되었습니다. 그리고 그것은 양육자에 의해 결정되는 것도 알게 되었고요. 결국 가장 이상적인 예방은 예비 부모에서부터 시작합니다. 임신기, 신생아 출산, 그리고 생후 개월별 필요한 치과 정보들이 많이 있습니다. 그러한 입안속과 얼굴의 변화가 만 12세까지 이어집니다. 알아야 할 임신, 출산, 육아의 지식에 상당한 비중을 차지하고 있습니다.

이 책은 임신·출산부터 개월별·연령별로 아이가 성장함에 따라 알아야 할 치과적인 모든 내용을 담았습니다. 손쉽게 집에서 할 수 있는 것들을 정리하였습니다. 또한 이갈이, 손가락 빨기 등 악습관의 조절과 균형 잡힌 얼굴 성장에 대해서도 다루어져 있습니다. 요즘에 부모들이 가장 궁금해하는 내용들입니다. 단순 기능을 넘어 생활 습관과 심미적인 것이 아이의 건강한 삶을 만든다고 믿기 때문이겠지요. 다시 한번 강조하고 싶은 것이 있습니다. 우리는 누구도 완벽할 수 없습니다. 육아에서만큼은 말이죠. 이것을 인정할 때, 우리는 지치지 않고 아이에게 사랑을 줄 수 있습니다.

이 책을 통해 부모가 아이를 건강한 삶으로 이끄는 데 조금이라도 보탬이 되기를 기대해 봅니다. 부모와 아이가 성장의 중요한 시기를 슬기롭고 행복하게 지나는 것을 희망합니다.

2023년 4월

공정인

차례

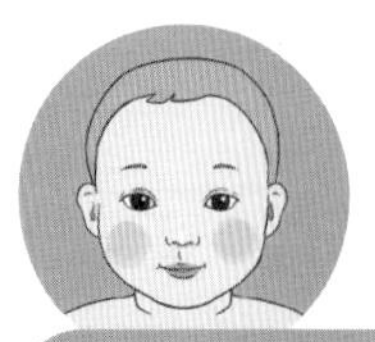

Part 1 임신전/임신기

Chapter 1 임신전 임신준비

Chapter 2 임신기

Part 2 신생아~5개월 무치열기 (치아가 없는 시기)

Chapter 3 신생아~2개월

Chapter 4 3~5개월

Part 3 6개월~5세 유치열기 (젖니가 나는 시기)

Chapter 5 6개월

Chapter 6 6~12개월

Chapter 7 13~17개월

Chapter 8 18~24개월

Chapter 9 3·4·5세

Part 3 6~12세 혼합치열기 (젖니가 빠지는 시기)

Chapter 10 6세

Chapter 11 7·8·9세

Chapter 12 10·11·12세

앞니가 나온 뒤 어금니가 바뀌는 시기 316

부록

일러두기

❶ 본문에 나오는 개월은 생후 개월 수입니다. 또한 나이는 모두 만 나이입니다.

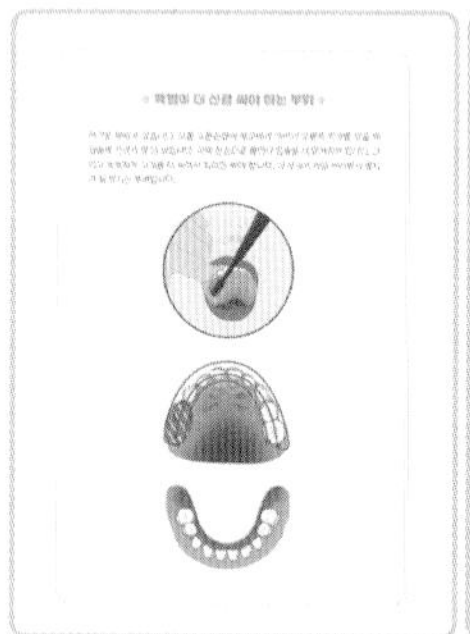

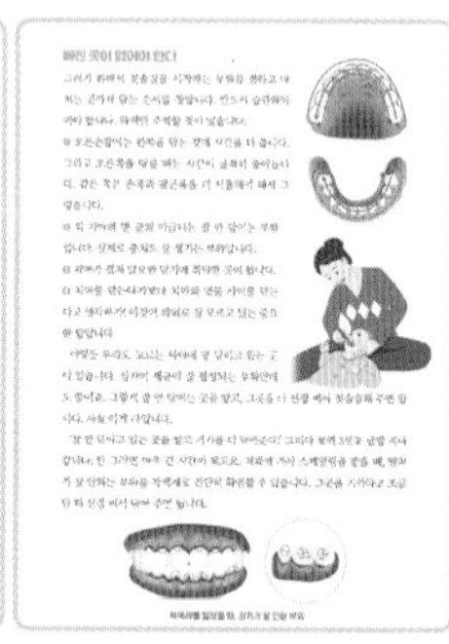

❷ 생후 개월별, 연령별로 주요 내용이 반복될 수 있습니다. 치아를 닦는 법, 입안을 관리하는 법, 안 좋은 습관을 교정하는 법 등입니다. 0~12세까지 아이의 성장단계에 따라 찾아봐야 하기에 필요한 내용은 빠짐없이 담았습니다.

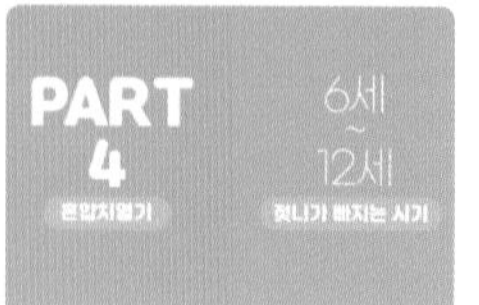

❸ 아이마다 다소 차이는 있지만 젖니(유치)와 어른 치아(영구치)의 교체에 따라 시기를 구분하는 용어가 있습니다.

신생아~5개월은 치아가 없는 무치열기, 6개월~5세는 유치가 있는 유치열기, 6세~12세는 유치와 영구치가 같이 있는 혼합치열기, 13세 이후는 영구치가 다 나온 영구치열기로 나누어집니다.

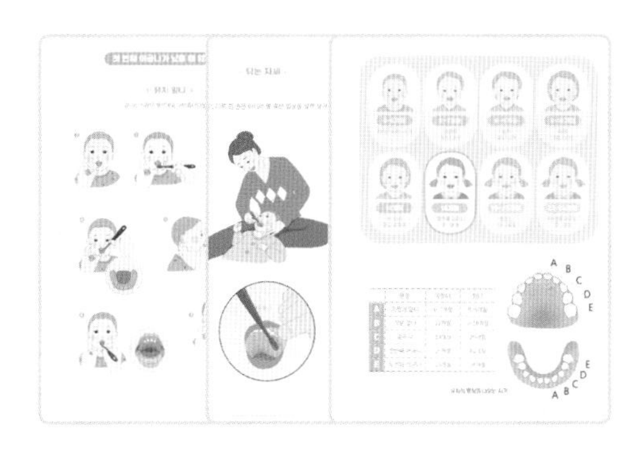

④ 이 책에서는 주로 신생아~12세까지의 무치열기, 유치열기, 혼합치열기를 다루고 있습니다.

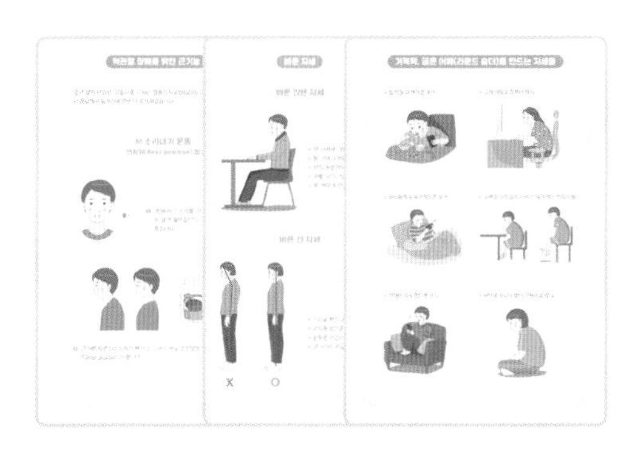

⑤ 이 책의 입속관리법과 악습관의 교정, 그리고 얼굴 성장에 관한 것은 중·고등학생을 둔 부모에게도 유용한 내용입니다.

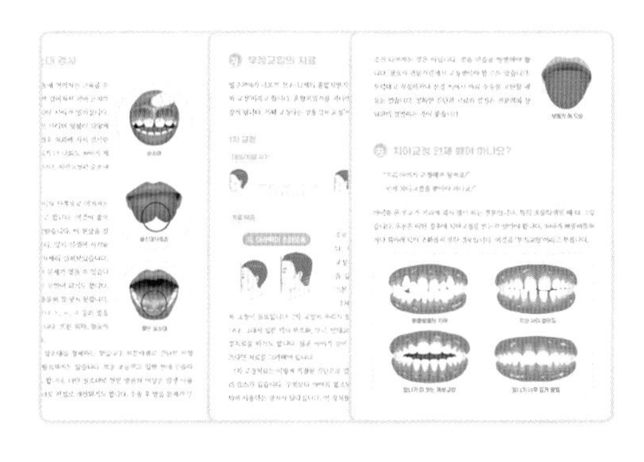

⑥ 아이의 구강질환이나 악습관, 얼굴 성장의 평가 등은 치과의사의 정확한 진단과 치료가 필요합니다. 책의 정보는 평상시에 참고하여 질병을 예방하며, 치료의 적정 시기를 놓치지 않게 도와주는 지침서로 활용하세요.

PART 1

임신전

임신준비

임신기

"임신하면 잇몸이 약해진다?"

임산부의 최소 1/3은 임신성 치은염에 걸린다고 보고되어 있습니다. 만약 입안 속의 유해균이 염증으로 인해 약해진 혈관을 침투하면, 자궁까지 이동하여 태아에 영향을 미치게 됩니다.

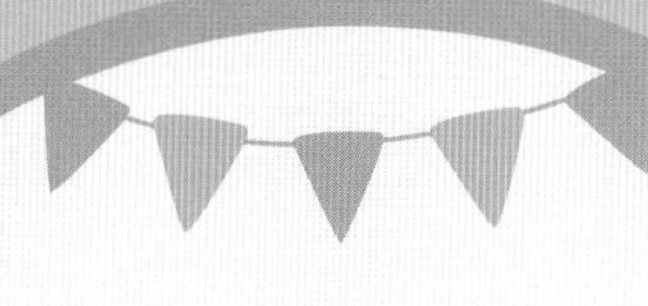

Chapter 1

임신전

임신준비

임신전 (임신준비)

□ 임신 전 치과검사 (충치/치주/사랑니/턱관절/악습관)
□ 임신성 치은염 (증상/관련된 전신질환/치료/예방)

임신하면 잇몸이 약해진다?

예전에 할머니들이 자주 해주시던 이야기가 있습니다. "네 엄마가 너희들을 낳고 잇몸이 약해져서 치아가 많이 빠졌 단다" 혹은 "나 또한 네 엄마를 낳고 이가 다 빠져서 결국 틀니를 쓰게 된 거다" 치과의사가 되기 전에는 '애를 낳다가 힘을 너무 많이 줘서 잇몸과 치아가 나빠지신 건가?' 이렇게 생각하기도 하였습니다. 만약 그렇다면 슬프기도 하고, 아름다운 엄마의 숭고한 사랑이 느껴지는 얘기입니다.

나중에 치과의사가 되어서 임신 중 잇몸이 나빠지는 것 때문이라는 걸 알게 되었습니다. 엄마의 숭고한 헌신을 느끼게 하는 이야기에 중요한 과학적인 인과관계가 있다는 것을 알게 된 것입니다. 변함없는 사실은 우리의 탄생에는 어머니의 사랑과 희생이 관통하고 있다는 것이죠.

임신성 치은염은 임신으로 인해 임산부의 몸이 변하여 염증에 취약해지는 누구나 겪게 되는 과정입니다. 임신하면 산모에게 다양한 신체 변화가 생깁니다. 우선 호르몬의 변화와 구강 혈관의 확장 등으로 염증에 취약한 구조가 됩니다. 임신성 치은염이 잘 생기게 되는 것이죠. 임산부의 최소 1/3은 임신성 치은염에 걸린다고 보고되어 있습니다. 만약 입안 속의 유해균이 염증으로 인해 약해진 혈관을 침투하면, 자궁까지 이동하여 태아에 영향을 미치게 됩니다. 이에 따라 조산과 저체중아의 확률이 4~7배까지 높아집니다. 임신성 치은염을 알고 대비하는 것은 아기의 건강한 출생을 위해 너무나 중요합니다.

임신 전에 치과 검사도 중요하다

임신 전에 간염검사, 매독검사, 풍진검사, 자궁경부암검사, 빈혈검사, 성병, 에이즈검사 등을 받으면 좋습니다. 보건소나 산부인과에 문의하면 자세히 안내해 줍니다. 아울러 치과적으로는 충치검사, 치주검사가 필요합니다.

충치검사

신생아의 입속은 무균상태로 태어납니다. 충치는 충치원인균이 있어야 진행되는데, 안타깝지만 대부분의 충치균은 엄마로부터 옮겨집니다. 임신 전에 부모가 충치 치료를 받아 위험요소를 줄이는 게 중요합니다. 또한 임신기에는 중기를 제외하고는 치료받기에 불편함이 많습니다. 안타깝지만 초기, 후기에는 치료받지 못하고 참게 되는 경우도 있습니다. 미리 충치 검사를 해서 치료 받는 게 필요합니다.

치주검사

임신기에는 누구나 잇몸이 약해질 수 있습니다. 임신성 치은염에 걸리기 쉽습니다. 임신 전에 잇몸에 대한 건강도를 알고 대비를 하는 게 좋습니다. 치석은 입안의 나쁜 세균들이 딱딱하게 집을 짓고 치아 사이에 달라붙어 살게 되는 것입니다. 이 잇몸병원인균이 내뿜는 독성물질로 인해 잇몸이 붓고, 피가 나고, 냄새나게 됩니다. 더 진행되면 치아 주변의 뼈를 녹입니다. 풍치라고 하는 치아가 움직이게 되는 증상이 생깁니다.

치석 안의 세균들은 강한 항생제로도 죽지 않으며 당연히 일반 약으로는 해결이 안 됩니다. 반드시 물리적 제거를 해야 합니다. 임신 전에 스케일링을 통해 청소하고, 이를 잘 닦는 법을 익혀 치석이 덜 생기게 해야 합니다.

임신성 치은염

증상

- 잇몸이 검붉은색을 띠고 자주 붓는다.
- 자극이 가해지면 피가 나고 아프다
- 입 냄새가 심해진다.
- 임신 초기 2~3달 무렵에 심해지기 시작한다. 임신성 치은염은 임신 중기와 후기 사이, 보통 임신 8개월째에 가장 심한 양상을 보인다.
- 출산 후 2개월이 지나면 증상은 완화된다.

관련된 전신질환

임신성 치은염은 결국 산모의 잇몸뼈를 약해지게 하여 치아의 움직임이 증가하는 풍치를 일으킵니다. 한번 약해진 치조골은 회복이 안 되며 서서히 치아들이 약해지게 됩니다. 그리고 염증이 있는 잇몸의 유해 세균은 혈관을 따라 온몸을 돌아다니게 되는데 그림에서와 같이 다양한 질환을 일으킵니다. 앞서 이야기했듯이 중요한 사실은 태아에게도 심각한 영향을 미친다는 것입니다.

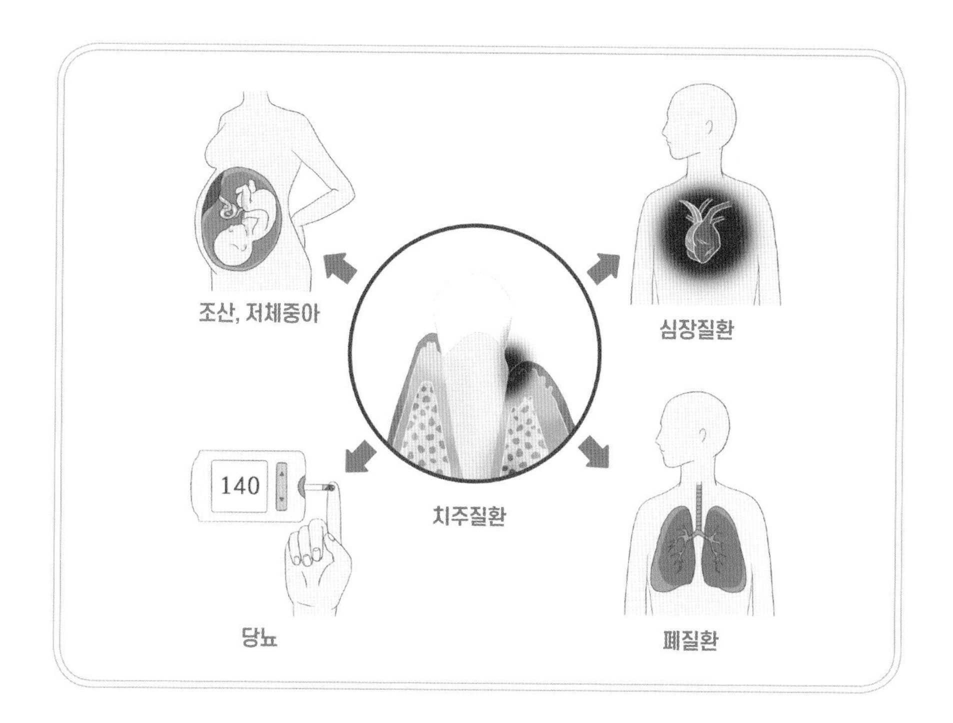

치료

임신 중기는 간단한 치과 치료와 치석 제거를 받을 수 있습니다. 치과에서 치석과 플라그를 제거하고, 올바른 관리법으로 양치합니다. 되도록 간식을 줄이고 식사 후에는 반드시 잘 닦아줍니다.

임신기의 잇몸 염증은 생각보다 심각한 결과를 가져올 수 있습니다. 1980년대 이후에 이에 관한 수많은 연구 결과가 이를 말해주고 있습니다. 다행히 임신성 치은염의 예방은 어렵지 않습니다.

임신성 치은염의 예방

❶ 임신 전에 잇몸의 건강 상태를 검사하고, 사전 진료를 받는다.

❷ 치석과 플라그 등이 있다면 깨끗이 제거한다.

❸ 간식을 줄이고 식사 후는 반드시 양치한다.

④ 임신 중기는 간단한 치과 치료와 치석 제거를 받을 수 있다.
⑤ 올바른 입속관리법을 익혀 적절한 관리 상태를 유지한다.

기타 필요한 검사

사랑니검사

임신 후에 사랑니로 인해 고생하는 경우가 많습니다. 사랑니가 잇몸 위로 머리를 살짝 내밀고 있을 때는 그 사이로 음식 찌꺼기가 들어갑니다. 평상시에는 큰 증상이 없더라도 임신 중이라면 얘기가 달라집니다. 임신성 치은염으로 인해 쉽게 염증이 생깁니다. 아프고 붓고 냄새나게 됩니다. 통증도 생깁니다. 치료받고 싶어도 임신 중에는 쉽지 않습니다. 임신 전에 사랑니를 검사하여 문제가 될 것 같으면 미리 이를 뽑는 게 좋습니다.

턱관절검사

턱관절 질환은 상당히 흔합니다. 턱관절 장애를 잘 모르고 있다가 임신 후 알게 되기도 합니다. 귓구멍 앞에 위턱과 아래턱이 만나서 운동을 하는 턱관절 부위가 있습니다. 그 사이에 뼈를 보호하는 연골인 디스크가 들어가 있습니나. 여러 원인에 의해 디스크, 주변의 인대, 근육 등에 염증이 생깁니다. 증상은 입 벌리기가 어렵고 아프고, 소리가 나는 경우도 있습니다.

턱관절 장애는 생활 습관성의 퇴행성 질환입니다. 미리 알고 습관을 조절하면 더 나빠지는 것을 최대한 막을 수 있습니다.

악습관검사

이악물기, 수면 중 이갈이, 턱괴기, 손톱물어뜯기 등의 악습관을 검사하면 좋습니다. 이것 또한 모르고 있는 경우가 많습니다. 지속되다 보면 힘든 임신기에 턱관절 장애, 치아 손상, 두통 같은 증상을 겪게 될 수도 있습니다.

의학지식 한잔

임신 전 검사는 예비 엄마, 아빠 함께 받자

임신 전 검사는 비단 엄마만 해당되는 것이 아닙니다. 갓 태어난 신생아의 입안은 완전 무균 상태입니다. 살면서 안 좋은 세균들이 들어오게 되는데 안타깝게도 대부분 부모에게서 감염됩니다. 충치원인균과 잇몸병원인균이 옮아갈 수 있기에 배우자도 같이 참여하여 건강한 상태를 유지하는 게 좋습니다.

충치는 충치원인균이 있어야 진행이 됩니다. 부모를 통해 옮겨진 세균에 의해 우리 아이가 충치가 생길 가능성이 커집니다. 엄마뿐 아니라 아빠도 임신 전에 검사받고 구강관리 습관을 끌어올릴 필요가 있습니다.

입덧을 줄이는 구강 관리법

입덧하였을 때는 즉시 물로 입을 헹구어 줍니다. 산에 의해 치아가 약해져 있으니 30분 정도 후에 양치하는 게 좋습니다. 그사이 침에 의한 완충작용으로 치아가 보호됩니다.

임신기

임신기

- ☐ 조심해야 할 것들
- ☐ 임신부를 위한 구강용품
- ☐ 입덧을 줄이는 구강 관리법
- ☐ 얼굴, 목의 근육 긴장을 풀어주는 스트레칭

임신 초기

조심해야 할 것들

x레이 촬영

임신 초기에는 되도록 x레이 등 방사선에 노출을 줄이는 게 좋습니다. 태아의 세포분열이 활발한 시기라서 기형의 원인이 될 수 있습니다. 병원에서 방사선 검사를 받기 전에 임신 가능성을 미리 얘기하는 것이 도움이 됩니다. 한두 번의 촬영은 큰 문제가 되지 않는다는 보고도 많습니다. 모르고 촬영하게 된 경우라도 지나친 걱정은 안 해도 됩니다.

약물복용

임신 중의 약 복용에 대해서는 복용 시기가 중요합니다. 임신 4~10주 정도의 시기에는 태아의 얼굴과 손, 발 및 장기가 형성되기 때문에 약물 복용에 특히 민감합니다. 임신부에게 약물의 절대 안전 기준은 없습니다. 하지만 무조건 위험한 것도 아닙니다. 꼭 치료가 필요한 상황에서는 약의 종류와 용량을 시기에 맞춰서 의사의 처방에 따라 선택적으로 적용할 수 있습니다.

치아착색 유발 약물

유치 또는 영구치의 석회화 기간에 테트라사이클린 성분이 들어간 약을 복용한 아이의 치아에 착색 유발이 많이 보고됩니다. Hennon은 5~7세의 어린이를 조사한 결과 3.5%에서 치아의 테트라사이클린 색소침착을 관찰하였습니다. 색소침착의 위치와 정도는 치아의 발육단계, 약제의 투여 시기, 기간과 관계됩니다. 임신 중 4개월부터 생후 9개월까지 투여의 영향을 받습니다.

테트라사이클린에 의한 치아 착색

영구치는 출생 후에 석회화가 진행되기 때문에 임신 중의 복용에 영향을 받지 않습니다. 임신 후반기의 여성 또는 8세 이하의 어린이에게 투여된 경우, 색소침착뿐 아니라 골성장의 억제, 법랑질 저형성증을 일으킬 수 있습니다. 특히, 이 연령군에서는 테트라사이클린을 피하는 것이 좋습니다.

착색된 치아의 치료는 치아미백술로 조금 개선이 되나, 더 심미적인 치료를 위해서는 PLV(라미네이트)등의 치료를 고려할 수 있습니다.

임신 중 영양제

엽산은 임신 3개월 전부터 임신 후 14주까지가 권장되며, 신경관 결손 같은 기형을 예방할 수 있습니다. 그 외 임산부 전용 비타민, 철분, 비타민D, 오메가3, 유산균 등을 복용하면 좋습니다.

입덧

입덧의 정확한 원인은 밝혀지지 않았습니다. 호르몬의 변화와 심리적 요소를 생각해 볼 수 있습니다. 보통 임신 4주에서 시작하여 3개월째가 되면 자연스레 사라집니다. 초산일수록 더 심하다고 알려져 있습니다. 심하면 영양 섭취에 어려움이 생겨 탈수증상이나 체중 감소 등이 발생할 수 있는 위험성이 있기에, 입덧이 심한 경우에는 병원에서 적절한 치료가 필요할 수 있습니다. 또한 입덧으로 인해 역류한 위산이 치아를 부식시켜 치아 표면이 녹고 약해질 수 있습니다.

입덧 증상을 조금이나마 완화하는 방법은 있을까요? 먼저 입덧을 유발할 수 있는 특정 음식이나 냄새가 있는 음식은 피합니다. 그리고 자신에게 맞는 음식들을 찾습니다. 그와 함께 음식 섭취가 어렵더라도 소량씩 자주 섭취하도록 합니다. 식사를 거르지 말고, 규칙적으로 조절해 주는 것이 좋습니다.

그와 함께 구토로 빠져나간 수분 공급을 잘 보충해줍니다. 우유, 차, 신선한 과일, 채소, 과즙 등을 많이 먹습니다. 입덧을 나쁜 것으로 생각하지 말고 마음을 편이하고, 가벼운 스트레칭, 운동, 마사지, 샤워 등을 하며 심신을 안정시켜주세요.

입덧을 줄이는 구강 관리법

❶ 입덧하였을 때는 즉시 물로 입을 헹구어 줍니다. 산에 의해 치아가 약해져 있으니 30분 정도 후에 양치하는 게 좋습니다. 그사이 침에 의한 완충작용으로 치아가 보호됩니다.

❷ 너무 머리가 큰 칫솔을 사용하면 헛구역질을 유발하므로 머리가 작은 칫솔을 사용하는 것이 좋습니다.

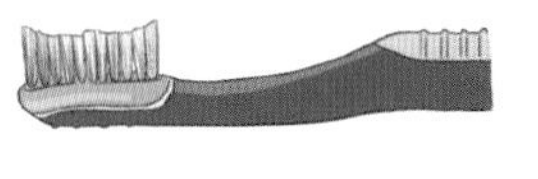

❸ 이를 닦을 때는 머리를 약간 숙여 입안 깊은 곳의 자극을 줄입니다.

❹ 입안의 잇몸이 약해져 있으므로 너무 강한 힘으로 양치하지 않습니다.
200g 정도의 힘으로 이를 닦습니다. (연필 자국을 지우개로 지우는 힘)

❺ 혀를 닦을 때 너무 깊이 안 닦아도 됩니다.

❻ 거품이 덜 나고 향이 강하지 않은 치약을 사용합니다.

❽ 잦은 간식 섭취를 피합니다.

임신 중기

임신 4~7개월 사이의 기간입니다. 이 시기는 비교적 안정기이고, 간단한 치과 치료와 치석 제거가 가능합니다. 임신 초기에 입덧이나 임신성 치은염으로 충치나 잇몸질환이 생길 수 있습니다. 입안에 염증이 있다거나 불편감이 있다면 치과에 방문해서 간단 검사를 받고 치료받는 게 권장됩니다.

이 시기에는 간단한 진료가 가능하므로 치과에 오는 것을 두려워할 필요는 없습니다. 오히려 적극적으로 찾아가서 잇몸 상태를 점검받는 것이 좋습니다. 질환이 조기에 발견되면 간단한 치료로 마무리됩니다. 하지만 미루거나 시기를 놓치면 임신 후기에 힘들어질 수 있습니다. 물론 태아에게도 영향을 미치게 되고요. 무엇보다 중요한 것은 몸이 힘들어도 스스로 관리를 잘하는 것이겠지요.

임신 중기는 태아의 골격과 치아 형성에 중요한 시기이므로 칼슘 섭취에 신경 씁니다. 임신 7개월 이후에 경계해야 하는 임신중독증을 예방하는 데도 도움이 됩니다. 우유와 치즈, 멸치 같은 생선, 아몬드, 콩 등의 칼슘이 많이 들어간 음식을 꾸준히 섭취하는 것으로 충분합니다.

임신부를 위한 구강용품

칫솔

❶ 헤드가 작고 일직선 형태가 좋습니다. 칫솔모가 들어있는 머리 부분이 작아야 입 안에 가해지는 자극이 적어 입덧을 줄입니다. 그리고 전체 모양이 일직선이어야 적은 힘으로 정교하게 닦입니다.

❷ 잇몸 염증이 심할 때는 부드러운 미세모를 사용하지만, 보통은 일반적인 칫솔모를 사용하는 것이 좋습니다.

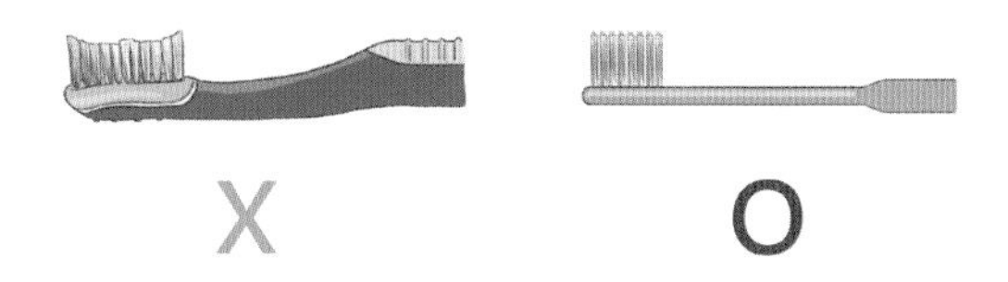

치약

❶ 충치 예방을 하는 불소와 잇몸염증을 완화하는 알란토인, 초산토코페롤, 염산피리독신 등이 들어가 있는 치약이 도움이 됩니다

❷ 천연계면활성제가 들어간 치약이 합성 성분의 유독성을 줄이며, 거품이 적어 입덧을 덜 유발합니다.

전동칫솔

❶ 전동칫솔은 일반 칫솔로 양치할 때보다 효율이 높아 몸이 불편한 임산부가 칫솔질하기에 훨씬 편합니다.

❷ 양치 시간이 설정되어 있어 플라그를 제거하는 데 유용합니다. 적극적으로 장비를 활용하는 것이 도움이 됩니다.

가글

❶ 알코올 성분이 강하게 들어간 가글액은 피하는 게 좋습니다.
❷ 가급적 합성성분이 적은 가글이 추천됩니다.
❸ 가글 후에는 7번이상 물로 행구어 주는 것이 권장됩니다.

치실/치간칫솔

❶ 잘 닦아도 치아 사이는 음식물 찌꺼기와 플라그가 남아 있을 수 있습니다.
❷ 특히, 마지막 식사 후에는 올바른 사용법으로 치실과 치간칫솔을 사용하는 게 좋습니다.

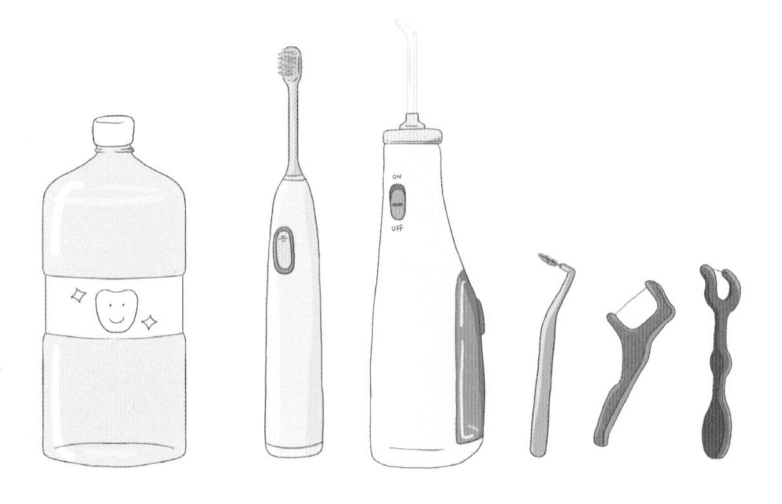

임신 후기

중기와 후기 사이에 임신성 치은염이 자주 생기고 악화될 수 있습니다. 자궁이 커지면서 위를 압박하게 되면 소화가 잘 안됩니다. 가슴이 답답하고 신물도 넘어올 수도 있습니다. 이런 불편감들로 인하여 식욕도 떨어질 수 있고요. 그래서 하루에 4끼나 5끼로 조금씩 나누어 먹게 되기도 합니다. 그럴 때는 귀찮더라도 바로 양치해 주는 것이 좋습니다. 충치 예방에 신경 써야 할 것은 식사 후 바로 닦는 습관입니다. 나중에 아이가 태어나도 간식을 조절하고 먹은 후에는 바로 닦아주는 습관이 제일 중요합니다.

얼굴, 목의 근육 긴장을 풀어주는 스트레칭

신경 쓰이는 것이 많거나 힘이 들면 이를 꽉 물게 됩니다. 평상시 낮에 자신을 잘 관찰해 보세요. 치아끼리 닿고 있는지. 아침에 일어났을 때도 이를 물고 있는지 확인해 보세요. 만약 자주 치아를 물거나 가는 습관이 있다면 턱과 목, 어깨에도 무리가 갑니다. 쉽게 피곤해지거나 염증이 생길 수도 있습니다. 특히, 턱관절 질환은 흔히 나타나는 현상입니다.

임신 후기는 몸이 무거워지고 다양한 신체 변화가 생깁니다. 아울러 출산 준비를 위해 심신의 건강관리가 중요해집니다. 이 시기에 난산을 피하고 순산하기 위한 가벼운 운동과 스트레칭이 도움 됩니다. 그중 얼굴과 목의 긴장을 풀어주는 스트레칭이 있습니다. 이는 치아와 턱관절, 잇몸의 건강을 보호하는 데 도움이 됩니다.

평상시에 치아는 붙지 말고 떨어져 있어야 합니다. 혀의 위치는 입천장에 닿는 게 좋습니다. 목은 구부리지 않고 상체를 펴주어 바로 세워줍니다. 이 자세를 '안정위(rest position)'이라고 합니다. 얼굴과 목의 근육이 무리가 안 가고 편안한 위치입니다. 이것을 기억하고 수시로 안정위를 잡아주는 게 필요합니다.

얼굴, 목의 근육을 풀어주는 스트레칭

안정위(rest position)

- 치아는 살짝 떨어집니다
- 입술은 살짝 붙어있습니다
- 혀는 입천장의 오돌토돌한 잇몸에 닿고 있습니다
- 어깨와 상체는 펴져 있습니다.

M 소리내기 운동

안정위를 스스로 잡아주는 운동을 자주 합니다. 치과계에서는 여러 가지 방법으로 추천됐습니다. 그중 가장 간단히 할 수 있는 방법이 있습니다. 엠(M) 소리내기 운동입니다.

❶ 엠(M)하고 소리를 내다보면, 입술은 붙고 치아는 살짝 떨어집니다. 그 상태에서 천천히 심호흡합니다.

❷ 그러면 상체가 펴지고, 입안의 혀도 입천장에 닿게 됩니다.
자연스레 안정위(rest position)가 됩니다.

❸ 이 위치에서는 혀는 입천장에 붙고, 치아는 떨어지며 입술은 서로 살짝 닿게 되어있습니다.

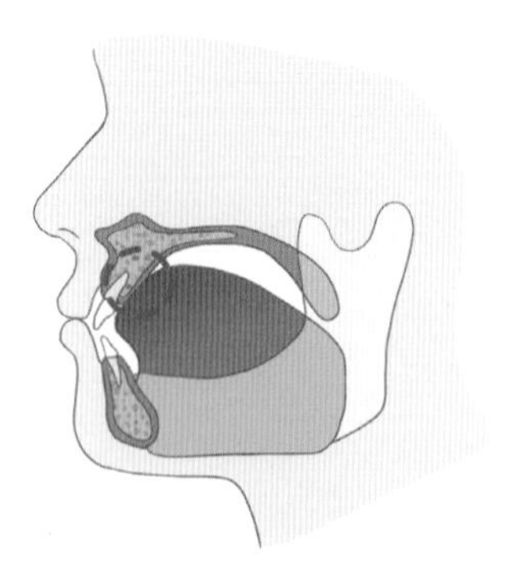

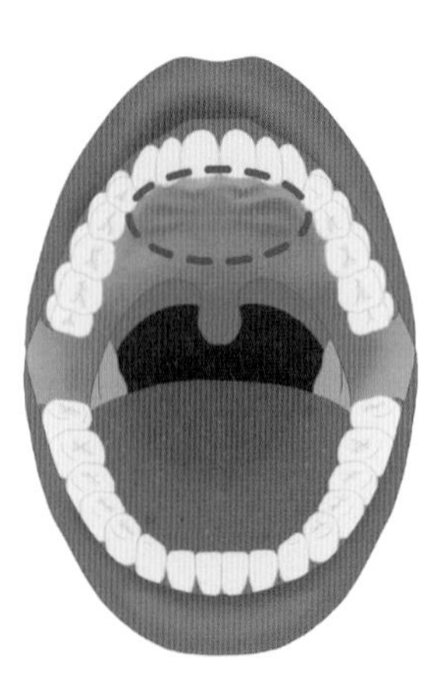

◈ 얼굴, 목의 스트레칭 ◈

❶ 안정위를 취한 자세에서 스트레칭을 해줍니다. 왼쪽과 오른쪽을 번갈아 가며 봅니다. 5초 동안 유지해 줍니다.

❷ 그리고 목을 갸우뚱하는 자세를 취합니다. 마찬가지로 좌우 각각 5초씩 합니다.

이것을 시간이 될 때마다 수시로 합니다. 한번 할 때마다 5번씩 합니다. 오전에 3회, 오후에 3회, 자기 전에 한번 해주면 좋습니다.

PART 2

무치열기

신생아 ~ 5개월

치아가 없는 시기

"치아도 없는데 닦아줘야 하나요?"

하루에도 여러 번 수유를 하면 그때마다 입 안을 닦아줘야 하는지 고민됩니다. 특히 신생아는 치아가 없고 잇몸만 있기에 더 고민입니다. 결론은 닦아주는 게 좋다는 것입니다. 입안에 모유나 분유의 찌꺼기가 남아 있으면 바이러스나 세균, 곰팡이 등이 아기에게 안 좋은 영향을 미칩니다.

Chapter 3

신생아 ~ 2개월

신생아~2개월

☐ 이가 안 났을 때 입속 관리법
☐ 선천치·신생치
☐ 설소대단축증
☐ 아구창

치아도 없는데 닦아줘야 하나요?

0~2개월 수유

신생아는 위가 성인에 비해 너무 작습니다. 반면에 온몸을 움직이며 신진대사가 활발합니다. 그래서 자주 허기를 달래줘야 해요. 아기가 배고파 하면 수유 간격에 상관없이 젖이나 분유를 먹이게 됩니다. 신생아는 아기에 따라 차이가 있지만 보통 하루에 8~12회, 1~3시간 간격으로 수유합니다.

이 시기에 먹을 수 있는 음식은 한정적입니다. 모유나 분유, 물 등이 전부입니다. 수시로 자주 수유를 하게 되므로 아기의 입안 속과 엄마나 분유의 젖꼭지, 젖병 등의 위생관리가 중요합니다.

아기도 맛을 안다

갓 태어난 아기도 맛있는 것을 먹으면 행복해합니다. 반대로 맛없는 것을 먹으면 얼굴을 찌푸리며 싫은 표시를 합니다. 맛을 느낀다는 것은 아기에게 커다란 즐거

움인 동시에 성장과 발육을 돕는 중요 과정입니다.

신생아의 미각은 잘 발달하여 있으며 매우 예민합니다. 미각은 태아 때부터 발달이 시작됩니다. 엄마 뱃속에서부터 맛을 보기 시작하는 것입니다. 임신 7주가 되면 아기의 혀에 약 1만 개의 미뢰가 생깁니다. 미뢰란 맛을 느끼는 꽃봉오리 모양의 기관으로 짠맛과 신맛, 단맛, 쓴맛 등의 기본 맛을 느끼게 합니다. 신생아는 이런 미각 세포를 성인보다 2~3배 많이 갖고 있습니다. 그래서 맛에 대해 적극적인 반응을 보입니다.

예를 들어 태어난 지 몇 시간 안 된 신생아도 단맛을 압니다. 단순히 달콤함을 느끼는 것을 넘어 당류의 차이나 정도까지 구분할 수 있습니다. 그래서 모유 맛의 미세한 차이도 구분해 반응을 보입니다. 달달한 맛이 나는 모유를 먹고 계속해서 입맛을 다시는 것도 이 때문입니다.

쓴맛을 느끼면 혀를 내밀어 뱉어냅니다. 신맛에는 침을 흘립니다. 짠맛에 대한 반응은 생후 4개월 무렵에야 나타납니다. 단맛에 열광하던 아기가 짠맛을 알고 좋아하기 시작하게 됩니다. 특정한 맛에 대한 선호가 확실히 구분되는 것이죠. 이렇듯 미각은 중요한 감각으로서 아기의 기분과 정서적 안정감에 영향을 줍니다.

수유 후 매번 입안 속을 닦아줘야 하나

하루에도 여러 번 수유를 하면 그때마다 입안을 닦아줘야 하는지 고민됩니다. 특히 신생아는 치아가 없고 잇몸만 있기에 더 고민입니다. 결론은 닦아주는 게 좋다는 것입니다.

입안에 모유나 분유의 찌꺼기가 남아 있으면 바이러스나 세균, 곰팡이 등이 아기에게 안 좋은 영향을 미칩니다. 입안 속이 염증에 약해지거나, 맛을 느끼는 혀의 미뢰에 침범해 미각이 나빠집니다. 수유 후 매번 닦는 것이 좋으나 현실적으로는 매우 어렵습니다.

첫 수유와 마지막 수유 후에는 꼭 아기의 입 안을 닦아 주는 게 권장됩니다. 최소

2회는 필요합니다. 특히, 저녁에는 마지막 수유하자마자 덜 졸릴 때 바로 닦아주는 게 좋습니다. 혹은 재우기 전에 목욕하는 경우라면 목욕 전에 해줘도 좋습니다. 잠들기 전에 시도하면 아기가 졸리고 피곤하기에 짜증 내며 힘들어할 수 있기 때문입니다.

음식을 먹자마자 바로 하는 것이 습관 형성이 잘되며 덜 힘들게 됩니다. 이점을 기억해 주세요. 아기 때부터 이 습관을 들이면 아기도 엄마도 행복해질 수 있습니다. 가능하다면 잠들기 전 마지막 수유는 충분히 먹여 푹 재워주세요. 만약 불가피하게 밤중 수유를 하게 되면 살짝 입을 벌려 거즈로 닦아줍니다. 습관이 되어 있는 아기는 잠이 들어도 받아들이고 빠르게 닦아 줄 수 있습니다. 과연 아기들은 어떻게 입속을 관리해 줘야 할까요?

 이가 안 났을 때 입속관리법

이가 없는데 닦기도 어려운 아기의 입안을 굳이 닦아 줘야 하나? 많이들 갖게 되는 의문입니다. 아기의 입안 속 분홍색 잇몸 안에는 치아가 숨어있습니다. 그리고 눈에 보이지는 않지만, 입안에는 많은 세균이 번식해 있습니다. 특히, 충치를 일으키거나 잇몸을 안 좋게 하는 원인균들을 제거해 줘야 합니다. 이 시기부터 부모와 아기가 이를 닦는 것이 습관화되는 게 좋습니다.

준비

❶ 바닥에 눕히기

편안한 담요나 패드를 바닥에 깝니다.
높지 않은 베게를 해줘도 좋습니다.

❷ 손씻기 & 가제수건 준비

아기를 눕히고 시작하기 전에 보호자는 손을 깨끗이 씻습니다.

입속 관리

❶ 새끼손가락에 가제수건을 감아서 말아줍니다. (3개월 이후에는 집게손가락을 사용해도 좋습니다)

❷ 미리 준비된 따듯한 물에 가제수건을 적십니다.

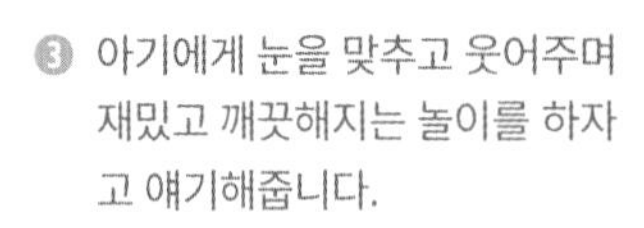

❸ 아기에게 눈을 맞추고 웃어주며 재밌고 깨끗해지는 놀이를 하자고 얘기해줍니다.

❹ 한 손으로 아래턱을 살짝 잡고, 거즈가 말린 손을 입안에 넣습니다.

❺ 위쪽 잇몸의 오른쪽 어금니 부위부터 살살 닦아줍니다. 이때 아이 입안 속 구조를 생각하며, 잇몸의 입천장 쪽 면을 닦습니다.

❻ 앞니 쪽 잇몸을 닦고 왼쪽으로 이동합니다. 부드럽게 살살 합니다.

❼ 그런 다음 아랫잇몸 쪽으로 내려옵니다. 마찬가지로 안쪽 면부터 오른쪽에서 왼쪽으로 닦아줍니다. 그리고 입술 쪽의 바깥 면도 왼쪽에서 오른쪽으로 마저 닦습니다.

❽ 입천장도 닦아줍니다. 깊게 넣지 않아도 됩니다. 손가락 한마디만 들어갈 정도면 됩니다.

⑨ 마지막으로 아기의 혀와 안쪽의 볼을 닦아 줍니다. 혀와 입천장은 너무 깊숙이 하면 구토반사가 일어날 수 있으니 가볍게 3~4회 만져준다는 생각으로 해줍니다.

중요한 것은 좌우 어디서부터 시작해도 상관이 없으나 빠진 부위 없이 하는 것입니다. 입안 속 구조를 눈으로 보면서 익히고, 순서대로 빠진 곳이 없게 합니다. 아이가 움직이는 상황에서 잘하기가 쉽지는 않습니다. 하지만 반복해서 하다 보면 조금씩 요령이 늘어납니다. 아이와 부모 함께 익숙해집니다.

⑩ 아이와 눈을 맞추고 잘 해낸 것에 칭찬해줍니다.

알아두면 좋은 Tips

: 아기 양치할 때

- 아기의 구강점막은 약하기에 반드시 깨끗하게 하겠다는 생각으로 빡빡 세게 하면 안 됩니다. 특히, 신생아는 감염에 취약하기에 주의해야 합니다. 가볍게 갖다 데고 작은 원을 그리며 문지릅니다.
- 실리콘 양치는 닦는 효율이 떨어집니다. 잇몸을 문지르며 좋은 자극을 주고, 향후 칫솔에 적응할 수 있게 도와주는 정도의 의미가 있습니다. 깨끗한 거즈가 음식 찌꺼기를 잘 닦아냅니다.
- 아이와 양치할 때 놀이하듯 노래 부르며 해주는 것이 좋습니다.

SUMMARY

- 손을 먼저 깨끗이 씻는다.
- 한 손으로 턱을 잡고, 거즈가 말린 손가락을 넣는다.
- 어금니 부위부터 부드럽게 닦아준다.
- 빠진 곳이 없이 순서대로 한다.
- 입천장, 혀, 안쪽 볼살 등도 닦는다.
- 아이에게 잘한 것을 칭찬한다.

의학지식 한잔

충치는 원인균이 있어야 생긴다

충치는 충치를 일으키는 세균이 있어야만 생깁니다. 예전에는 충치원인균이 치아에만 산다고 알고 있었는데, 지금은 혀의 주름이나 잇몸에도 있다고 밝혀졌습니다. 입안에 골고루 퍼져서 살고 있는 것이죠.

신생아의 입안 속은 원래 무균상태로 태어납니다. 그런데 생후 6개월 첫니가 날 때쯤이면, 50% 이상의 아기들이 이미 충치원인균이 생기게 됩니다. 그래서 치아가 나기 전에도 세균의 관리가 중요합니다. 충치원인균의 감염 시기를 최대한 늦추는 게 필요합니다. 그럴수록 충치 발병률이 낮아지기 때문입니다.

그러면 어떻게 해서 충치원인균이 아기 입속에 생기는 것일 까요? 안타깝게도 부모, 특히 엄마로부터의 감염이 제일 큽니다. 뽀뽀, 맛보고 주거나, 호 불어서 주기, 같이 쓰는 컵이나 숟가락 등을 통해 우리도 모르는 사이에 아기에게 충치균이 옮아갑니다. 그렇기에 양육자가 이것을 알고 주의해서 아기를 돌봐야 합니다. 또한 스스로가 충치균을 줄여주고 깨끗한 상태가 되는 게 필요합니다.

신생아인데 입안에 치아가?

아기는 대부분 치아가 없이 태어납니다. 하지만 태어날 때부터 잇몸에 치아가 나와 있는 경우가 있는데 이를 '선천치'라고 부릅니다. 그리고 출생 후 한 달 이내에 나오는 치아를 '신생치'라고 합니다. 대략 2,000~3,000명 중에 1명꼴로 발생합니다. 성별의 차이는 없고, 85%가 아래 앞니로 나옵니다.

선천치는 미리 나온 유치이거나 과잉치일 수 있어서 정확한 진단이 필요합니다. 대부분 유치라서 미리 발치하면 영구치가 나올 때까지 치아가 없이 지내야 합니다. 과잉치인 경우에는 빼주면 되는데 반드시 치과에서 발치해야 합니다. 아기들은 지혈 과정이 완전하지 않아 필요시 입원해야 할 수도 있습니다. 치아의 움직임이 크지 않고, 엄마가 모유 수유할 때 큰 불편감이 없으면 뽑지 않고 유지합니다. 다만, 입안 속 관리할 때 조금 더 신경 써서 닦아줘야 합니다. 이는 6개월 뒤 치아가 처음 나왔을 때의 관리법(p81)을 참조하기 바랍니다.

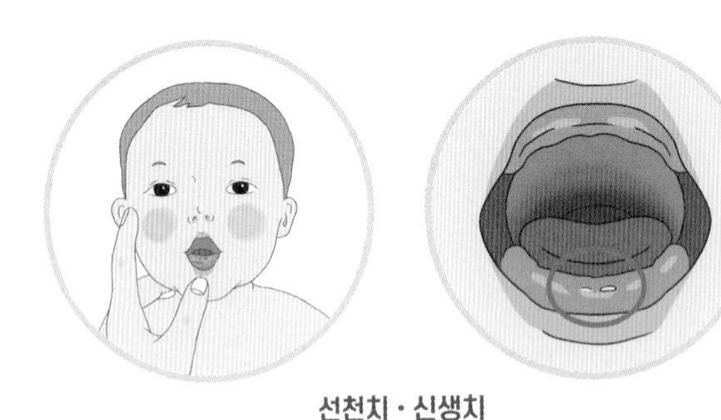

선천치 · 신생치

부모님들이 이 시기에 많이 걱정하며 물어보는 것이 있습니다. 바로 치아가 아닌데 잇몸에 하얗게 보이는 것들이 만져지는 경우입니다. 일종의 작은 물혹인 '진주종'은 윗니 쪽 잇몸과 입천장에 주로 나타납니다. 또 하나가 하얀색의 낭종(물혹)인 '본스결절'입니다. 잇몸 쪽에 여러 개가 나타납니다. 이러한 증상들은 신생아의 60~80% 비율로 나타나지만 몇 달 내에 자연적으로 사라집니다. 통증이 없고 특별히 치료가 필요하지 않습니다. 두려워하거나 걱정하지 않아도 됩니다.

본스결절

 혀가 짧아서 젖을 잘 못 먹어요

아기가 혀를 내밀었을 때, 혀끝이 대부분 삼각형으로 뾰족하거나 둥근 모양입니다. 그러나 5% 이내의 아기들이 설소대가 짧아 혀를 내밀었을 때 w자 모양을 하게 됩니다.

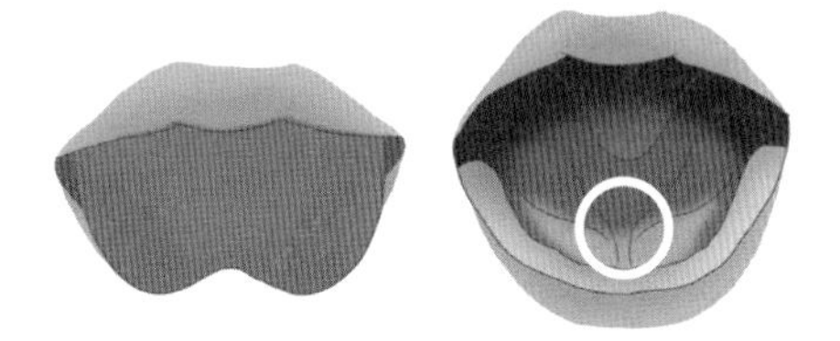

설소대단축증

설소대는 혀 밑에 끈 같은 것이 잡아주고 있는 것을 말합니다. 이 설소대가 혀끝을 강하게 잡아주므로 인해 혀가 짧아지는데 그렇다고 해서 모두 수술해야 되는 것은 아닙니다. 이로 인해 수유문제, 유두통증, 발음장애가 발생할 수 있습니다. 그중 수유를 잘 못할 때 수술을 고려하게 됩니다.

혀의 움직임이 제한되면 유두를 잘 못 물어서 쪽쪽 하는 clicking sound가 나며 모유 섭취량이 줄어듭니다. 엄마는 유두가 아프고 상처가 많이 납니다. 분유 수유하는 아기들도 잘 못 빨아서 소리가 나고 공기를 많이 먹게 됩니다. 그래서 토를 자주 하거나, 턱에 받쳐준 손수건이 젖을 정도로 흘리며 먹습니다. 이렇게 수유문제를 일으키며 아기와 엄마가 모두 힘들어질 때 설소대를 잘라 주는 수술을 하게 됩니다.

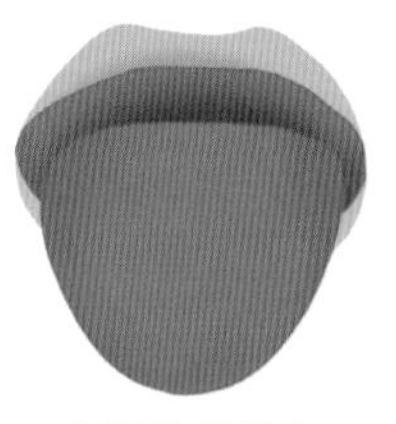
보통의 혀 모습

설소대 수술은 신생아 시기에도 가능합니다. 특별한 마취 없이 혀를 들어준 상태에서 설소대를 살짝 절개를 해줍니다. 대부분 지혈도 잘되고 바로 수유도 가능합니다. 수술 후에 수유량이 극적으로 증가하는 때도 많습니다. 신생아는 설소대 절개술을 깊게는 안 자르고 수유에 지장이 없을 정도로만 하기에 재유착 가능성도 있습니다.

3~4살 이후에 발음의 문제로 수술할 때는 간단히 부분마취로 진행할 수 있습니다. 전신마취가 꼭 필요한 것은 아닙니다. 뒤에서 살펴보겠지만 설소대로 인한 발음의 문제는 발생비율이 낮고, 있다고 하더라도 개선의 여지가 있습니다. 그러므로 발음이 신경 쓰여서 미리 수술해 줄 필요는 없습니다.

입안에 하얀 반점이 보여요 (아구창)

수유 후 입안에 우유 찌꺼기 같은 하얀 것이 보일 때가 있습니다. 그래서 구강티슈나 거즈로 닦다가 피가 맺힌다든지 해서 깜짝 놀라 병원에 가게 됩니다. 그렇게 우연히 '아구창'이라는 것에 대해 알게 됩니다. 이때 이 생소하고 어려운 이름의 아구창을 들어보게 되는 것이죠.

면역력이 덜 완성된 신생아에서 출생 후 3개월 이내에 주로 발생합니다. 입안의 표면에 칸디다 알비칸스라는 곰팡이균에 감염되어 생깁니다. 이 녀석은 원래 피부, 입안 점막 등 우리 몸에 같이 살고 있는 정상 세균총 중의 하나입니다. 대략 20명 중 1명이 겪게 됩니다. 깨끗하게 관리해도 감염될 수 있습니다. 미숙아나 몸이 허약한 아기, 면역 기능이 일시 저하된 아기에게 더 발생합니다.

보통은 모르고 지내다가 아기가 잘 못 먹어서 병원에 와서 보니 아구창이 발견되기도 합니다. 아기가 아파서 보채기도 하고, 수유량이 감소하기도 합니다. 하얀 반점이 떨어져 나가면 피가 납니다. 이 곰팡이균이 장으로 넘어가면 설사를 일으키기도 합니다.

치료는 곰팡이균의 특성상 먹는 약을 오랫동안 복용해야 합니다. 모유 수유 중이라면 엄마의 유방 표면이나 젖이 나오는 유관에 곰팡이균이 있을 수 있습니다. 이때는 엄마와 아기 동시에 치료받아야 합니다.

그러면 어떻게 예방할 수 있을까? 수유 전 손을 씻고, 깨끗하고 따듯한 거즈로 유방을 닦아 주는 게 좋습니다. 젖병과 인공젖꼭지, 치발기 등을 주기적으로 열탕 소독하는 것이 좋습니다. 이는 곰팡이균뿐 아니라 다른 세균의 감염 확률도 낮추게 됩니다. 입안에 반점이 있거나 아기가 구토했을 때 입안 속을 거즈로 너무 힘차게 닦아서도 안 됩니다. 정상적인 구강점막 표면이 손상되어 상처가 나면 증상이 더 심해지거나 우연한 기회에 새로이 감염될 수 있기 때문이죠. 그리고 거즈로 아구창 같은 감염 부위를 닦았다면 사용한 즉시 삶아 줘야 합니다.

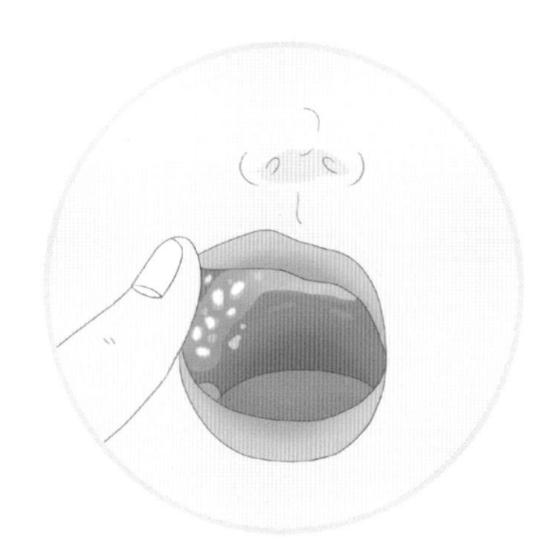

아구창

“무엇이든 입으로 가져가요. 어떡하죠?”

입술과 입, 혀, 손의 감각과 운동능력이 생후 3~4개월이 되면 급격히 발달합니다. 이 시기부터는 무엇이든 입에 갖다 댑니다 정말 무엇을 상상하든 다 입에 넣습니다. 물고 빨고 하는 탓에 침에 범벅이 됩니다. 육아 중인 엄마들은 말 그대로 이 시기를 '미친 구강기'라고 부릅니다.

Chapter 4

3~5개월

3~5개월

- ☐ 구강기
- ☐ 치발기
- ☐ 공갈젖꼭지
- ☐ 영아돌연사 예방법
- ☐ 영유아 건강검진/구강검진

무엇이든 입으로 가져가요. 어떡하죠?

0~12개월의 기간을 '구강기'라 부릅니다. 신생아는 입 주변에 손가락을 갖다 대면 그쪽으로 고개를 돌립니다. 이러한 반사 반응은 아기가 엄마의 젖꼭지나 우유병을 찾도록 도와줍니다. 특히 입술과 입, 혀, 감각과 운동능력이 3~4개월이 되면 급격히 발달합니다. 이 시기부터는 무엇이든 입에 갖다 댑니다. 정말 무엇을 상상하든 다 입에 넣습니다. 물고 빨고 하는 탓에 침에 범벅이 됩니다. 육아 중인 엄마들 사이에서는 말 그대로 미친 구강기라고 불립니다.

아이들은 이때 입으로 물건을 갖다 대어 불안감을 해소하며, 심리적 안정감을 얻습니다. 이것은 세계 모든 아이의 공통점입니다. 자연스러운 현상이며 필수적으로 거쳐야 하는 과정이죠. 입과 손의 발달 후에 다른 감각의 발달로 관심이 바뀌게 되면 차츰 입으로 가는 습관은 사라지게 됩니다. 오히려 생후 6개월까지도 물건을 쥐지 않거나 입에 가져가지도 않는다면 소아과의사에게 상담받는 것이 좋습니다.

이 시기에 양육자는 어떻게 해야 할까요? 입에 넣어서는 안 되는 위험한 것, 비위생적인 것들을 손이 닿지 않게 해줘야 합니다. 생후 6~7개월이 지나 어느 정도 입으로 탐닉하는 욕구가 충족되면 자연스레 줄어들게 됩니다. 아기는 점점 사람들을 만나고 보고 듣고 하게 됩니다. 그러면 다른 재미난 것들을 알게 되어 관심이 다른 곳으로 가게 되는 것이죠. 그때까지는 강제로 못하게 할 필요는 없습니다. 심지어 아기를 혼내거나 하는 경우가 있습니다. 어느 순간 위험한 것을 집어 들어 입으로 가져다 대면 그럴 수 있습니다. 이 기간에는 인내력이 필요합니다. 아기의 안전과 위생에 신경쓰며 지켜봐 주면 어느덧 지나가는 시기입니다.

SUMMARY

- 입으로 무엇이든 가져가는 것은 자연스러운 현상이다.
- 비위생적인 것, 위험한 것을 손에 닿지 않는 곳에 둔다.
- 시간이 지나면 자연스레 구강기는 사라진다.

치발기

생후 3개월이 되면 손 근육이 발달하여 위험하거나 비위생적인 것들을 입으로 갖다 대기도 합니다. 또한 입에 손을 자주 넣는 아기들은 피부에 염증이 생길 수 있습니다. 입술을 계속 물기도 합니다. 그런 경우 빠는 욕구를 치발기 같은 것으로 돌려주는 게 낫습니다.

일찍 유치가 나는 아기들을 4개월 되기 전에도 생깁니다. 치아가 나오기 전에 잇몸이 간지럽거나 이상한 느낌이 들어서 칭얼거릴 수 있습니다. 이때 치발기를 활용하면 잇몸에 자극을 주어 불편감을 완화할 수 있습니다. 입으로 가져가는 운동 근육의 발달을 도와주고 심리적 안정감을 줄 수 있습니다.

당연히 위생적인 관리가 필요합니다. 입으로 가져가는 것이니 잘 소독해서 사용해야 합니다. 이 시기에 아기의 손과 손이 닿는 모든 것이 침에 범벅이 됩니다. 세균의 감염에 취약할 수 있게 되는 것이죠. 수시로 확인하고 입에 닿는 것들도 위생에 신경 써 주어야 합니다.

공갈젖꼭지 사용해도 되나요?

부모를 혼란에 빠트리는 것 중 하나가 공갈젖꼭지입니다. 쪽쪽이라고도 불립니다. 사용해도 된다. 안된다. 다양한 정보들이 너무나 많습니다. 결론을 말하면 장점이 많기에 주의사항을 이해한다면 적절히 사용하는 것도 괜찮습니다.

공갈젖꼭지를 사용하게 되는 이유

- 엄마가 편하다 심하게 보채고 우는 아이에게 공갈 젖꼭지를 입에 물리면 신기

하게도 울음을 바로 멈춥니다. 그러고는 언제 그랬냐는 듯이 열심히 빱니다. 지친 엄마에게는 마법 같은 일이 아닐 수 없습니다. 한두 번 이런 경험을 하면 사용을 안 할 수가 없습니다.

● 정서적으로 안정감을 준다 아기들은 무언가를 입으로 탐닉하며 심리적인 안정감을 얻습니다. 영아산통을 줄여주기도 합니다. 이유 없이 칭얼거리는 아기를 조금 더 편히 돌볼 수 있게 합니다.

● 영아 돌연사를 줄일 수 있다 미국의 소아과학회는 공갈젖꼭지를 적절히 사용하는 경우 영아 돌연사 확률을 낮출 수 있다고 발표했습니다. 생후 2개월 후부터 첫돌 사이에 발생하는 영아돌연사증후군은 원인이 정확히 밝혀지지 않고 있습니다. 그것에 걱정이 많은 부모에게는 예방에 도움이 되는 하나의 방법입니다.

● 손가락 빨기를 줄일 수 있다 손가락 빨기는 나쁜 것이 아닙니다. 이 또한 자연스러운 현상입니다. 다만 너무 심하게 빨면 손가락에 염증이 생깁니다. 그럴 때 공갈젖꼭지가 활용될 수 있습니다. 또한 손가락빨기보다 쉽게 습관을 끊을 수 있습니다.

● 비행기 안에서의 귀의 통증을 줄인다 비행기를 타고 여행 갈 때 기압 차로 인한 귀의 통증을 감소시킵니다. 공갈젖꼭지를 빨게 되면 귀와 외부 압력의 차이를 줄이게 되어 아기의 불편감이 완화됩니다.

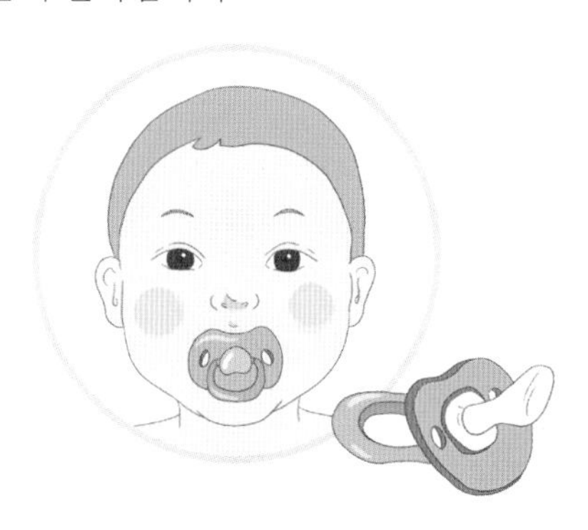

공갈젖꼭지 사용 시 주의사항

❶ 언제까지 사용해야 하나요? 가장 많이 하는 질문 중의 하나입니다. 학자마다 얘기가 다릅니다. 제품의 형태에 따라 달라질 수도 있습니다. 영구치가 나는 만 6세 이전까지 끊으면 큰 문제가 없다는 의견이 많습니다. 위아래 턱의 균형 잡힌 성장을 고려한다면 만 3세 이후에는 사용을 줄여주는 게 좋습니다.

❷ 유두혼동 모유를 먹이는 아기일 경우 생후 4~6주 이내에는 공갈적꼭지을 사용하면 유두혼동이 생길 수 있습니다. 모유량이 줄어들 수도 있고, 젖을 일찍 끊게 될 수도 있습니다.

❸ 배고플 때 물리지 마라 배가 고파서 우는 경우 공갈젖꼭지를 물렸을 때 아무것도 나오지 않으면 화를 내게 됩니다. 그러면 아기가 진짜 모유나 분유를 먹을 때 지장이 생길 수 있습니다.

❹ 중이염이 더 잘 걸린다 하루 종일 너무 자주 사용하면 중이염이 생기거나 심해질 수 있습니다. 입속의 압력은 귀에 영향을 미치기 때문입니다.

❺ 언어발달에 영향을 준다 수시로 공갈젖꼭지를 물고 있다면 옹알이하는 입을 막게 됩니다. 소통의 시도가 차단되는 것이죠. 또한 장시간의 사용은 IQ를 떨어뜨린다는 소수의 연구 보고도 있습니다.

❻ 소독을 잘해야 된다 생후 6개월 이전의 아기들은 면역력이 약합니다. 잘 소독해서 사용해야 안 좋은 세균에 감염되는 것을 막을 수 있습니다.

❼ 친구들과 사이에서 스트레스가 될 수 있다 만 3살이 지나면 아이들도 본격적인 사회생활이 시작된다고 볼 수 있습니다. 자신을 어떻게 보는지 의식하게 됩니다. 친구들과 다르게 늦게까지 물고 있다면 관계성에 스트레스가 될 수 있습니다.

SUMMARY

- 아기는 입을 통해 세상과 만나고 안정감을 얻는다.
- 생후 6~7개월이 지나면 입으로 빠는 욕구가 서서히 다른 것으로 바뀌어 간다.
- 많은 사람을 만나게 되고 새로운 것에 흥미를 갖게 되면 차츰 사용이 줄어든다.
- 공갈젖꼭지의 사용 시 주의사항을 알고 신중하게 사용한다면 의학적으로 큰 문제가 없다.

돌 전의 건강한 아기가 자다가 갑자기 사망하는 경우가 있습니다. 아무리 조사해도 원인을 알 수가 없을 때 영아돌연사증후군(SIDS sudden infant death syndrome)이라고 합니다. 95%가 생후 6개월 이내에 발생하고 6:4의 비율로 남아에서 더 많이 나타납니다. 몸무게가 작게 나가는 아기가 발생 확률이 높다고 합니다.

영아를 둔 부모가 많이 걱정하는 것 중의 하나입니다. 이 안타까운 일은 왜 생기는 것일까? 학자들은 수면 환경에 주목해서 예방법을 권고하고 있습니다.

영아돌연사증후군을 예방하는 방법

❶ 돌까지는 등 대고 재워라

과거에는 심폐기능이 좋아진다고 해서 엎어서 재우게 했던 적도 있습니다. 그러나 이제는 많은 연구를 통해 의견이 정리되었습니다. 미국소아과학회에서는 생후 12개월까지는 등대고 눕혀 재우는 것을 권장합니다. 신생아실에서도 이제는 아기들이 다 천장을 보고 눕게 합니다.

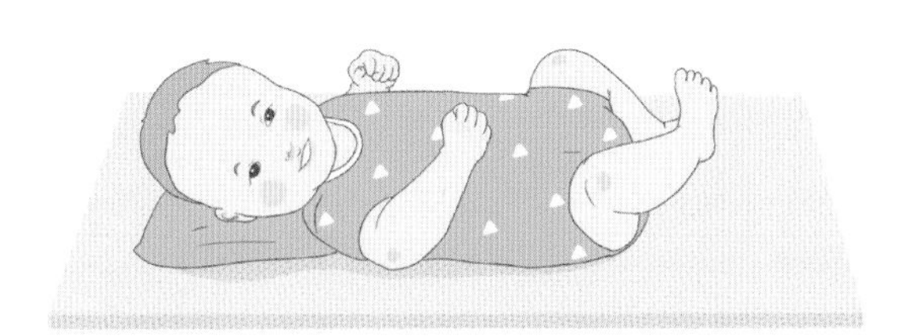

❷ 침구는 딱딱한 것으로

아기의 몸은 탄력이 있어서 딱딱한 곳에 재워도 불편하지 않습니다. 푹신한 침구는 코가 눌렸을 경우 이산화탄소를 더 들이마시게 되어 위험합니다.

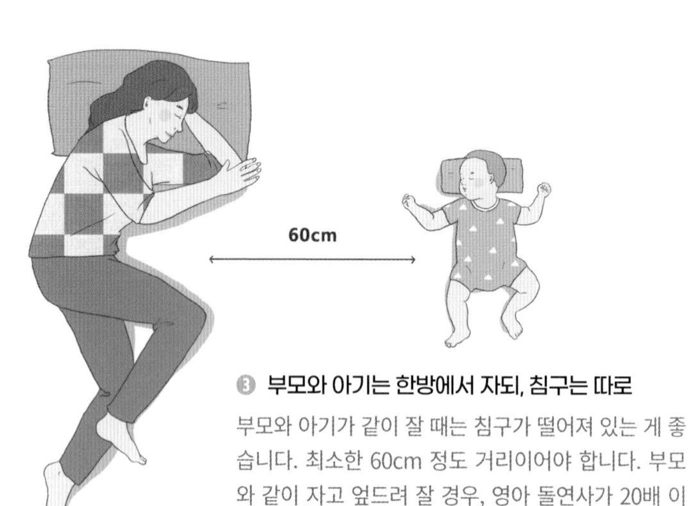

❸ 부모와 아기는 한방에서 자되, 침구는 따로

부모와 아기가 같이 잘 때는 침구가 떨어져 있는 게 좋습니다. 최소한 60cm 정도 거리이어야 합니다. 부모와 같이 자고 엎드려 잘 경우, 영아 돌연사가 20배 이상 증가한다는 보고도 있습니다.

❹ 푹신한 침구나 인형은 두지 마라

아기 주변에 장남감이나 인형은 두지 않아야 합니다.
푹신한 것들은 위험 요소가 될 수 있습니다.

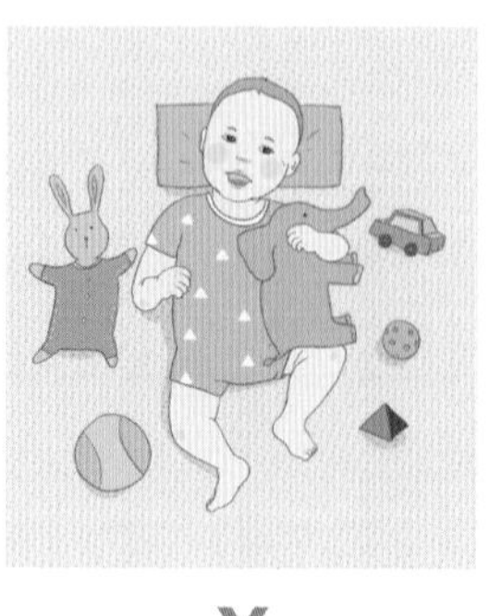

X

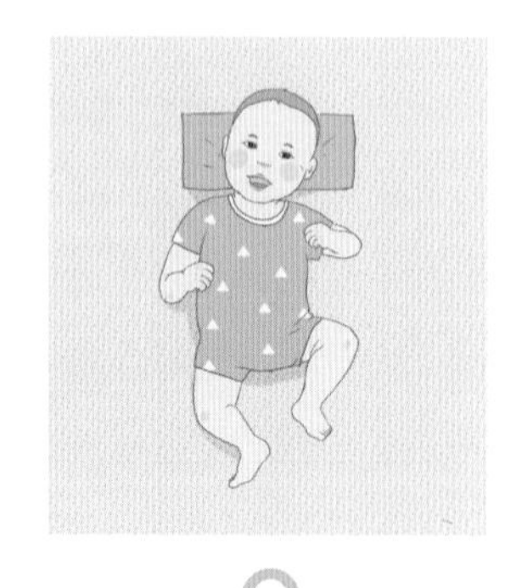

O

❺ 부모의 흡연과 음주는 좋지 않다

간접흡연뿐 아니라 담배 냄새도 좋지 않습니다.
안 좋은 약물이나 음주 등은 피해야 합니다.

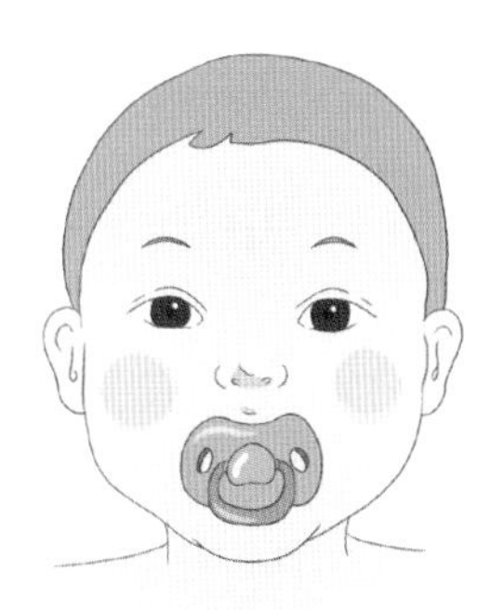

❻ 공갈젖꼭지 사용도 도움이 된다

앞서 살펴보았듯이 공갈젖꼭지는 주의사항을 알고 적절히 사용하면 괜찮은 도구입니다. 영아돌연사증후군도 줄일 수 있다는 보고가 있습니다.

영아돌연사증후군은 말 그대로 아기가 갑자기 사망하는 것입니다. 그래서 부모의 슬픔이 너무나 크고 안타까운 일입이다. 우리는 이것에 대해 알고 위험 요소를 제거해줘야 합니다. 비록 정확한 원인을 알 수 없지만, 할 수 있는 최소한의 예방법을 실행하는 것만으로도 발생 확률을 낮출 수가 있습니다.

SUMMARY

- 돌까지는 등 대고 재워라.
- 침구는 딱딱한 것으로
- 부모와 아기는 한방에서 자되, 침구는 따로
- 푹신한 침구나 인형은 두지 마라.
- 부모의 흡연과 음주는 좋지 않다.
- 공갈젖꼭지 사용도 도움이 된다.

영유아 건강검진/구강검진을 받자

국민건강보험공단에서 영유아 아이들을 대상으로 무료로 건강검진을 받을 수 있게 해줍니다. 생후 14일부터 71개월까지 총 8회의 건강검진과 4회의 구강검진이 있습니다. 생후 14~35일부터 시작하여 첫돌까지 3회의 건강검진이 있고, 매년 아이의 생일쯤에 만 6세까지 건강검진을 받을 수 있다고 생각하면 됩니다. 그리고 구강검진은 만 2살, 3살, 4살, 5살 무렵에 4회를 받게 됩니다.

1차	건강검진(생후 14~35개월)
2차	건강검진(생후 4~6개월)
3차	건강검진(생후 9~12개월)
4차	건강검진(생후 18~24개월)/1차 구강검진(생후 18~29개월)
5차	건강검진(생후 30~36개월)/2차 구강검진(생후 30~41개월)
6차	건강검진(생후 42~48개월)/3차 구강검진(생후 42~53개월)
7차	건강검진(생후 54~60개월)/4차 구강검진(생후 54~65개월)
8차	건강검진(생후 66~71개월)

건강검진

문진/진찰	청각 및 시각문진, 시력검사, 귓속말검사, 예방접종확인
신체계측	키, 몸무게, 머리둘레
발달평가	한국 영유아 발달선별검사(K-DST)를 통한 평가 및 상담
건강교육	안전사고예방, 영양, 영아돌연사증후군 예방, 구강, 대소변 가리기, 전자미디어노출, 정서 및 사회성, 개인위생, 취학전 준비, 수면

구강검진

구강문진/진찰	문진표, 진찰표(치아검사, 치주조직검사)
구강보건교육	매뉴얼을 이용한 보호자 및 유아교육

출처:국민건강보험공단(2023)

건강검진은 키, 몸무게, 머리둘레 등을 측정하여 성장과 발달 사항을 평가합니다. 구강검진은 충치와 잇몸을 검사합니다. 검진 후에는 결과를 설명해 주고 필요한 교육을 해줍니다.

보험공단의 구강검진은 최소한 필수 사항이라고 생각하는 게 좋습니다. 대한소아치과학회에서는 아기의 유치가 나오기 시작하거나 늦어도 첫돌에는 소아치과 의사의 검진을 권고합니다. 이 시기에 아기들은 대부분 건강한 치아 상태입니다. 하지만 이때부터 치과와 친해지고, 미리 알아두면 좋은 것들을 교육받는 것이 아기의 평생 입속 건강의 첫걸음이 됩니다.

PART 3

유치열기

6개월 ~ 5세

젖니가 나는 시기

“아기 치아가 언제부터 나오나요?”

생후 6개월. 첫 번째 치아가 잇몸 밖으로 나오는 시기입니다. 보통 아랫잇몸에 하얗게 머리를 내밀고 첫니가 보이기 시작합니다. 아이마다 키 크는 시기가 다르듯이, 빠르면 생후 3개월부터 늦으면 10개월이 지나서 나오는 경우도 있습니다. 시기가 늦더라도 크게 걱정할 필요는 없습니다.

Chapter 5

6개월

6개월

- ☐ 젖니 나오는 시기
- ☐ 치아가 났을 때 입속관리법
- ☐ 불소 충치예방효과/독성/사용법
- ☐ 구강용품 선택과 관리

 아기 치아가 언제부터 나오나요?

생후 6개월. 첫 번째 치아가 잇몸 밖으로 나오는 시기입니다. 보통 아랫잇몸에 하얗게 머리를 내밀고 첫니가 보이기 시작합니다. 아이마다 키 크는 시기가 다르듯이, 빠르면 생후 3개월부터 늦으면 10개월이 지나서 나오는 경우도 있습니다. 시기가 늦더라도 크게 걱정할 필요는 없습니다. 다만 첫돌이 지나서도 유치가 안 나오면 치과에 방문하여 검사받아 볼 필요가 있습니다.

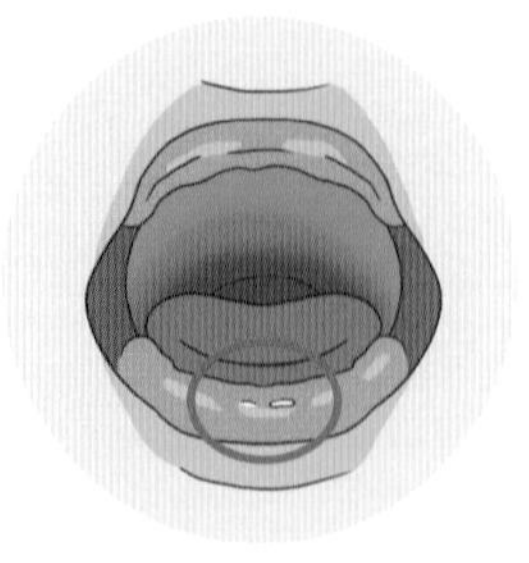

첫 번째 치아가 나오는 모습

이때부터가 중요합니다. 생후 6개월. 다시 한번 잘 기억해 주세요. 추후 등장하는 만 6세도 중요합니다. 어른 치아가 처음으로 나오는 시기입니다. 아기에게 첫 번째 치아의 등장은 엄마를 한 차원 높은 육아의 세계로 인도합니다. 더욱 힘들어진다는 얘기이지만, 동시에 우리 아이가 건강히 자라기 위한 의미 있는 변화이기도 합니다. 치아는 영양소를 골고루 섭취하며 튼튼하게 자라기 위한 강력한 무기이기 때문입니다.

우선은 충치가 생기지 않게 관심을 갖고 노력하는 게 중요합니다. 보건복지부 발표 2018년 아동구강건강실태조사에서 12세 아동의 56%가 영구치 충치를 경험한 적이 있으며, 12세 아동이 경험한 평균 충치 개수는 1.84개로, 경제협력개발기구(OECD) 가입국 평균 1.2개보다 많았습니다. 안타깝지만 아직도 많은 아이가 충치에 걸리고 있습니다.

소아치과에서 우는 아이를 달래며 충치 치료하는 것은 일종의 전쟁터입니다. 울면서 치료를 거부하는 아이와 몸을 꽉 잡고 진정시키는 치위생사, 아이를 달래며 입안에 고속의 기구를 재빠르게 넣어가며 치료하는 치과의사, 그것을 걱정과 자책으로 지켜보는 부모. 모두에게 고역입니다. 특히, 아이가 제일 힘든 일생일대의 경험을 하게 되는 것입니다. 이 일로 인해 트라우마가 남아 치과 공포증이 생기기도 합니다. 성인이 돼서도 치과를 멀리하며 질환을 더 키울 수 있습니다.

 치아가 났을 때 입속관리법

치아가 하나라도 잇몸 밖으로 나오면 그때부터는 칫솔을 사용해서 닦아줘야 합니다. 손가락에 끼는 실리콘형 칫솔은 이제 막 잇몸 밖으로 치아가 나올 때 유용합니다. 칫솔모가 실리콘으로 되어 있어서 아프지 않습니다.

제일 권장되는 것은 영아용 일반칫솔을 사용하는 것입니다. 칫솔모가 나일론으로 되어있어서 치아의 굴곡 있는 면을 효율적으로 닦을 수 있습니다. 헤드가 작은

게 중요합니다. 손잡이는 실제로 엄마가 사용하기 편하게 길어야 합니다. 나머지 잇몸이나 혀 부위는 가제수건으로 닦아줘도 무방합니다.

실리콘 칫솔

영아용 칫솔과 치약

치약,칫솔,가제수건을 준비한 모습

양치 전 준비된 자세

치아를 관찰한다

작고 귀여운 우리 아기의 첫 앞니는 이렇게 생겼습니다. 치아의 바깥 면과 안쪽 면의 구조와 모양을 기억해 주세요. 치아의 표면을 확대해서 보면 굴곡이 있고, 더 확대하면 거칠거칠합니다.

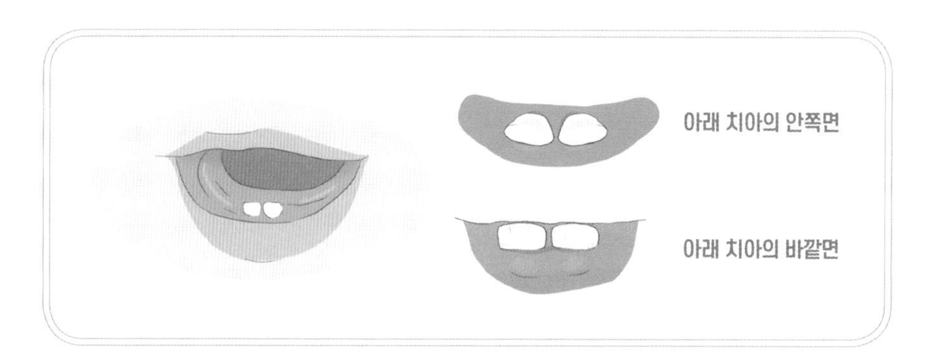

음식 찌꺼기는 침 성분을 이용해 표면에 달라붙게 됩니다. 그것이 결국 충치와 여러 질환을 일으킵니다. 앞으로 아기의 연령대별 치아의 모양과 배열 구조에 대해서 반복해서 다룰 것입니다. 계속해서 보다 보면 익숙해지고 자연스레 각인됩니다.

알아두면 좋은 Tips

: 아이가 충치 없이 자라는 비결

1. 아이의 치아 형태와 배열 구조에 관해 책의 그림으로 자주 익힌다.
2. 스스로 잘 닦을 때까지 아기 때부터 마무리 양치를 해준다.

- 안타깝지만 충치는 양육자의 역할이 절대적입니다.
- 아이가 스스로 일정 수준의 관리가 되기 전까지는, 부모가 관심을 갖고 마무리 양치질을 해주어야 합니다.
- 만 3세이상 부터는 간식 조절도 중요해집니다.

칫솔을 잡는 법

연필을 쥐듯이 잡습니다. 칫솔모는 치아에 따라 방향이 바뀝니다.

칫솔질은 너무 세게 할 필요없습니다. 지우개로 지우는 200g 정도의 힘이면 됩니다.

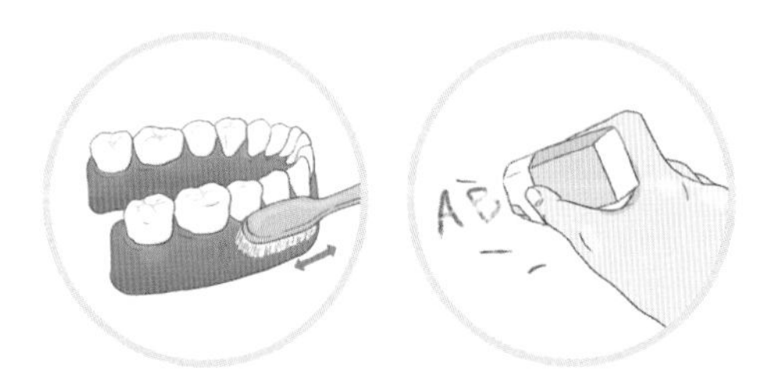

치아를 닦는 방법들

1. 작은원법

치아 크기만큼의 원을 그리며 닦습니다. 하나씩 닦으며 치아로 이동합니다.

2.회전법

잇몸에서 치아 방향으로 쓸어 내듯이 닦을 수 있습니다. 흔히 알고 있는 방법입니다.

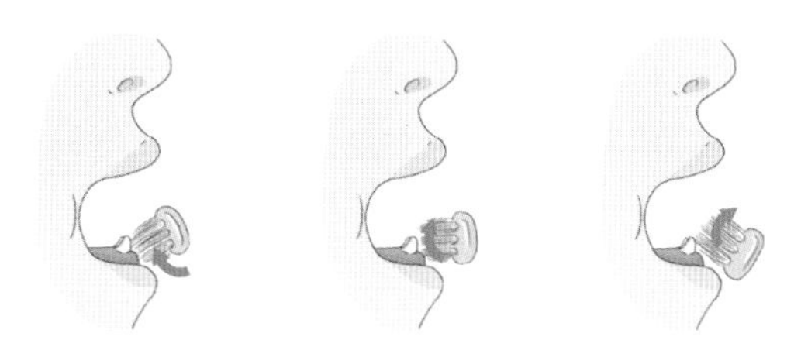

이 두 가지 요령을 알고 적절히 번갈아 가며 사용하면 됩니다. 한 가지 방식만 고집할 필요는 없습니다. 아기의 치아는 비교적 모양이 간단하고 굴곡도 적습니다.

치아의 앞면과 안쪽의 편평한 면을 회전법으로 쓸 듯이 해주고, 옆면과 전체를 작은원법으로 한 번 더 닦아주면 됩니다. 음식 찌꺼기가 눈에 보이지 않을 때도 있으니, 어느 정도 닦아야 하나 고민이 되기도 합니다. 연구에 의하면 치아의 한 면당 최소 20회 이상을 추천합니다.

치아가 처음 났을 때 양치질법

❶ 아기를 바닥에 눕힙니다.

❷ 부모는 손을 깨끗이 씻습니다.

❸ 칫솔과 치약, 가제수건을 준비합니다.

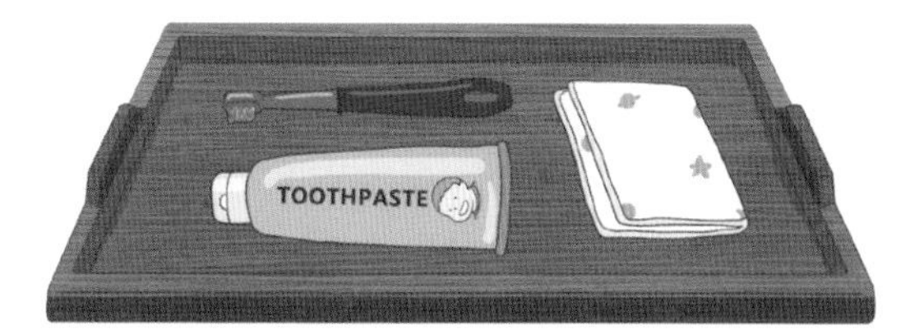

❹ 아기와 눈을 맞추며 “자 이제 맘마 먹었으니 깨끗이 닦자. 기분이 좋아질 거야~” 라고 말해 줍니다.

❺ 입을 한 손으로 살짝 벌리며 치아를 확인합니다.

❻ 치약을 좁쌀 크기만큼 짜서 사용합니다.

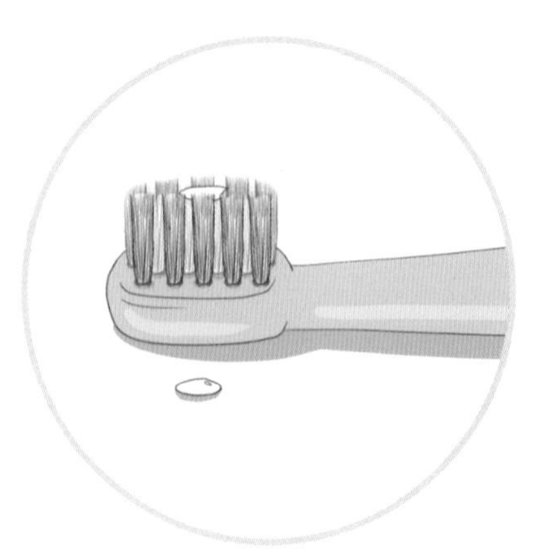

❼ 치약을 묻힌 칫솔을 치아의 안쪽 면부터 쓸어올리듯 닦아줍니다. 작은 원을 그리듯 닦아도 됩니다. 최소 20회를 닦습니다.

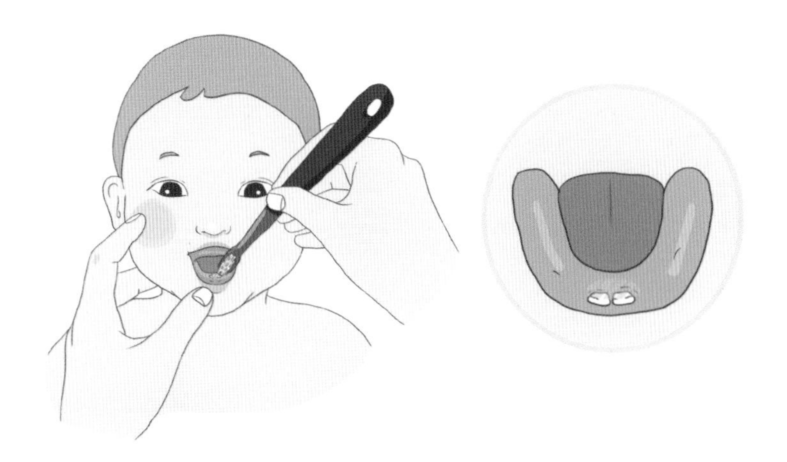

❽ 그다음 치아의 바깥 면을 마찬가지로 닦아줍니다(최소20회).

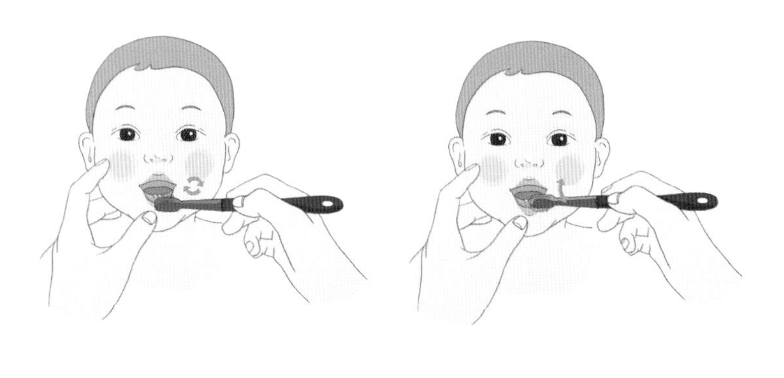

❾ 옆면을 각기 최소 20회의 작은 원을 그리며 닦습니다.

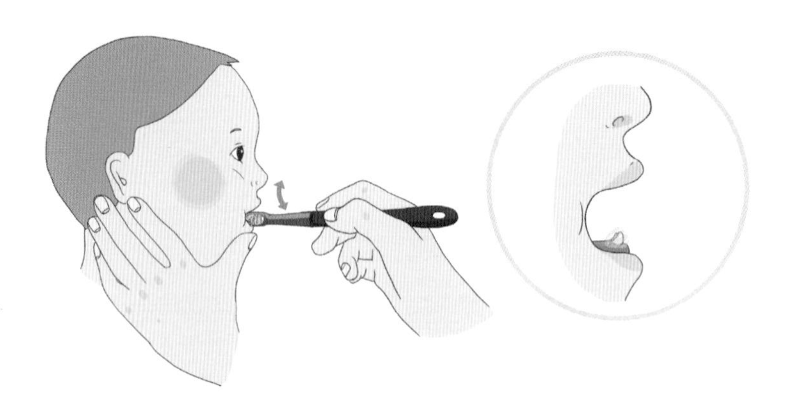

❿ 나머지 잇몸과 치아가 없는 부위의 잇몸도 작은 원을 그리며 닦아줍니다.

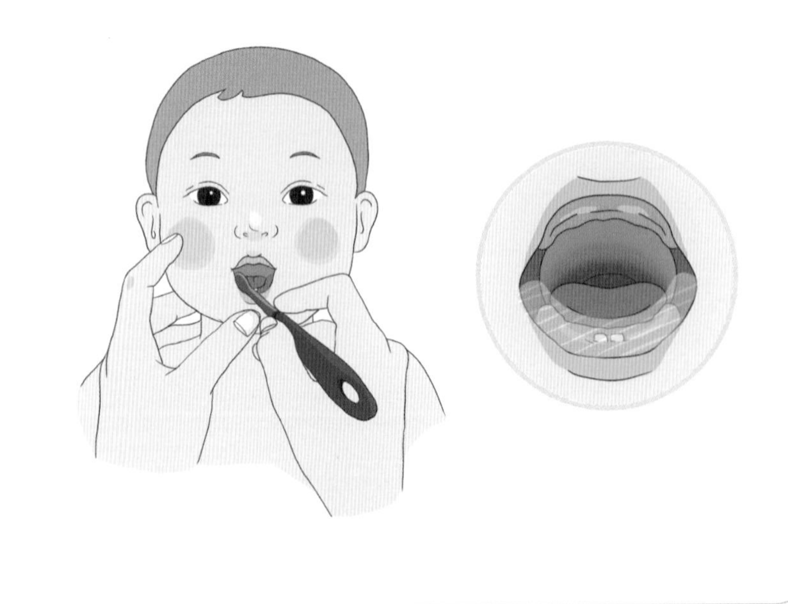

이때 가제수건으로 해도 상관이 없습니다(p52).

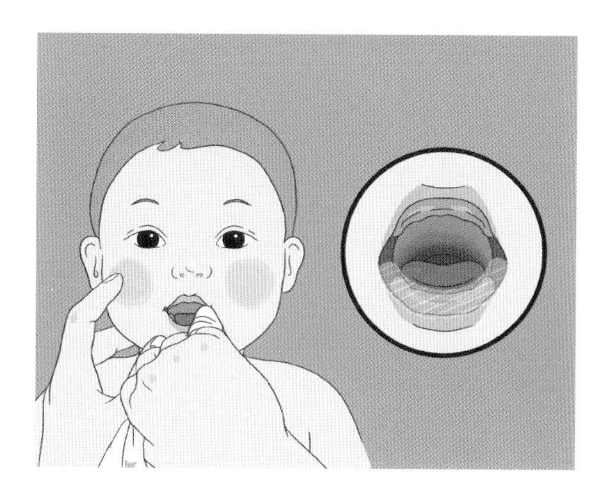

⑪ 마지막은 항상 혀를 닦아줍니다. 3~5회 가볍게 닦아줍니다.

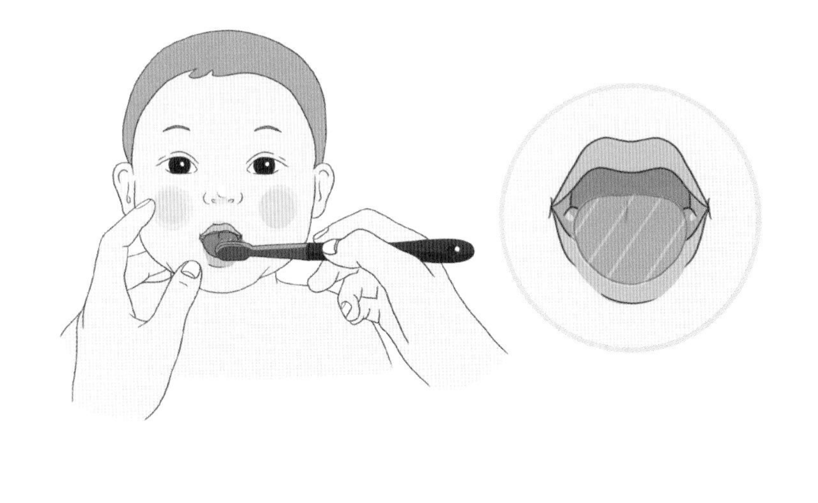

⑫ "우리 아기 너무 잘하는데!", "아주 잘했어요", "애고 시원하다~기분이 좋아요?" 라고 칭찬하기와 말 걸기를 하며 양치해 주는 것이 좋습니다.

불소치약 써도 되나요?

불소의 충치 예방효과

세계소아치과학회에서는 아기의 치아가 처음 나오는 순간부터 불소치약의 사용을 권고하고 있습니다. 또한 세계보건기구(WHO)에서 성인과 어린이 필수 의약품 목록의 치과 부문에 처음으로 들어간 것이 1,000~1,500ppm의 불소치약입니다. 불소는 다음과 같은 충치 예방 효과가 있습니다.

❶ 치아의 바깥 껍질인 법랑질(enamel)에 불소가 들어가면 성분의 변화가 생긴다. 충치원인균이 내뿜는 산 성분에 의해 치아 표면이 부식되는 것을 견디게 해준다. (사실 이 치아의 부식이 바로 충치이기 때문에 직접적인 예방이 되는 것임)

❷ 불소는 충치 세균에 직접 작용하여 활동을 억제한다.

❸ 초기 단계의 충치에서 손상된 치질을 회복시키거나 진행을 더디게 만들어 준다.

불소 독성에 대한 걱정

과량 섭취

체중 1kg당 5mg 이상의 불소를 한 번에 섭취하는 것을 생각해 볼 수 있습니다. 2세 미만의 아이들이 저불소 치약 100g을 한 번에 먹는 경우입니다(보통 영유아 치약 용량 50~70g). 그 정도가 되면 위장장애, 구토, 심지어 사망에 이르게 될 수도 있습니다. 영유아 시기는 무엇을 상상하든 그 이상일 수 있으니 조심해서 나쁠 것은 없습니다. 영유아 치약은 맛이 좋아 아기들 손이 안 닿는 곳에 놓는 것이 좋습니다.

소량 지속 섭취

미국환경보호청(EPA)에서는 하루에 체중 1kg당 0.05mg의 안전한 적정 섭취량을 가이드 해주고 있습니다. 그 이상을 지속적으로 장기간 섭취하면 치아 불소증이 생길 수 있습니다. 증상이 경미한 경우 치아에 하얀 반점과 줄무늬가 나타납니다. 심할 때는 치아 표면이 갈색으로 변하기도 합니다.

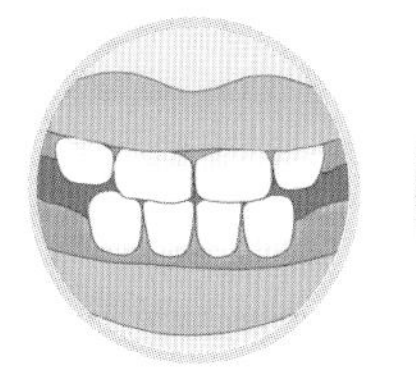
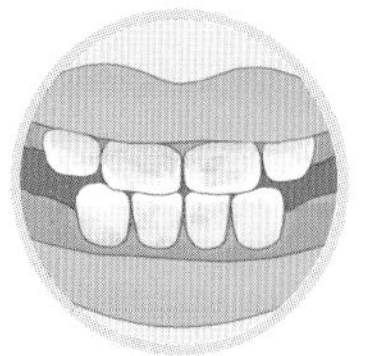
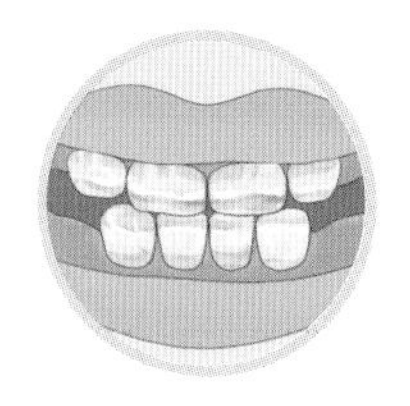
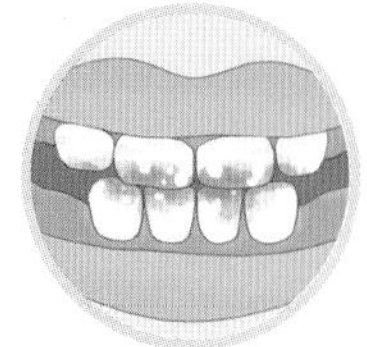

치아 불소증에 의한 변색

충치 예방을 위해 불소를 사용하는 법

1. 불소치약

미국치과의사협회에서는 36개월 미만의 아기는 하루 2회 쌀알만큼, 3~6세 아이는 최소 하루 2회 완두콩만큼의 불소치약을 사용하는 것을 권고하고 있습니다. 많은 연구에서 불소치약의 충치예방 효과는 1,000ppm 이상일 때 의미가 있다고 말하고 있습니다. 하지만 치아 불소증이 걱정되어 저불소치약을 사용하기도 합니다. 그럴 때는 최대한 깨끗이 닦아내야 충치가 생길 확률을 줄이게 됩니다.

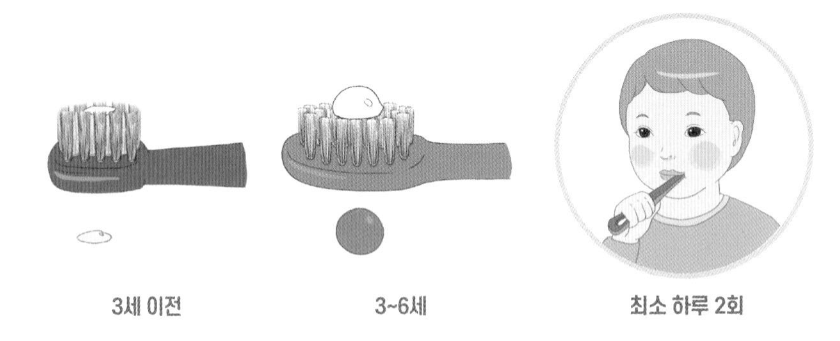

2. 불소도포

치아가 약하거나 충치가 있다면 불소도포를 하는 것이 좋습니다. 입에 물고 있게 하여 스며들게 하는 방법과 치아에 직접 발라주는 방법이 있습니다. 치과에 정기적으로 내원해서 받으면 됩니다. 유치가 나오거나 영구치가 처음 나오는 시기에 하면 치아를 보호해 줄 수 있습니다. 보통 3~6개월에 한 번씩 해주며, 충치가 있거나 치아가 약하면 더 자주 하는 것이 좋습니다.

불소 바니쉬

불소 트레이

3. 불소가글

스스로 뱉어내는 것이 충분히 가능한 시기에는 불소용액 양치 가글이 유용합니다. 저농도 불소가글은 불소를 치아에 침투시켜 치아를 보호해 주는 간편하고도 효과적인 방법입니다.

불소는 충치 예방의 보조제이다

불소가 충치 예방을 위한 만병통치약은 아닙니다. 불소 하나로 충치를 예방할 수는 없습니다. 40~50% 정도의 효과만 있습니다. 지금까지 알게 된 가장 확실하고 강력한 보조적 방법일 뿐입니다.

충치의 예방은 계속해서 자세히 다루어지겠지만, 첫째로는 식사 후 양치질이 제일 중요합니다. 이것만 잘해도 완벽히 건강한 치아를 가질 수 있습니다. 하지만 다양한 현실적 이유로 관리가 쉽지 않은 게 사실입니다. 그래서 두 번째, 다양한 보조적 방법을 활용하는 게 좋습니다. 불소치약, 도포, 양치가글 등 그리고 전동칫솔, 치실, 치간칫솔도 좋은 도구들입니다. 세 번째, 정기적 검진입니다. 우선은 양육자의 관심으로 입안을 자주 들여다보는 것이 필요합니다. 여건이 허락하면 치과에 3~6개월에 한 번씩 내원하는 것이 가장 좋습니다. 마지막으로 중요한 것이 식습관 관리입니다. 특히, 아이들은 간식의 종류와 빈도수, 식후 관리가 중요합니다. 이에 대해서는 후에 자세히 다루어 집니다(p147).

SUMMARY

충치 예방의 4가지 방법

1. 식사 후 양치질 잘하기
2. 보조제를 잘 활용하자 (불소치약, 도포, 가글, 전동칫솔, 치실, 치간칫솔 등)
3. 정기적 검진
4. 식습관 관리

구강용품 선택과 관리

치아가 나면 본격적으로 구강용품을 쓰기 시작합니다. 앞서 치약에 대해 자세히 살펴보았습니다. 아울러 칫솔과 치실 등에 대해서도 선택 기준과 교체 시기, 그리고 위생관리에 대해 알아보겠습니다.

칫솔의 선택

아이들의 칫솔은 연령대별로 잘 구분되어 나와 있습니다. 될 수 있으면 칫솔의 헤드가 작은 것이 좋습니다. 아이 입안의 깊숙한 어금니 부위로 칫솔의 머리가 들어가서 자유로이 움직일 수 있어야 합니다. 어금니의 씹는 면을 칫솔이 왔다 갔다 하거나, 작은 원을 그리며 닦아야 합니다.

그럴 때 반대쪽의 치아에 부딪히면 칫솔의 움직임이 방해받게 됩니다. 그러면 양치질이 어렵게 느껴지고 효율도 떨어집니다. 또한 치아의 옆면을 닦을 때 입술과 안쪽 볼살에 닿게 됩니다. 이때도 칫솔의 머리가 크면 아이의 입 근육에 저항받게 됩니다. 이런 것들이 의외로 부모의 마무리 양치질에 큰 저해 요소가 되는 것이죠. 연령대 기준으로 구입하더라도 가급적 작을수록 좋습니다.

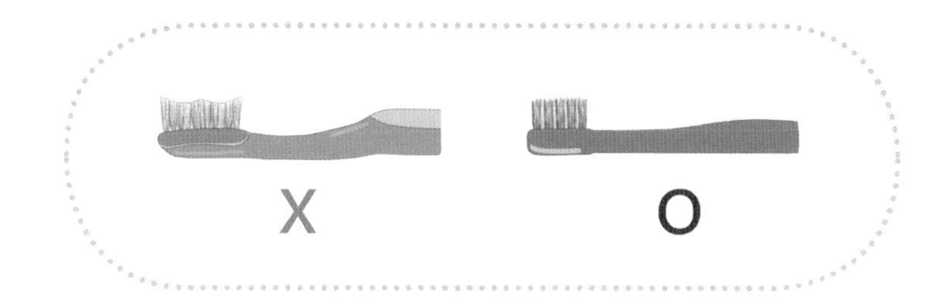

양치 시 아기가 조금만 입을 다물어도 칫솔은 치아 사이에 물려 옴짝달싹 못 합니다.

아이가 입술을 오므려도 칫솔은 치아와 볼살 사이에 갇히게 됩니다. 못 움직입니다. 그래서 칫솔의 헤드는 작을수록 좋습니다. 같은 어린이 칫솔이라도 헤드의 크기가 다릅니다.

칫솔모는 일반 시중에 판매될 때 일반모, 미세모, 이중미세모 등으로 구분됩니다. 잇몸에 염증이 있거나 수술한 경우가 아니면 일반모나 이중미세모가 권장됩니다. 아이들도 마찬가지입니다. 칫솔의 머리가 작아야 하듯이 칫솔모의 길이도 너무 길지 않는 것이 좋습니다. 그리고 당연히 칫솔모가 많고 촘촘할수록 효율이 높아집니다.

SUMMARY

- 가급적 칫솔의 머리가 작은 것을 택한다.
- 일반모나 이중미세모가 좋다.
- 칫솔모도 길이가 작되 촘촘히 하면 좋다.

칫솔의 교체시기

칫솔의 교체시기는 쓰는 습관이나 제품에 따라 다릅니다. 칫솔모가 탄력도를 잃고 옆으로 많이 벌어지면 교체해야 합니다.

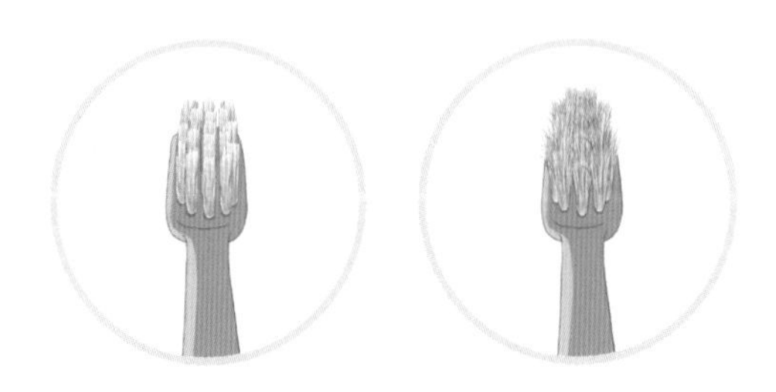

치아와 잇몸의 사이, 치아의 면에 칫솔모가 정확히 위치하지 않게 되어 닦는 효율이 떨어지게 됩니다. 무엇보다도 그런 상태로 계속 사용하면 잇몸이 상처가 나거나 염증을 일으킬 수 있습니다.

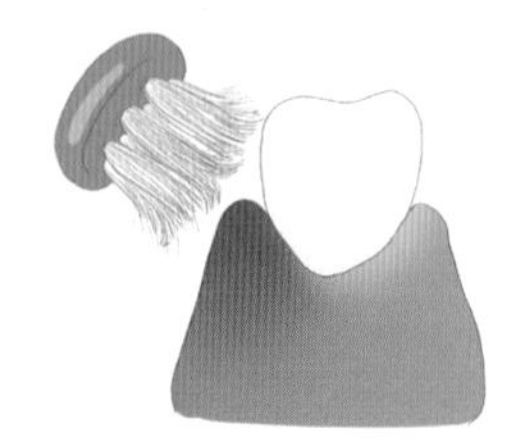

그리고 칫솔모와 칫솔의 헤드가 닿는 부위에 치약이 하얗게 너무 많이 껴있어도 교체해 주는 것이 좋습니다. 평균적으로 6주 정도가 교체 주기이지만 사용 방식에

따라 짧아질 수도 길어질 수도 있습니다.

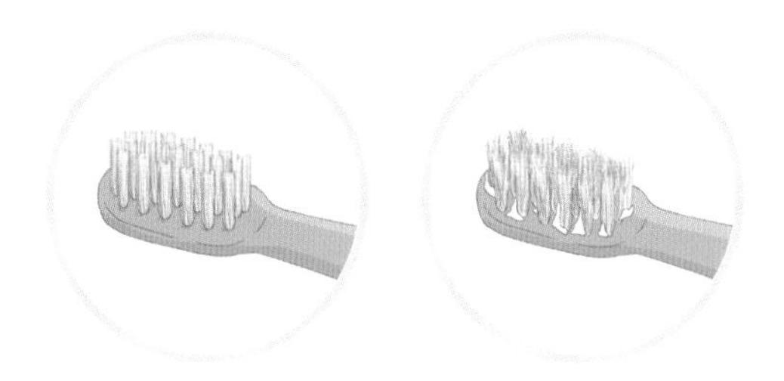

치실의 사용

생후 6개월이 지나면 앞니부터 2개의 치아가 나오는데, 아이의 유치는 보통 치아 사이가 벌어져 있습니다. 그러나 간혹 치아가 딱 붙어 있을 때가 있습니다. 치아를 닦을 때 유심히 살펴보세요.

만약 우리 아기의 치아 사이가 붙어 있다면 치실을 사용하는 게 좋습니다. 칫솔로 열심히 닦아도 치아 사이는 잘 닦이기 쉽지 않은 부위입니다. 특히, 치아 사이가 공간이 없이 붙어 있다면 반드시 음식 찌꺼기가 껴있게 됩니다. 이때는 치실을 사용해야만 제거가 되고 닦일 수 있습니다.

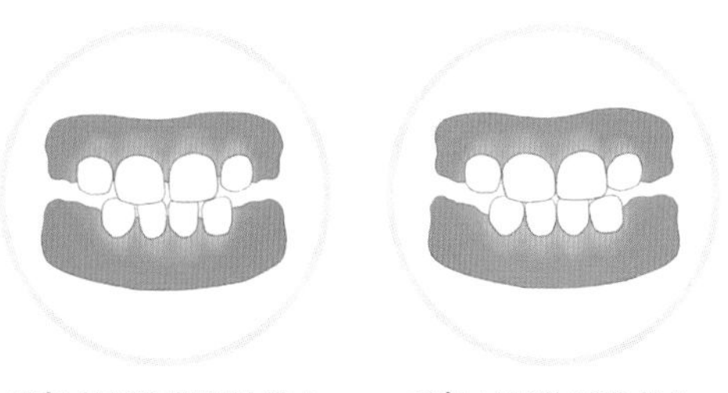

유치 사이가 벌어진 모습 유치 사이가 붙은 모습

뒤에서 살펴보겠지만(p192) 아이의 입 중앙에서 4번째와 5번째 유치 사이가 충치가 가장 많이 생기는 자리입니다. 그 부위를 DDC(D Distal Caries)라고 부르기도 하는데, 영유아 아이들의 충치 치료와 예방은 DDC와의 전쟁이라고 생각해도 무방합니다. 아기가 크면 이 부위에 치실을 잘해주어야 합니다. 그러니 앞니가 났을 때부터 치실 쓰는 것을 시도해 보는 것이 좋습니다.

치실의 형태

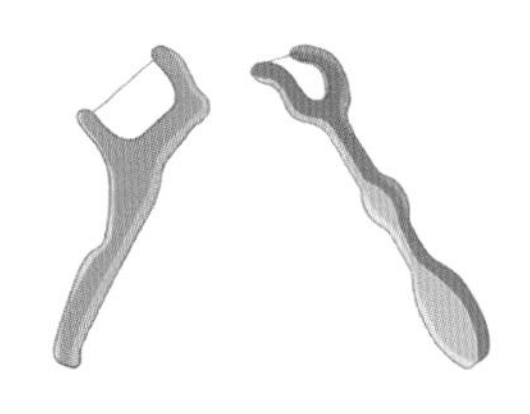

손잡이형 치실이 아이에게 적용할 때 편합니다. 종류는 치실과 손잡이가 같은 방향으로 되어있는 것과, 90°로 꺽인 형이 있습니다. 같은 방향으로 된 것은 앞니에 편하고, 꺽인 형은 어금니에 사용하기 편합니다. 하지만 실제는 손잡이 치실이면 구분 없이 아이에게 어렵지 않게 사용할 수 있습니다.

치실 사용법

치실을 치아 사이에 넣고, 치아의 옆면으로 밀면서 위로 걷어 올리듯이 빼내 줍니다.

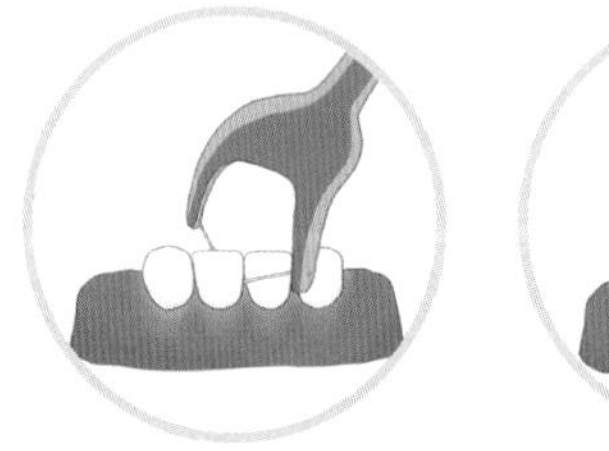

어린 아기도 치아 사이에서 음식물이 빠진 것을 보여주면 신기해하고, 시원해합니다. 이는 나중에 양치 습관을 들이는 데 좋게 작용합니다.

칫솔과 치실의 위생관리

아이의 이를 닦는데 아파하거나 피가 나온다면 잇몸에 상처가 나서 그럴 가능성이 있습니다. 잇몸에 염증이 있거나 칫솔모가 교체 시기가 지났는데도 계속 사용하다 보면 상처가 나서 출혈이 있는 것이죠. 이럴 때 만약 칫솔에 세균이 있다면 염증이 더 안 좋아질 수 있습니다.

안타깝지만 칫솔은 세균의 온상입니다. 나쁜 세균이 살기에 좋은 조건을 다 갖추고 있기 때문입니다. 칫솔모와 헤드에는 음식 찌꺼기와 적절한 습기가 늘 풍족하게 있습니다.

❶ 사용 후에 엄지손가락으로 칫솔모를 충분히 헹구어 줍니다.

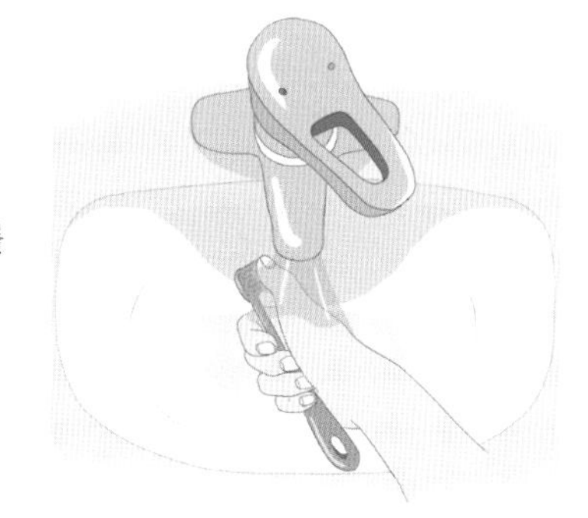

❷ 세면대에 탁탁 쳐서 물기를 제거합니다.

❸ 칫솔을 세워 두거나 매달리게 하여 자연 건조합니다.

❹ 칫솔 건조기나 살균기의 추가적인 사용도 도움이 됩니다.

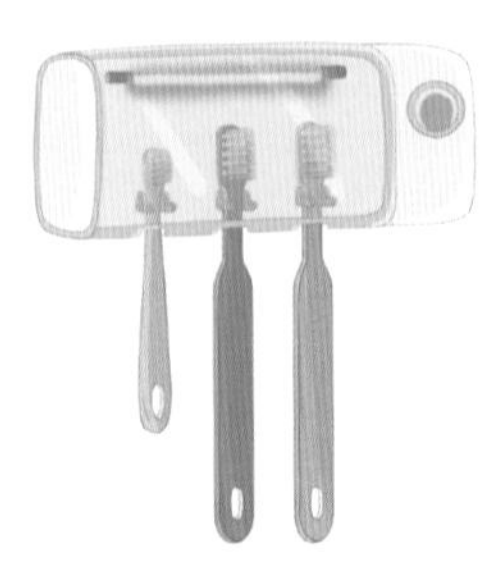

⑤ 칫솔 2개를 교대로 사용해도 좋습니다.

앞니가 나는 시기

생후 6개월에서 12개월 사이에 우리 아기의 앞니가 완성됩니다. 물론 아기마다 시기의 차이는 있습니다. 돌이 지나서 앞니 위아래 8개가 되기도 합니다. 치아가 나오는 순서도 다를 수 있습니다.

Chapter 6

6~12개월

6~12개월

- ☐ 앞니만 있을 때 관리법
- ☐ 이앓이 증상/대처법
- ☐ 공갈젖꼭지 끊기
- ☐ 하임리히법
- ☐ 밤중 수유 충치
- ☐ 컵 사용 훈련
- ☐ 수면 중 이갈이

앞니가 나는 시기

생후 6개월에서 12개월 사이에 우리 아기의 앞니가 완성됩니다. 물론 아기마다 시기의 차이는 있습니다. 돌이 지나서 앞니 위아래 8개가 되기도 합니다. 치아가 나오는 순서도 다를 수 있습니다. 다른 아기와 차이가 난다고 해서 너무 걱정 안 해도 됩니다.

앞니가 나온 모습

아이의 유치가 다 나와서 완성된 상태를 알고 있으면 좋습니다. 위에 10개, 아래 10개 총 20개의 유치가 만들어집니다.

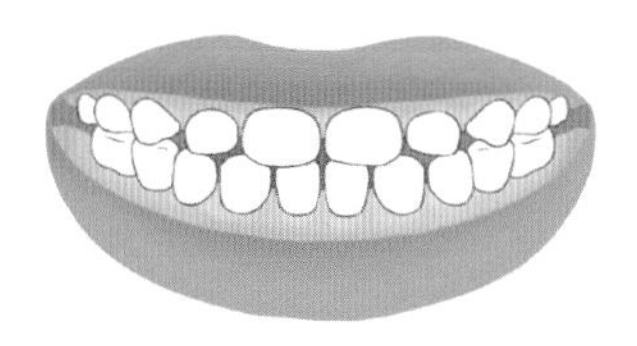

위아래 10개씩 총 20개의 유치 모습

입안 속 모습을 본다면 정중앙을 기준으로 좌우에 5개씩 치아가 있습니다. 치과에서는 유치를 가운데 앞 부위부터 A, B, C, D, E라고 명칭합니다.

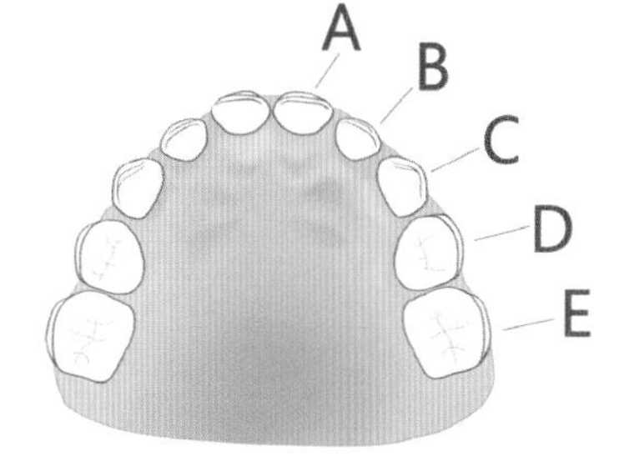

	명칭	아랫니	윗니
A	가운데 앞니	6~7개월	8~9개월
B	작은 앞니	12개월	9~10개월
C	송곳니	19개월	20개월
D	첫번째 어금니	16개월	16개월
E	두번째 어금니	23개월	24개월

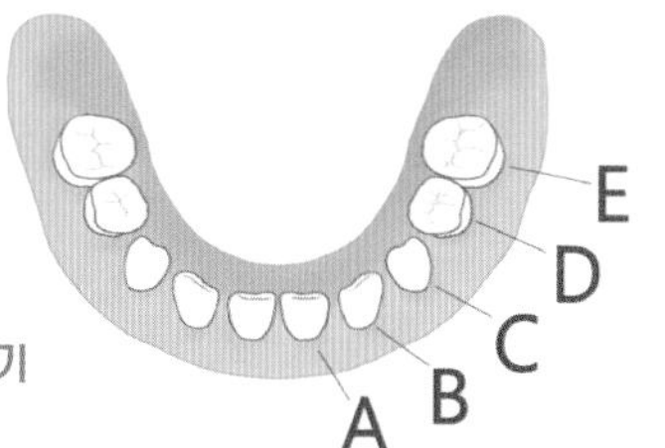

유치의 명칭과 나오는 시기

이 5개의 치아를 우리는 보통 가운데 앞니, 작은 앞니, 송곳니, 첫번째 어금니, 두번째 어금니로 부릅니다. 잇몸 밖으로 나오는 시기는 조금씩 다릅니다. 유치 나오는 순서는 앞니 5개월, 어금니 10개월 정도 개인차가 있을 수 있습니다. 만약 시간이 너무 오래되도록 치아가 안 나오거나, 모양이 이상하면 치과에서 검진받아보면 됩니다.

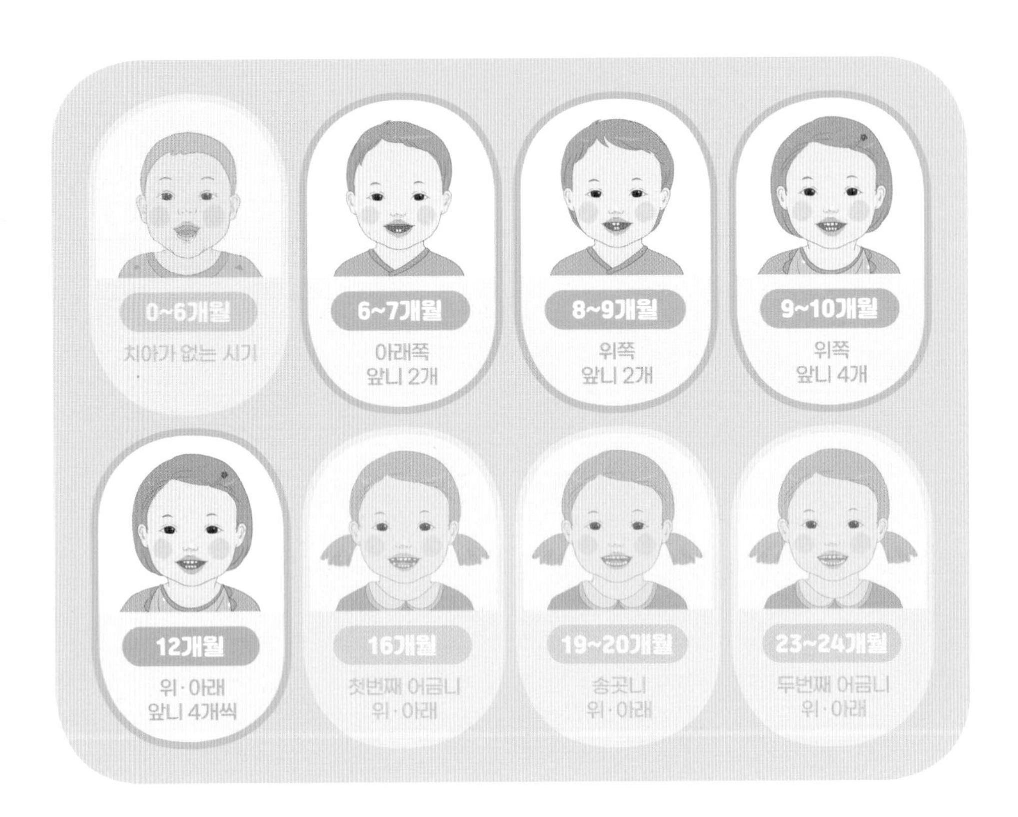

앞니만 있을 때 관리법

시기의 다소 차이가 있지만 보통 생후 6개월이 되면 아래 앞니가 나옵니다. 이어서 위의 앞니가 모습을 보이기 시작하고 앞니 4개가 됩니다. 그리고 대략 12개월쯤이면 아래도 앞니 4개가 완성이 됩니다.

입안 속 모습 그리고 치아의 형태를 자주 봅니다. 동시에 그림도 같이 보는 게 도움이 됩니다. 그것이 우리 아이의 구강건강을 지키는 첫 비결임을 잊지 마세요.

관리법은 앞서 살펴보았던 치아가 처음 났을 때 양치질법(p86)과 같습니다. 다만 치아가 위아래 8개로 더 늘어났으니 확장해서 꼼꼼히 닦아줍니다. 앞니 사이가 촘촘하다면 치실을 마지막에 해줍니다.

앞니만 있을 때 양치질법

❶ 한 손으로 아이의 턱과 입술을 당겨 입안을 확인합니다.

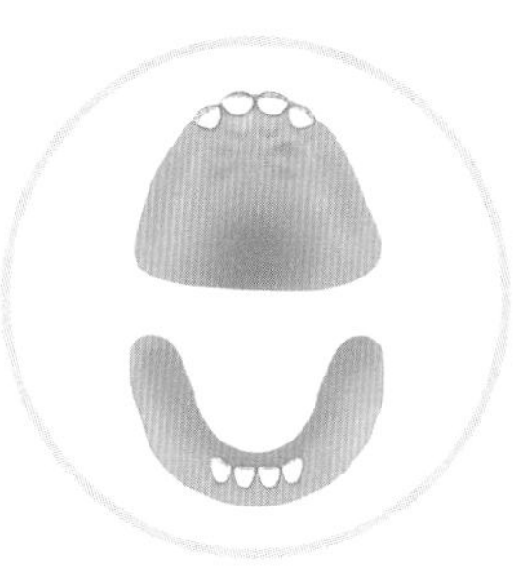

❷ 회전법과 작은원법을 활용하여 치아의 바깥면을 닦아줍니다.

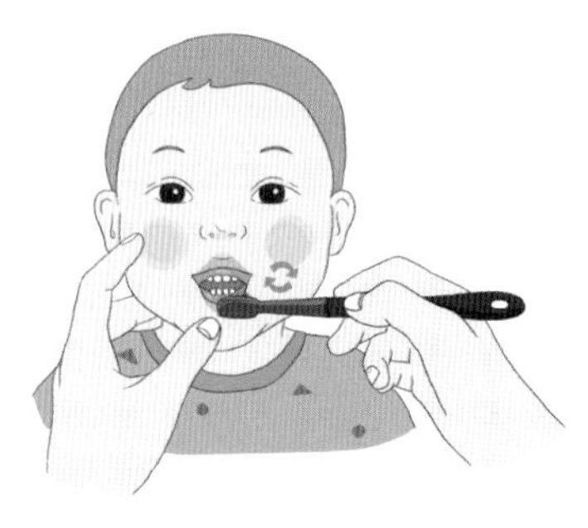

❸ 치아의 안쪽면을 닦습니다.

❹ 치아의 옆면도 놓치지 않고 닦아줍니다.

❺ 아직 이가 안난 잇몸도 닦습니다.

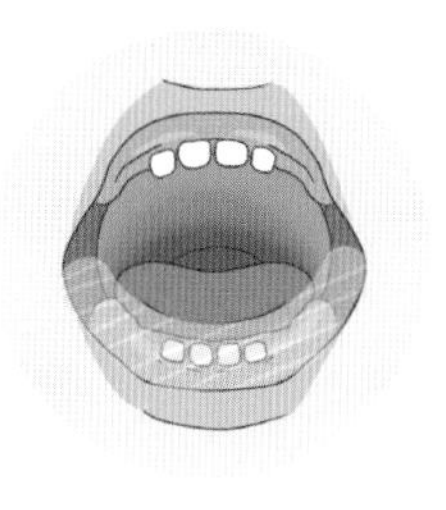

❻ 치아와 잇몸을 다 닦았다면 마지막에는 혀를 닦습니다.

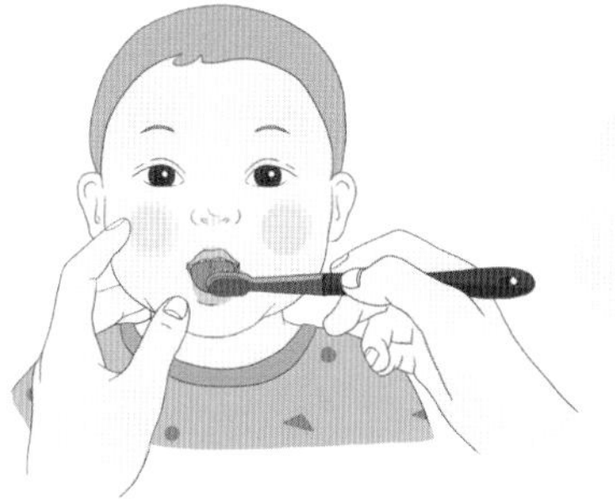

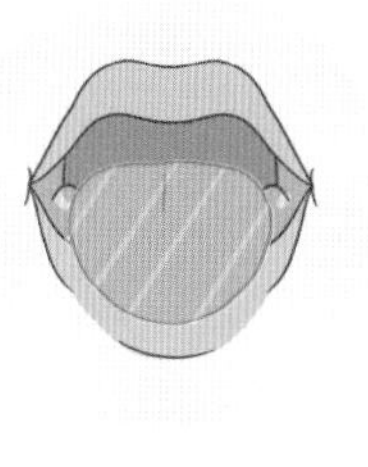

❼ 칫솔질을 다 한 후에는 치실을 합니다. 이때 아이에게 확인 시켜주는 게 좋습니다.

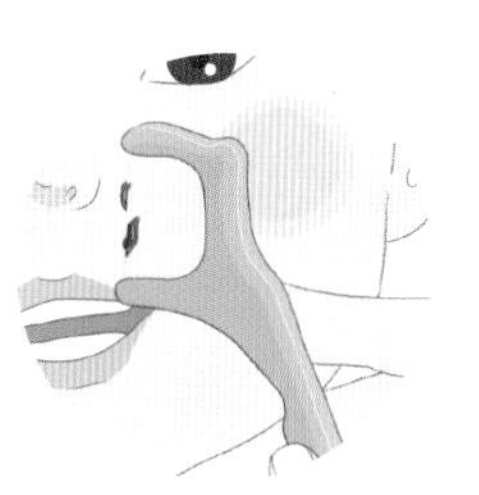

이유 없이 심하게 울어요. 이앓이인가요?

아기가 이유 없이 보채고 자다가 깨서 울기도 할 수 있습니다. 어떨 때는 울음의 강도가 너무 세서 부모가 놀라기도 합니다. 아무리 달래도 울음이 수그러들지 않고 오히려 더 크게 우는 경우도 있습니다. 그럴 때는 걱정도 크지만, 부모는 공황 상태가 됩니다. 만약 생후 6개월 전후의 아기라면 이앓이가 아닌지 생각해 봐야 합니다.

이르면 4개월에서 늦게는 10개월까지 첫니가 납니다. 이때 치아가 잇몸 안에서 올라오며 아기가 불편감이나 통증을 느낄 수 있는 것이죠. 첫니 날 때와 첫 번째 어금니가 나오는 시기가 더 심하게 느껴집니다. 빠르면 3개월부터 늦게는 30개월까지 20개의 유치가 올라오는 동안 이앓이가 가능하다고 생각하는 게 좋습니다. 영유아 3명 중 2명이 겪게 됩니다. 보통 밤에 더 심하며 낮에도 증상이 나타납니다.

이앓이의 증상

1. 먹는 양이 줄어든다

수유나 분유, 이유식의 먹는 양이 줄거나 거부를 하게 됩니다. 생각해보면 우리도 입병이 나서 아프면 음식을 먹기가 힘듭니다. 아기도 똑같습니다. 먹다가도 짜증을 내며 안 먹거나 시원치 않게 먹습니다.

2. 밤에 심하게 운다

영아산통 울음처럼 발작하듯이 우는 경우도 많습니다. 좀처럼 잦아들지 않고 오래 웁니다. 이럴 때 부모는 무섭고, 언제 울음이 멈출지 몰라 많이 당황하게 됩니다.

3. 침을 흘린다

입을 계속 벌리고 침을 흘립니다. 줄줄 흐르게 됩니다. 입에 가져가는 것들이 침

범벅이 되기도 합니다.

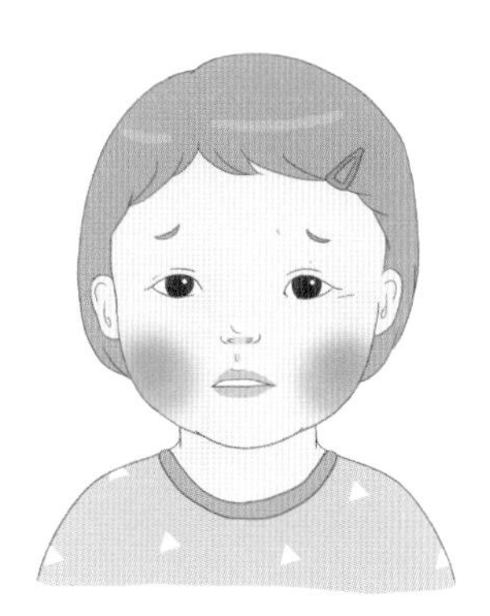

4. 입 주변과 뺨에 발진이 생긴다

침이 계속 흐르니 빨갛게 피부에 발진이 나타납니다. 입 주변, 뺨 그리고 심하면 목과 가슴 부위까지도 보이게 됩니다.

5. 기침을 한다

흐르는 침에 의해 목에 사레들려서 기침을 캑캑거리며 하기도 합니다.

6. 얼굴을 비비며 귀를 잡아당긴다

이유 없이 자주 보채며, 불편감에 입 근육과 연결된 얼굴과 귀까지도 잡아당기는 경우도 있습니다.

7. 잇몸이 부어 보이거나, 하얀 것이 비쳐 보인다

이앓이는 잇몸 근처에 치아가 나올 때보다 조금 더 깊숙이 있을 때 심합니다. 치아가 나오는 부위가 부은 것처럼 보이지만 만지면 단단합니다. 치아가 막 나오기 전에는 하얗게 비쳐 보이기도 합니다.

이앓이 대처법

1. 차가운 치발기 등을 물려준다

차가운 것을 잇몸에 갖다 대면 통증이 완화될 수 있습니다. 단단한 재질이 더 좋습니다. 준비가 안 된 상태에서 갑자기 울음이 터지면 깨끗한 물에 얼음을 넣고 치발기나 공갈젖꼭지 등을 담급니다. 그리고 아이 잇몸에 갖다 대어 줍니다.

일단 자다가 울음이 발생하면 이앓이는 좀처럼 멈추지 않습니다. 미리 소독된 치발기를 밀폐용기나 투명 지퍼백 등에 넣어서 냉장실에 넣어 두는 것도 좋습니다. 주의할 것은, 냉동된 것은 자칫 잇몸에 상처를 줄 수 있으니 냉장 보관이 적절합니다. 또한 조심할 것이 아기가 쉽게 깨물도록 치발기를 목에 걸어주는 경우가 있는데 이는 좋지 않습니다.

2. 가제수건으로 잇몸마사지를 해준다

가제수건이나 핑거칫솔 같은 것으로 잇몸 마사지해주면 좋습니다. 물론 차갑게 한 후에 해주면 더 좋습니다. 통증이 훨씬 줄어들 수가 있습니다. 마찬가지로 사전에 준비해두면 좋겠지요. 가제수건은 소독 후 깨끗한 물에 적셔서 밀폐 보관해 두면 바로 사용할 수가 있습니다. 핑거칫솔도 치발기 등과 같이 냉장 보관해 두는 것도 좋습니다.

3. 너무 힘들어하면 진통제를 먹인다

어떨 때는 아기가 너무 힘들어할 수 있습니다. 쉬지 않고 울며 괴로워합니다. 그런 경우에는 진통제를 먹이는 것도 방법입니다.

4. 이앓이 캔디, 티딩 젤, 쿨링 치발기

요새는 이앓이 관련 다양한 제품이 많이 나와 있습니다. 연령에 받게 조심해서 사용해야 합니다. 주의 사항을 잘 숙지하고 안전사고를 조심해야 합니다. 아기가 울면 부모도 정신이 없어서 정확한 용량과 적용이 어려울 수 있습니다. 위에 제시한 기존에 있는 것들로 미리 준비해서 극복해 나가는 게 제일 무난한 방법입니다.

5. 피부 발진시 처치법

심하게 발진이 올라오면 소아과의사에게 진찰받아야 합니다. 우선은 빨갛게 된 부위를 가제수건으로 꾹 눌러 닦아줍니다. 비벼서 닦지는 말아 주세요. 그런 다음 보습크림을 발라줍니다.

6. 수유, 식사 전 잇몸을 차갑게 해준다

수유량과 식사량이 줄어드는 것을 최소화하기 위해, 먹기 전 통증을 경감시켜 주는 게 좋습니다. 그리고 이앓이 시기에는 아기가 뭔가를 깨무는 것을 더 하게 됩니다. 그래서 자칫 엄마의 젖꼭지가 깨물리는 것을 조금이라도 예방해야 합니다.

7. 열이 나는 경우는 소아과의사에게

이앓이는 아이에게 힘들지만 정상적인 과정입니다. 38℃ 이상의 고열이 발생하지는 않습니다. 잇몸이 간지럽고 아픈 느낌이 드는 것입니다. 간혹 감기 같은 바이러스 질환과 같이 증상이 나타난다면 열이 있을 수 있습니다. 그런 경우는 소아과의사에게 진찰받아야 합니다.

SUMMARY

- 이앓이는 갑자기 아기가 울음이 터지는 경우가 문제다.
- 미리 차가운 깨물 것이나 잇몸 마사지할 것을 준비해 놓자.

공갈젖꼭지 끊기

앞서 살펴본 것처럼 아기는 입을 통해 세상과 만나고 안정감을 얻습니다. 공갈젖꼭지의 장단점과 주의사항(p66)을 알고 사용하면 유용한 도구가 될 수 있습니다. 뭐든지 과하면 좋지 않기에 적정 시기가 되면 공갈젖꼭지를 끊어야 합니다.

생후 6~7개월이 지나면 입으로 빠는 욕구가 서서히 다른 것으로 바뀌어 갑니다. 많은 사람을 만나게 되고 새로운 것에 흥미를 갖게 되면 차츰 사용이 줄어듭니다. 그러니 걱정하여 강제적으로 끊게 조바심 낼 필요는 없습니다. 어느 순간 아기가 공갈젖꼭지를 찾지 않게 됩니다.

아기 목에 이물질이 걸렸을 때 : 응급대처법

아기를 키울 때 가장 당황스럽고 위험한 상황 중 하나가 있습니다. 아이의 목에 이물질이 걸려 기도가 막히는 것입니다. 땅콩, 사탕 같은 크기가 작고 둥근 형태의 음식물뿐만이 아닙니다. 단추, 건전지, 장난감, 블록, 동전 등 다양한 것을 입에 넣고 순간적으로 막힙니다. 아차 하는 순간에 응급상황이 됩니다. 숨을 못 쉬게 되면 뇌로 산소가 공급이 안 됩니다. 그런 경우 골든 타임이 평균 4~6분 이내입니다. 정말 위험한 상황이 됩니다.

이 또한 사전 예방이 중요합니다. 다음과 같은 평상시 생활 습관부터 확인해 보세요.

이물질 목걸림의 예방 습관

- 평소에 아기가 손에 닿을 만한 곳에 위험한 것은 치우고, 입으로 삼킬 만한 것을 없애야 한다.
- 이유식은 반드시 부모 앞에서 먹인다.
- 덩어리로 된 음식은 주지 않는다. 과일도 길게 잘라서 준다.

그리고 무엇보다 중요한 것은 응급상황에 대비한 예행연습입니다. 막상 아기가 목에 이물질이 걸리면 당황하게 됩니다. 갑자기 캑캑거리며 얼굴이 파래지면 부모는 아무 생각도 안 납니다. 미리 가끔씩 이미지트레이닝과 연습을 해놓는 것이 중요합니다. 아기에게 실제로 하면 자칫 다칠 수 있으니 인형으로 연습해도 좋습니다.

돌 미만 아기 입안에 이물질이 들어갔을 때

영아의 하임리히법

❶ 아기가 쉰 울음소리를 내거나 얼굴이 파래지면, 바로 주변 사람에게 119에 신고하도록 요청합니다.

❷ 그런 다음 그림과 같이 왼손으로 아기의 턱과 가슴을, 오른손으로 뒤통수를 감싸서 아기의 머리가 아래로 향하게 허벅지 위에 위치시킵니다.

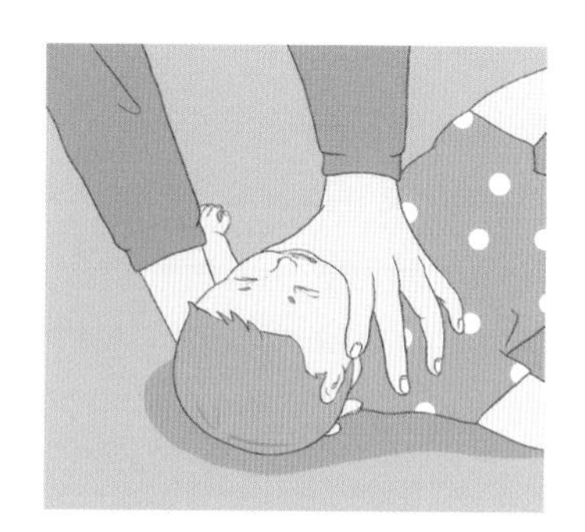

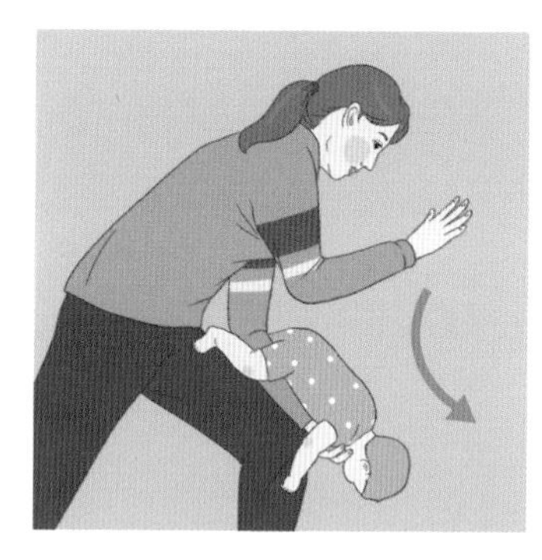

❸ 손바닥으로 양쪽 날개뼈 중앙 부위를 세게 5회 두드립니다.

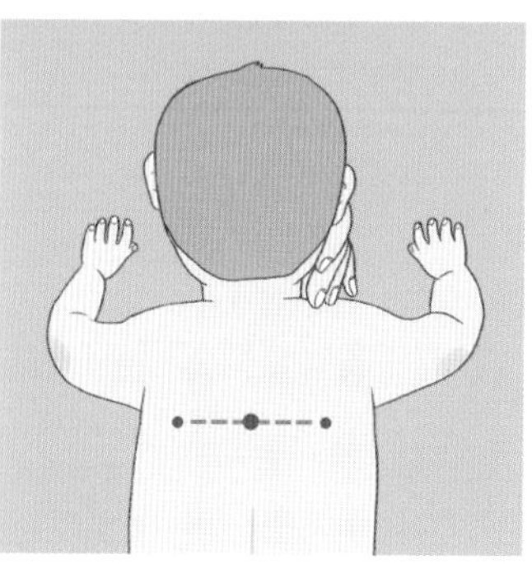

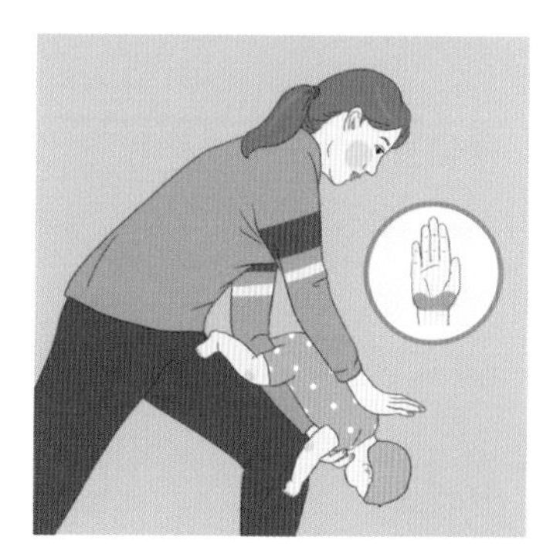

④ 반대쪽 허벅지로 아기를 돌려서 바로 눕힙니다.

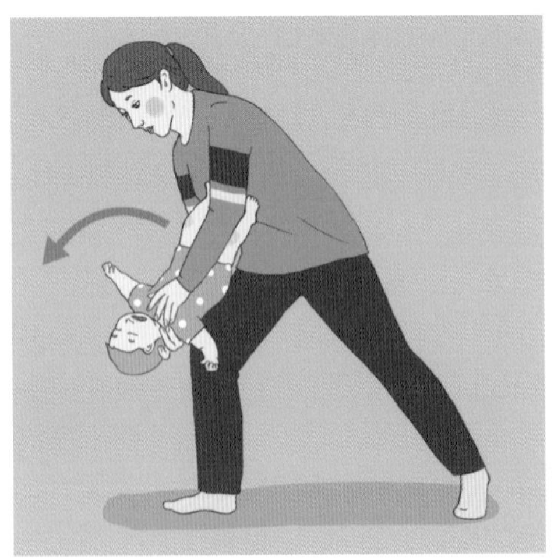

❺ 양쪽 젖꼭지를 잇는 선 중앙 바로 아래에 손가락을 두 개 위치시켜 강하고 빠르게 5회 눌러 줍니다.

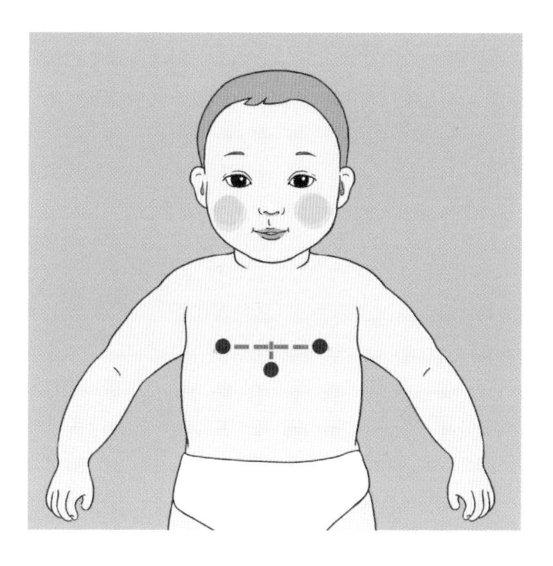

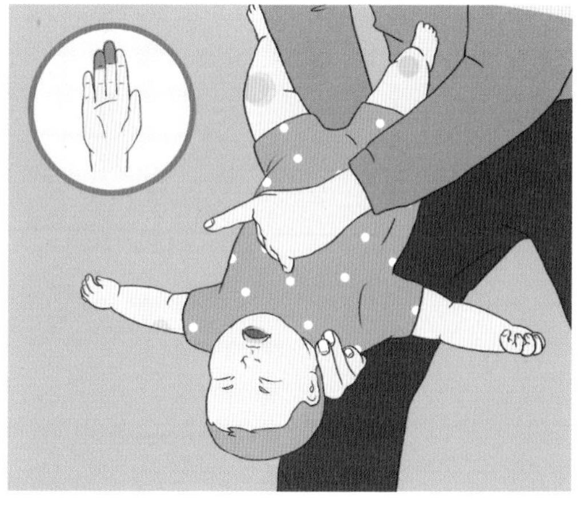

❺ 이물질이 제거되거나 119구급대원이 도착할 때까지, 좌우로 번갈아 가며 ❸~❺를 반복합니다.

* 이때 의자에 앉아서 하면 보다 쉽고 정확하게 두드리고 압박할 수 있습니다.

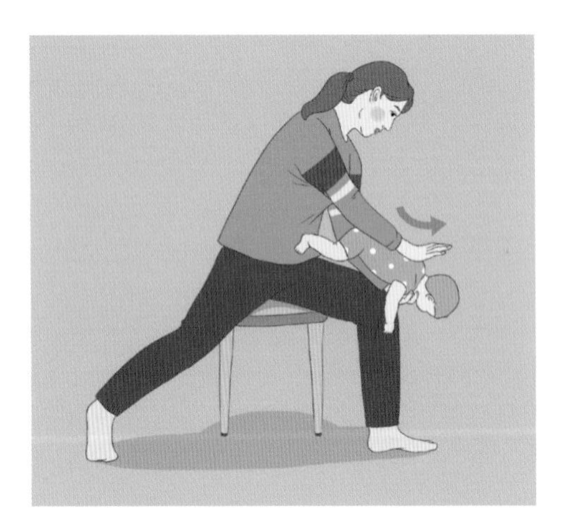

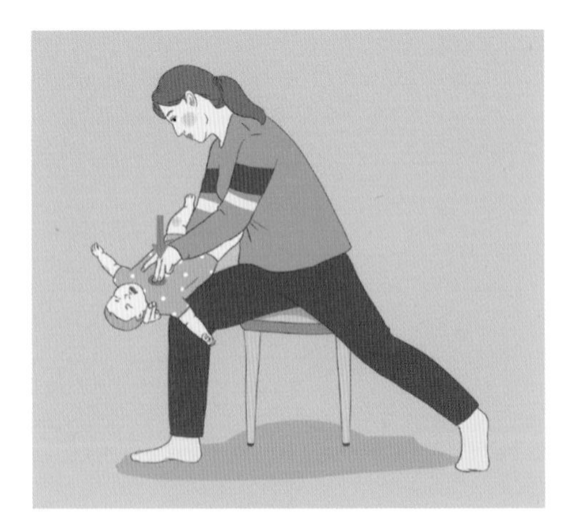

돌 지난 아이의 하임리히법

돌이 지난 유아들은 몸무게로 인하여 한 손으로 받쳐서 두드리기가 어렵습니다. 만약 대화가 되면 기침 하게 하고, 등을 두드립니다. 성인도 마찬가지로 이것이 제일 권장되는 방법입니다. 성인과 소아의 하임리히법은 방법이 같습니다. 다만 체구에 따라 자세가 약간 다를 수 있습니다.

❶ 대화가 되면 기침을 하게 유도하고, 등을 두드립니다.

❷ 만약 심하게 목에 걸려 해결이 안 되면 바로 하임리히법을 시행합니다.

③ 성인이나 소아는 아이의 양발 사이에 시행자의 발을 넣고 하지만, 체구가 작은 유아인 경우 무릎 위에 올려놓고 합니다. 그다음 주먹을 쥐어서 명치와 배꼽 사이에 두 손을 위치시킵니다.

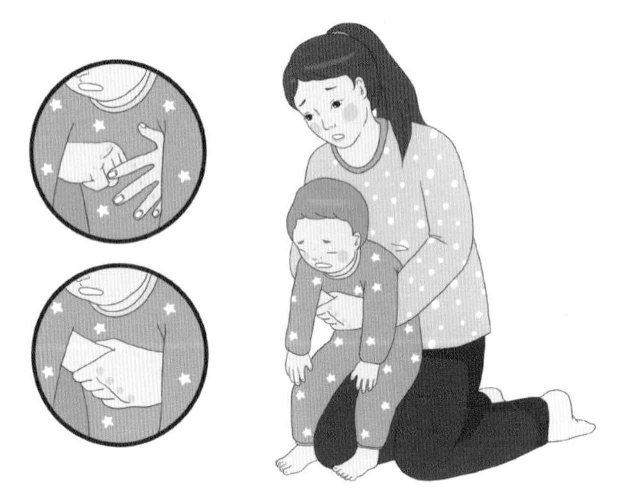

④ 밑에서 위로 복부를 눌러줍니다. 대각선 방향으로 당기듯이 들어 올린다고 생각하면 됩니다. 입에 들어간 이물질이 나올 때까지 혹은 119구급대원이 도착할 때까지 시행합니다.

* 정기적으로 가이드라인이 조금씩 바뀌고 있으니 확인하는 것이 좋습니다.

* 하임리히법을 시행 중 의식을 잃으면 심폐소생술로 바꾸어 진행하는 것으로 되어 있습니다. 아이의 심폐소생술도 학습하여 숙지해놓는 것이 필요합니다.

모유수유와 아기의 구강건강

모유는 아기에게 최상의 음식이자 최고의 선물입니다. 모유를 먹고 자란 아기는 감염성 질환에 적게 걸립니다. 또한 알레르기가 적게 생기며 비만과 당뇨병, 피부병이 덜 발생한다는 연구도 있습니다. 게다가 모유수유를 하면 엄마에게도 좋습니다. 산후 회복이 빠르며 골다공증, 유방암, 난소암 등의 질환에 걸릴 확률을 낮춥니다.

모유수유는 아기의 향후 구강 발육, 나아가 얼굴 성장과도 긴밀한 관계가 있습니다. 아기가 유방의 모유를 삼키는 과정과 젖병을 삼키는 과정은 많이 다릅니다.

엄마 젖을 먹을 때

❶ 아기의 입안에 혀와 젖꼭지로 꽉 들어차고, 볼도 팽창하여 빵빵해집니다. 이렇게 되면 입천장과 그 위의 코뼈가 성장하기에 이상적인 공간을 형성합니다. 그리하여 추후 얼굴이 조화롭게 발육하게 됩니다.

❷ 엄마 젖을 힘있게 빨기 위해서는 입술과 혀가 충분히 움직여야 합니다. 윗입술은 살짝 말리고, 특히 혀끝은 아랫입술보다 약간 나와 있어야 합니다. 그래야 아기의 입과 젖가슴이 최대한 밀봉이 됩니다. 그런 다음 입안 속의 압력을 유지한 채 힘차게 엄마 젖을 빨 수가 있습니다.

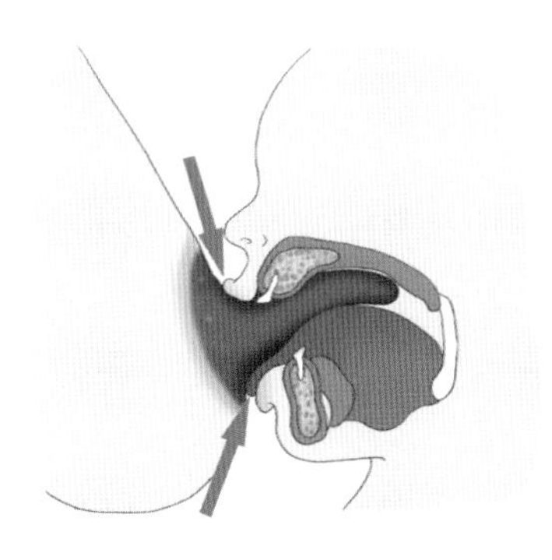

만약 설소대단축증으로 인해 혀가 짧다면 모유수유가 불편해질 수 있는 것이지요 (p59).

❸ 꽉 들어차 있는 입안의 젖꼭지를 혀를 이용해 삼킵니다. 이때 혀를 입천장 위로 누르면서 입안 속 뒤쪽까지 연속적인 근육의 수축과 이완이 이루어집니다. 이러한 음식을 넘기는 복합적인 과정을 연하(嚥下, swallowing, deglutition)라고 합니다.

모유수유를 하게 되면 자연스레 이상적인 연하운동을 하게 됩니다. 이로 인해 추후 이유식과 일반 음식의 자연스러운 섭취가 가능해집니다.

젖병의 분유를 먹을 때

❶ 젖병을 물게 되면 마치 빨대를 빠는 것과 같은 압력이 작용합니다. 그로 인해 턱이 좁아져서 부정교합이 생기고 결국 얼굴형이 이뻐지지 않을 수 있습니다.

❷ 젖병의 분유를 삼킬 때는 엄마의 젖꼭지처럼 입안을 가득 채우질 못해 충분한 연하운동이 안 됩니다. 빨대를 빨 때처럼 주로 입의 앞쪽 근육만 써서 바로 음식을 넘기게 되는 것이죠. 나중에 아이가 이유식을 잘 못 삼키거나 단단한 음식을 먹기 어려워하게 되는 원인이 될 수 있습니다. 그렇게 되면 충분한 영양 섭취가 안 이루어집니다.

❸ 모유의 양이 부족하거나 분유를 먹혀야 하는 상황이면, 최대한 유방의 젖꼭지와 유사한 형태의 젖병을 사용하는 게 좋습니다.

혀의 올바른 위치

아이나 성인 모두 혀의 이상적인 위치가 있습니다. 힘을 빼고 편안한 상태에서 혀는 입천장에 닿고 있어야 합니다. 정확히 얘기하면 혀끝이 위 앞니의 뒤쪽 오돌토돌한 잇몸에 닿아 있어야 하는 것이죠.

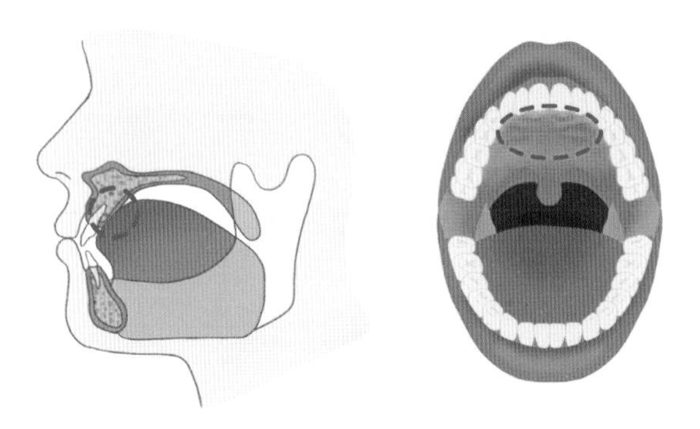

혀의 올바른 위치

만약 혀가 치아에 닿고 있거나 아래로 쳐져 있다면, 치아를 밀어 뻐드러지는 돌출입이 되거나 위턱 아래턱이 조화롭지 못하게 성장할 수 있습니다.

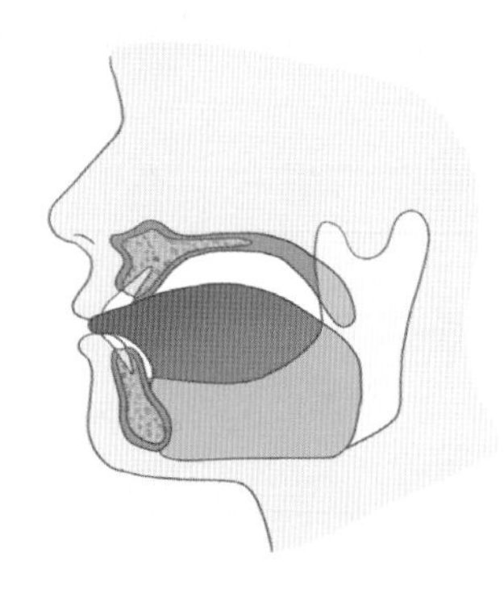

혀의 안 좋은 위치

이는 기능적인 것과 심미적인 문제를 동시에 발생시킵니다. 모유수유를 하게 되면 자연스레 혀가 입천장을 누르는 운동을 하게 되어 올바른 위치로 가게 됩니다. 추후 혀, 치아 그리고 입술의 올바른 위치를 잡는 운동에 대해서 상세히 살펴보겠습니다(p299).

충치, 알고 예방하고 이기자!

이 책을 읽는 첫 번째 목적은 우리 아이가 충치가 안 생기고 건강히 자라게 하는 것일 겁니다. 앞서 얘기했듯이 어린아이가 충치치료를 받게 되는 것은 아이와 부모에게 커다란 충격이고 힘든 과정이 될 수 있습니다. 울고불고하는 아이를 붙들어 매어 치료하거나, 도저히 안 되면 전신마취를 해서 치료하기도 합니다. 그럴 때 부모는 죄책감에 괴로워하게 됩니다. 유치의 충치는 영구치에 영향을 미치고, 충치는 그 흔적이 평생을 갑니다.

하지만 뭐든지 미리 알면 예방할 수 있고 피해를 최소화할 수 있습니다. 부모가 아이의 양육에서 모든 것에 완벽할 수는 없습니다. 그러나 지금 이 책을 보는 것처럼 공부하며 주어진 환경에서 노력하다 보면, 최선의 결과가 나올 것입니다. 이점을 믿고 힘내 보세요. 다행히 충치는 충분히 예방이 가능한 질환입니다. 그리고 불가피하게 충치가 생겨도 조기에 발견된다면, 간단한 치료로 충분한 기능 회복이 됩니다.

충치는 왜 생기는가? 어떻게 예방할 수 있는가? 의외로 이것에 대해 쉽고 명쾌하게 알려져 있지 않습니다. 지피지기면 백전불패. 충치라는 녀석에 대해 알아보겠습니다.

충치가 생기는 원인

세 가지가 있어야 생깁니다. 충치원인균, 당분, 치아 이것이 충치의 3요소입니다.

❶ 충치는 충치를 일으키는 원인균이 있어야 시작된다 대표적인 것이 뮤탄스균입니다. 신생아에게는 없습니다. 외부에서 아기 입으로 들어오게 됩니다. 안타깝지만 주로 엄마에게 감염됩니다. 이에 대해서는 뒤에(p135) 자세히 살펴보겠습니다.

❷ 입안의 뮤탄스균은 당분을 먹고 산다 그 과정에서 배설하는 산에 의해 치아의 표면이 부식되는 것이 충치입니다. 당 성분 있는 음식의 섭취를 조절(p147)해야 하는 이유가 여기에 있습니다.

❸ 부식될 치아가 있어야 충치가 완성된다 충치를 예방하기 위한 3요소 중 치아를 간과해서는 안 됩니다. 어떤 사람은 치아 자체가 부식에 잘 견디는 것을 타고 나는 사람이 있습니다. 치아의 형태에 따라 음식 찌꺼기가 덜 달라붙는 경우도 있습니다.

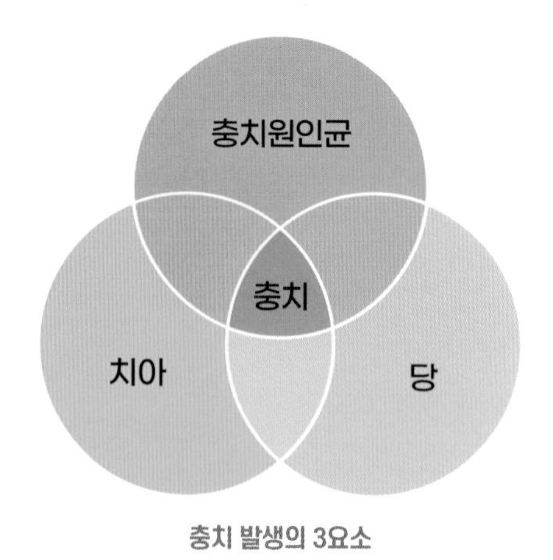

충치 발생의 3요소

충치의 예방

단순이 양치질만 잘하는 것이 충치의 예방의 전부는 아닙니다. 충치 발생의 3요소를 알았으니 그것을 하나씩 살펴보는 것이 현명할 것입니다. 다행히 각각에 대해 방어 할 수 있는 공략법이 있습니다.

원인균

- 주범인 뮤탄스균은 가능하다면 초기에 세균의 유입을 최대한 막는 게 좋습니다. 양육자가 이 사실을 인지하고 아기에게 충치균이 옮아가지 않게 조심합니다.
- 자이리톨이 구강 내 뮤탄스균의 증식을 억제하는 효과가 있습니다. 껌이나 정제로 섭취할 수 있습니다.

알아두면 좋은 Tips

: 자이리톨의 충치 예방 원리

자이리톨은 뮤탄스균이 좋아하는 설탕과 비슷한 구조이지만 약간 다릅니다. 뮤탄스균은 6탄당 구조의 당을 주식으로 하는데, 자이리톨은 5탄당 구조입니다. 그래서 충치균이 자이리톨을 일반 당인 줄 알고 먹었다가 소화가 안 돼서 산을 배출하지 못하게 됩니다. 치아를 부식시키지 못하게 되는 것이죠.

즉 충치가 안 생기게 됩니다. 일반 당 성분 대신 자이리톨만 주로 먹게 되면 결국 충치균은 굶어 죽게 됩니다.

당분

충치 예방에 의외로 과소평가되고 있는 것이 식이습관 조절입니다. 이것은 너무나 중요해서 따로 다루어집니다(p147). 우선 핵심만 살펴보겠습니다.

첫째, 정해진 시간에만 음식을 먹습니다. 불규칙적으로 음식이 들어가고 당분이 늘 치아의 세균에 공급되고 있으면 충치균은 항상 파티를 열 것입니다. 규칙적인 식사와 간식이 되어야 관리가 쉽고, 침의 자정작용과 중화작용으로 피해가 최소화됩니다.

둘째, 음식물의 종류를 주의해 주세요. 사탕이나 초콜릿 등은 당 성분이 많아 좋지 않은 것은 당연한 일입니다. 최악의 조합은 단맛이 나며 치아에 잘 달라붙는 음식입니다. 젤리나 캐러멜 같은 아이들이 좋아하는 군것질 종류가 제일 위험합니다. 치아에 착 달라붙어 지속적이고 안정적으로 충치균에 당을 공급해주기 때문입니다.

간식 자체를 줄여주는 게 좋지만 불가피하게 먹었다면, 반드시 양치 해주세요. 그리고 습관화합니다. 그러면 나중에 아이가 커서 귀찮아서라도 불필요한 군것질을 잘 안 하게 됩니다.

우리가 식사한 후, 세균들도 식사를 하게 됩니다. 결국 관건은 세균들이 자기가 좋아하는 당 성분을 충분히 먹지 못하게 괴롭혀줘야 합니다.

충치균들은 서로 뭉쳐서 치아에 달라붙어 살게 됩니다. 이것을 치태라고 합니다. 우선 이 과정을 차단해야 합니다. 여러 충치균이 연합해 치아에 달라붙어 있으면, 궁둥이를 붙이고 앉아 만찬을 즐길 준비를 마친 겁니다. 이 치태가 형성되지 않게 양치하는 것이 칫솔질의 목표입니다.

우리가 알기로는 음식이 남아 있지 않게 닦는 게 양치질이라고 생각했는데, 이름도 생소한 치태의 제거라니. 게다가 치태는 맨눈으로 잘 보이지도 않습니다. 적절히 닦고 물로 헹구어 내면 입안에 음식 찌꺼기는 거의 다 제거가 됩니다. 양치가 다 되었다고 판단하는 것이죠. 게다가 치약의 톡 쏘는 청량감으로 양치 후의 만족감도 채워집니다.

양치 후에 착색제를 발라 보면 눈으로는 보이지 않던 치태가 보입니다. 열심히 닦았지만 음식 찌꺼기가 남아있는 것이죠.

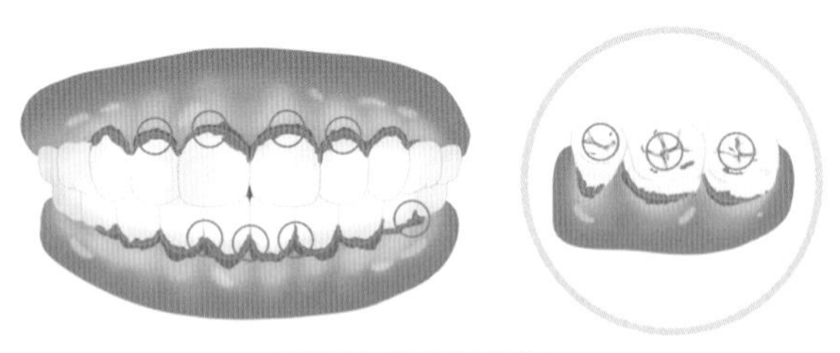

치아에 착색제 바른 모습

치태 제거에서 제일 중요한 것이 구석구석 빈틈없이 일정 시간을 닦아 주는 것입니다. 그런데 보이지 않는 치태를 위해 다 닦인 것 같은데도 불구하고 손을 움직여가며 구석구석 3분 이상(*일반인 평균 30초~1분)을 닦는다는 것은, 특별한 사연이 있지 않은 다음에야 불가능에 가깝습니다. 그렇게 까지 닦지 않으면 안 되는 강한 동기부여가 있어야 합니다. 의지가 있어도 닦는 기술의 숙달 과정이 필요합니다. 머릿속에 치아의 구조에 대한 이해가 있는 상태에서 손가락과 손목을 잘 사용해야 합니다.

이것이 어려운 과제라는 것을 아는 것이 중요합니다. 적을 알면 이길 수 있습니다. 우리의 강력한 무기는 아이에 대한 헌신과 사랑입니다. 책의 내용을 계속 보면서 조금씩 해나가다 보면 기술이 향상됩니다.

충치 예방의 어려움

"신경 써서 했는데, 충치가 생겼다고 해요"

요새는 부모님들이 신경을 많이 써서 아이들의 충치 관리를 하고 있습니다. 매일 마무리 양치질을 해주기도 하지요. 하지만 노력에도 불구하고 어느새 충치가 생기곤 합니다. 치과의사의 아이도 예외는 없습니다.

충치 예방을 완벽히 잘하기가 쉽지 않습니다. 양치질 하나도 잘하기 정말 어렵습니다. 더 안 좋은 소식은 아무리 완벽히 닦아도 48~72시간 정도가 지나면 다시 치태가 형성됩니다. 제대로 큰맘 먹고 한번 잘 닦아도, 다시 예전처럼 닦는다면 2~3일 후면 치태가 형성되기 시작하는 것이죠.

'아이가 적정수준의 양치질을 식후에 빠지지 않고 하는 습관을 들이게 하는 것' 결국 이게 핵심입니다. 하지만 생활 습관을 형성시키는 것이 얼마나 어려운 일인지는 이 글을 읽고 있는 모든 부모는 알고 있을 겁니다. 모든 육아가 그렇듯 쉬운 건 없습니다. 중요한 것은 아이의 양치 습관 만드는 것을 쉽게 보거나 소홀히 생각하지 말아야 하는 겁니다.

양치 능력도 수영이나 피아노처럼 한번 몸에 배면 특별한 노력을 안 해도 평생 갑니다. 반면에 수영을 배울 때처럼 기초부터 차근차근 자세를 잡아줘야 합니다. 그리고 꾸준히 연습해야 하죠. 결국 좋은 습관이 형성됩니다. 분명한 사실은 양치질을 잘하면 우리 아기가 충치와 잇몸병에 대해 평생 걱정 없이 살 수 있다는 것입니다.

최선을 다해서 양육해도 충치가 생길 수 있습니다. 낙담하거나 자책할 필요는 없습니다. 실제 육아는 실험실에서 완벽히 통제해서 아이를 키우는 게 아님을 우리 모두가 알고 있습니다. 매일 양치를 잘하기도 어렵고, 간식 조절을 완벽히 할 수도 없습니다. 그러나 다행히 충치는 확률의 싸움입니다. 충치의 원인 중 어느 한 가지만 잘 제어해도 발생을 줄일 수 있습니다. 또한 한 번의 잘못으로 쉽게 충치가 생기지도 않습니다. 조금씩 노력해나가다 보면 충치가 생기는 확률을 줄여 나갈 수 있는 것입니다. 그리고 무엇보다 치과는 조기 검진과 초기 치료가 잘 발달하여 있습니다. 정기적 검진을 통해 발견된 초기 충치는 손쉽게 치료되고 원래 기능이 회복됩니다.

잘 모르고 행해 왔던 것들을 조금씩 개선하고, 정기적으로 치과 검진을 받는다면 충분히 예방할 수 있습니다. 그리고 문제가 되지 않게 관리될 수 있습니다. 모든 질환이 똑같습니다. 좋은 생활 습관을 만들고, 정기검진이 중요합니다. 우리 아이의 입속 건강은 일찍 관심을 두고 다스려지면 충분히 지킬 수 있는 영역입니다.

SUMMARY

충치 예방 : 3줄 요약

- 충치균이 옮아가지 않게 최대한 조심. 자이리톨이 충치균을 억제한다
- 정해진 시간에만 음식을 먹자. 단맛이 나고 잘 달라붙는 음식은 피하자.
- 치아의 구조를 알고 보이지 않는 세균을 닦는다는 생각으로 양치한다. 구석구석, 빠진 곳 없이, 시간을 지켜서.

밤중 수유 충치(우유병 충치)

밤중 수유는 아기에게 충치를 유발할 가능성이 매우 큽니다. 물론 수유 후에 바로 치아를 닦아주면 상관이 없으나 쉽지 않습니다. 엄마 젖을 물다가 잠이 드는 경우나 우유병을 물고 잠이 들 때가 제일 위험합니다.

밤중 수유로 인한 충치는 주로 아기의 윗니 앞쪽 여러 곳에 생깁니다. 젖의 당 성분이 윗니의 앞면과 입술 사이에 오래 머물고, 밤사이에는 침도 적게 분비가 되니 충치가 생기기에 최적의 조건을 갖추게 되는 것이죠. 어느 날 폭발적으로 충치가 생겨 있는 것을 보게 됩니다. 이유식으로 바뀌는 시기가 늦어져 수유기간이 길어져도 충치가 잘 생깁니다.

일반적으로 6개월이 되면 밤중 수유 끊기를 시도합니다. 밤중 수유를 중단할 때는 무리하지 말고 서서히 줄여 나갑니다. 이때쯤 아기들은 9~10시간을 내리 잘 수 있습니다. 자기 전에 충분히 먹이고 졸리기 전에 입안 속도 깨끗이 해줍니다. 만약 불가피하게 밤중 수유를 했다면 마지막에 물을 조금 먹이고, 가제수건이라도 가볍게 닦아줍니다.

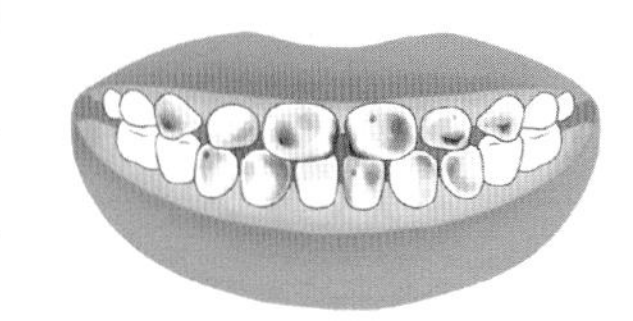

우유병 충치의 모습

컵 사용 훈련

손힘이 생기는 6개월쯤부터 컵 사용 훈련을 시킬 수 있습니다. 아기의 다양한 운동능력을 향상시키며, 일찍 젖병을 떼어 충치를 예방할 수 있습니다. 컵을 쥐기 위해 손을 쓰게 되어 두뇌 발달에 좋습니다. 또한 젖병을 빠는 것과 달리 입술 근육을 움직여서 입을 다물고 삼키게 됩니다. 이것을 연하운동이라고 합니다. 다양한 근육을 활용하여 음식을 넘기는 연습을 하게 되는 것이죠. 또한 스스로 먹을 수 있을 만큼 조절하며 마시게 됩니다. 이렇게 12개월 이전에 컵을 사용하게 되면 이유식을 진행하는 데 도움이 됩니다.

컵 사용 훈련은 모유를 먹이는 아기라면 젖병을 쓰지 말고 바로 컵으로 먹이는 게 좋습니다. 턱받이와 유아용 컵을 준비합니다. 평소 수유 시의 1/4 정도만 담아 줍니다. 생후 12개월 미만의 아기들은 컵을 기울여서 흘리지 않게 먹기가 어렵습니다. 흘리는 것이 정상입니다. 인내심을 갖고 기다려주세요.

흥미를 보이지 않으면 장난감처럼 가지고 놀게 해서 친숙해지게 합니다. 엄마, 아빠가 컵으로 먹는 모습을 보여주면 점점 관심을 갖고 따라 하게 됩니다. 젖병과 비슷한 구조로 된 스파우트컵과 쉽게 적응하는 빨대컵부터 사용하게 하는 것도 방법입니다.

스파우트컵

스파우트컵은 젖병과 비슷한 구조로 되어 있다. 젖병을 떼고 컵 사용을 처음 시작할 때 사용하면 좋다.

빨대컵

주스 팩에 빨대를 꽂고 살짝 눌러서 입에 넣어주면 아기가 빨대컵 사용을 쉽게 적응한다.

유아용컵

손잡이가 양쪽으로 달린 것이 잡기 편하다. 익숙해지면 손잡이가 하나인 것으로 바꿔준다.

아기에게 뽀뽀하면 안 되나요?

앞에서 충치가 생기는 원인에 대해 살펴보았습니다. 충치 구성 3요소 중 뮤탄스균을 기억하세요? 대표적인 충치 원인균입니다. 입안에 이 세균이 있어야지만 충치가 생길 수 있습니다. 만약 충치원인균이 없다면 충치는 발생하지 않습니다. 그런데 신생아가 태어났을 때 입안 속은 무균상태입니다. 그렇습니다. 충치는 감염성 질환입니다. 누군가로부터 세균이 옮아와서 생기는 병입니다.

주로 누구에게 전염이 될까? 안타깝지만 영유아기 충치의 80~90%가 엄마로 인해 발생합니다. 더 정확히 얘기하면 엄마의 충치균이 아기에게 옮아가서 충치가 생기게 되는 것이죠. 아기에게 뽀뽀하는 것은 직접적으로 균을 넣어 주는 것입니다. 뽀뽀 외에도 확실하고 다양한 방법이 많습니다. 음식을 불어서 주는 것, 먹던 음식을 주는 것, 공갈젖꼭지 만지기, 숟가락, 젓가락, 물컵 등을 같이 쓰는 것, 엄마 손으로 아이 입 닦아주기 등. 수없이 많은 방법으로 세균을 전해 줄 수 있습니다.

부모로서 이 사실을 알게 되더라도 너무 자책하거나 걱정할 필요는 없습니다. 게다가 아기와 뽀뽀하고 안아주는 스킨쉽은 행복 호르몬인 옥시토닌 분비를 촉진시킵니다. 아이에게 정서적 안정과 균형을 줄 수 있습니다.

다시 한번 얘기하지만 우리는 육아에서 그 누구도 완벽할 수 없습니다. 모두가 실수하며 힘들지만, 최선을 다하는 것입니다. 또한 충치는 확률 게임이라고 했습니다. 여러 가지 요소(세균, 식습관, 관리능력)가 충족되어야 발생하고 진행됩니다. 뮤탄스균이 있어도 충치가 안 생길 수 있습니다. 그래서 우리가 이 책을 읽고 있는 것입니다..

성인의 입안에는 평균 300여 종 이상의 세균이 살고 있습니다. 개인차는 있지만 침 1ml(한 방울)당 1억 마리, 치태 1g에는 1,000억 마리 정도의 세균이 살고 있습니다. 사실 아기를 무균실에서 영원히 키우지 않는 이상 세균으로부터 완벽히 차단하기는 어렵습니다.

그런데 이런 모자감염의 연구 중에 우리가 할 주목할 만한 점이 있습니다. 생후 19~31개월까지 기간을 '감염의 창(window of infectivity)'이라고 부릅니다. 이 시기에 아이의 입안 속 세균의 수는 급격히 늘어나게 됩니다. 이때 충치원인균도 영구적인 집락을 형성하게 되는 것이죠. 즉, 생후 31개월 전까지 최대한 충치균이 옮아가지 못하게 하면, 향후에 뮤탄스 같은 균들이 크게 힘을 못 쓰게 됩니다. 충치 원인균 조성 자체를 떨어뜨려 충치 발생을 최대한 낮출 수가 있습니다.

충치가 안 생길 확률을 높여주세요. 아이를 돌보는 모두가 세균을 옮길 수 있습니다. 부모, 조부모, 형제, 자매 모두가 이것에 대해 이해하고 있어야 합니다. 조금만 더 신경 써주세요. 가령 아이를 볼 때는 항상 손을 씻고, 가능한 입에 닿지 않게 해주세요. 충치균만이 아니라 우리 주변에는 수많은 감염성 질환이 있습니다. 완벽할 수는 없지만 최소한 몰라서 발생하는 것은 줄여야 합니다. 불가피한 노출은 그 후에 건강해지는 습관으로 극복할 수 있습니다.

SUMMARY

- 영유아기 충치의 80~90%가 엄마로 인해 발생한다.
- 생후 19~31개월까지 기간을 '감염의 창(window of infectivity)'이라고 부른다.
- 아이를 돌보는 모두가 세균을 옮길 수 있다.
- 아이를 볼 때는 항상 손을 씻고, 가능한 입에 닿지 않게 한다.

우리 아기가 벌써 이를 심하게 갈아요

치아가 일찍 나온 아기들은 생후 6~7개월에 벌써 위아래 2개씩 맹출 됩니다. 그런데 이 조그만 아기가 그 작은 4개의 치아로 이를 가는 경우가 있습니다. 밤에 이 가는 소리가 어찌나 큰지 부모가 놀라 깨곤 합니다.

연구에 의하면 40~80%의 아기들이 이를 간다고 합니다. 치과적으로는 이끼리 가는 것(grinding), 꽉 깨무는 것(clenching), 이 두 가지를 모두 '이를 가는 것'으로 간주합니다. 즉, 소리가 안 나도, 이끼리 세게 물거나 갈면 '이갈이(bruxism)'라고 부릅니다. 그 이유는 이끼리 세게 부딪히면 무조건 안 좋은 결과가 나오기 때문입니다. 치아가 마모되고 금이 갈 수 있습니다. 또한 턱관절도 안 좋아집니다. 사각턱이 되기도 하고요. 두통도 생길 수 있습니다.

이갈이의 원인은 정확히 밝혀져 있지 않습니다. 다만 이가 처음 나올 때나, 영구치로 교환되는 시기에 발생할 수도 있습니다. 가장 많이 생각 되는 원인은 스트레스입니다. 유아기의 아이들이라면 벌써 학습이나 다양한 원인으로 스트레스가 쌓일 수 있습니다. 정서적 안정을 주고 불안과 초조한 마음 등을 줄여 줄 필요가 있습니다.

영유아기의 이갈이는 처음 치아가 생김으로 인한 일시적인 현상일 수 있습니다. 또한 생각해 봐야 하는 것이 수면 중에 무의식적으로 발생하는 다양한 운동들입니다. 몸을 뒤척이고, 다리를 떨고, 입맛을 다시듯 아래턱을 움직이는 등 여러 가지가 있습니다. 이갈이도 그중 하나이고 정도가 심하면 문제를 일으키지만, 어느 정도는 일반적인 현상으로 봐도 됩니다.

이갈이의 치료는 영유아기 아이들은 보통 지켜보는 것을 택합니다. 대화가 통하는 아이는 불안과 스트레스를 줄여주고 이완을 시켜줍니다(p296). 성인도 이 부분이 제일 중요합니다. 이를 너무 많이 갈고, 기간이 오랫동안 지속되는 경우라면 치과에 방문해서 검사받아 보는 게 필요합니다.

치아의 마모나 손상이 심할 경우 보호장치를 하기도 합니다. 보통 3~4돌은 지나야 가능하고, 치료 후에도 정기적인 체크를 받아야 됩니다. 하지만 대부분은 일시적으로 생겼다가 저절로 줄어듭니다. 너무 걱정할 필요는 없이 정기적인 치과 검진 시 점검하면 됩니다.

SUMMARY

- 40~80%의 아기들이 이를 간다고 한다.
- 가장 많이 생각 되는 원인은 스트레스이다.
- 영유아기 아이들은 보통 지켜보는 것을 택한다. 대화가 통하는 아이는 불안과 스트레스를 줄여주고 이완을 시켜준다.

돌이 되면 치과 검진

첫돌이 되면 치과 검진을 합니다. 이미 치아가 보통 위아래 앞니 4개씩은 나와 있습니다. 조만간 유치의 어금니가 본격적으로 나오게 됩니다. 이유식부터 단단한 음식까지 다양한 식사가 가능해집니다.

우리 아기에게 첫 번째 생일 선물은 여러 가지가 있을 것입니다. 첫돌을 맞아 치과에 가서 입안을 검사하는 것은 매우 의미 있는 선물이 될 수 있습니다. 이제 힘든 시기를 지나 어엿한 아이가 되는 것을 자축하는 일이기도 합니다. 치과에서도 첫돌 기념으로 왔다고 하면, 기쁘게 축하하며 아기에게 필요한 다양한 교육도 친절히 해 줄 것입니다.

잊지 마세요. 입속 건강은 건강할 때 정기적으로 치과를 다니기만 해도 손쉽게 얻을 수 있습니다. 성장하면서 3개월에 한 번씩 내원하는 것이 권장됩니다. 설령 급작스러운 충치가 생겨도 초기에 간단히 해결됩니다. 평생 치아 걱정 안 하며 살게 되는 것이죠.

치아 건강은 오복 중 하나라 하지 않습니까. 게다가 안 좋은 습관에 대해 점검받으며, 얼굴의 심미적인 성장도 덤으로 얻을 수 있습니다. 치아가 건강하고 가지런하며 악골 성장이 조화롭게 되면, 아이는 밝고 자신감 있게 자라날 수 있습니다.

돌이 지나면서 아이의 유치는 어금니가 나기 시작합니다

정 가운데를 기준으로 4번째와 5번째 치아가 어금니입니다. 송곳니보다 첫 번째 어금니가 먼저 나옵니다. 이제 아이는 조금 더 단단한 음식을 먹을 준비가 되는 것이죠. 동시에 씹는 기능은 신경을 자극해 뇌의 발달도 촉진합니다.

Chapter 7

13~17개월

13~17개월

- ☐ 첫번째 어금니가 났을 때 양치질법
- ☐ 양치 훈련 시작
- ☐ 12개월 전/후 식이조절
- ☐ 손가락 빨기

돌이 지나면 어금니가 나온다

돌이 지나면서 아이의 유치는 어금니가 나기 시작합니다. 정 가운데를 기준으로 4번째와 5번째 치아가 어금니입니다. 송곳니보다 첫번째 어금니가 먼저 나옵니다. 이제 아이는 조금 더 단단한 음식을 먹을 준비가 되는 것이죠. 동시에 씹는 기능은 신경을 자극해 뇌의 발달도 촉진합니다.

돌 지나고 첫번째 어금니가 나오는 모습

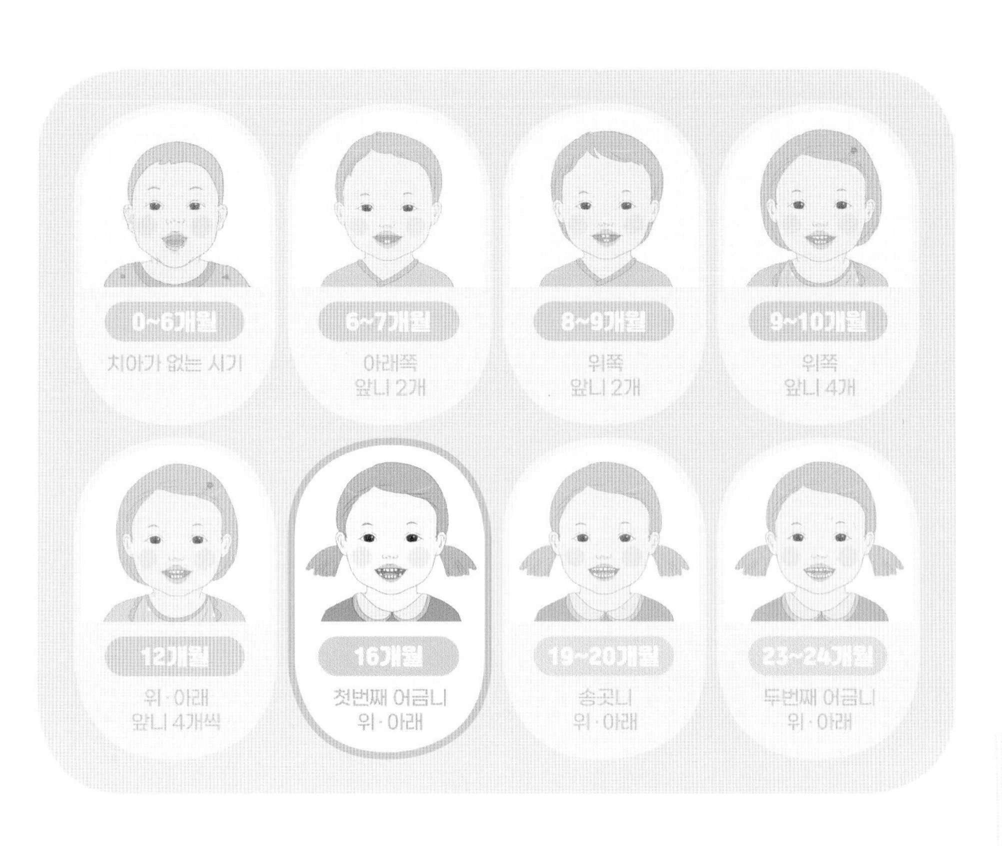

	명칭	아랫니	윗니
A	가운데 앞니	6~7개월	8~9개월
B	작은 앞니	12개월	9~10개월
C	송곳니	19개월	20개월
D	첫번째 어금니	16개월	16개월
E	두번째 어금니	23개월	24개월

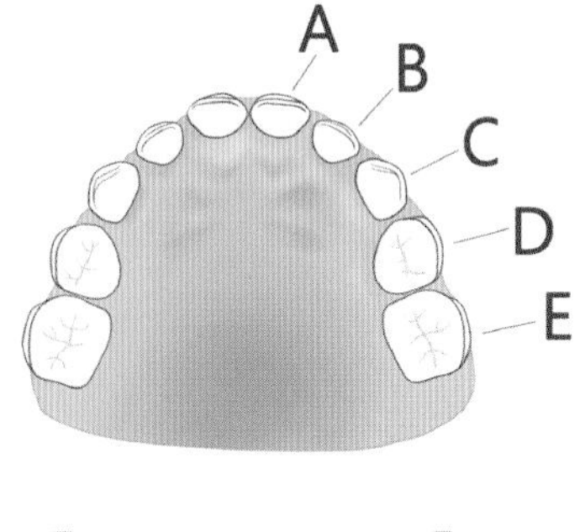

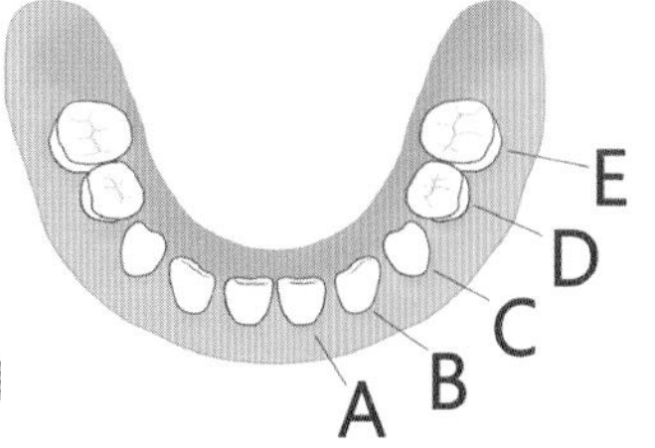

유치의 명칭과 나오는 시기

 도대체 어떻게 닦아야 하나요? 한다고 하는데

치아를 닦는 방법은 여러 가지가 있습니다. 회전법, 폰즈법, 바스법 등 다양한 방식이 추천되어 왔습니다. 오랜 시간 동안 여러 연구에서 가장 효율적인 양치 방법을 찾으려 했으나 한가지로 방식으로 통일되지는 않았습니다. 실제 치아와 입속의 관리에서 중요한 것은 일정 수준의 양치질을 규칙적으로 하는 것과 식습관 조절입니다.

'일정 수준의 양치질'

그런데 이게 그렇게 쉽지 않습니다. 입도 작고 쉬지 않고 움직이는 아이를 꼼꼼하게 닦기가 어렵습니다. 게다가 치아의 형태는 작고 굴곡이 있어서 빠진 곳 없이 닦아 내기가 수월하지 않습니다.

하지만 우리가 누군가요. 힘을 내세요. 입속 건강은 아이의 건강에 너무나 큰 비중을 차지합니다. 치아는 오복 중 하나라 하지 않던가요. 치과에서 아이와 부모가 전쟁 같은 치료 경험을 안 하는 것만으로도 큰 행복입니다.

첫번째 어금니가 났을 때 양치질법

유치 앞니

앞니는 기존의 방식대로 닦아줍니다(p109).

◈ 유치 어금니 ◈

❶ 아기의 입을 들여다보면 어금니가 올라와 있습니다. 세 번째 치아인 송곳니보다 먼저 어금니가 나옵니다. 그래서 송곳니 자리는 치아가 없고 비어있습니다.

❷ 닦는 방법은 마찬가지로 작은 원을 그리는 작은원법입니다. 먼저 씹는 면을 닦고, 옆면 이어서 앞면, 그리고 마지막은 뒷면을 닦아줍니다. 이렇게 치아가 붙어 있지 않고 홀로 있을 때가 더 닦기 어렵습니다. 한 면당 20회 이상 닦아주면 좋습니다.

❸ 마지막으로 혀를 닦아줍니다. 너무 세게 닦을 필요는 없습니다. 부드럽게 5회 이상 문질러 주면 됩니다.

 충치 예방 최대의 적 간식

충치가 생기는 원인이며 충치 발생의 3요소인 충치원인균, 당분, 치아에 대해 살펴보았습니다(p127). 어떤 병이든 원인을 알면 막을 수 있습니다. 충치는 이 중 하나만 없어도 발생하지 않습니다.

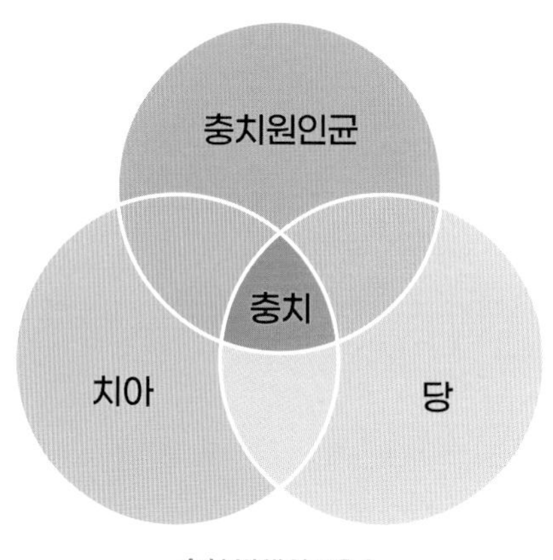

충치 발생의 3요소

3요소 중에서 제일 중요한 것은 무엇일까요? 충치 예방을 위해 제일 신경 써야 할 것. 제일 어렵기도 한 것. 어떤 것일까요? 그것은 바로 당분을 조절하는 식이습관 관리입니다.

복습해 보면 충치원인균(뮤탄스균)이 당분을 먹고 치아를 부식시키는 게 충치입니다. 이 중 충치원인균에 대한 처치와 치아에 대한 예방치료는 발달이 잘하여있습니다. 불소도포, 실란트, 불소치약, 양치질법 등 치과에서 혹은 주변 육아 선배에게 물어보면 좋은 정보를 잘 알려줍니다. 그리고 스스로 구강 관리를 잘하는 부모는 아이도 잘 닦아줍니다.

하지만 우리가 잘 모르고 많은 부분을 놓치는 것이 식습관 조절입니다. 즉 당분 섭취에 대한 관리가 제일 어렵고 중요합니다. 아무리 잘 닦고, 치아에 불소치약이나 불소도포를 해주어도, 당분이 쉴 새 없이 공급되고 치아에 붙어 있다면 충치는 곧바로 생깁니다. 아이들의 유치는 치아의 바깥 껍질이 매우 약합니다. 조금만 방심해도 바로 충치로 갈 수가 있습니다.

12개월 이전의 식이조절 방법

❶ 밤중 수유를 줄인다 젖병을 물고 자거나, 밤중 수유를 자주 하게 되면 우유병우식(충치)이라고 하는 다발성 충치가 발생합니다. 생후 6개월이 되면 밤중 수유 끊기를 시도합니다. 만약 불가피하게 밤중 수유를 했다면 마지막에 물을 조금 먹이고, 가제수건이라도 가볍게 닦아줍니다.

❷ 컵 사용 훈련을 시작한다 6개월부터는 컵 사용 훈련을 시작할 수 있습니다. 12개월부터는 가급적 젖병을 이용한 수유를 중단합니다.
❸ 덩어리진 음식을 먹인다 늦어도 10개월 정도에는 덩어리진 음식을 어느 정도 먹을 수 있어야 합니다. 그래야 돌 이후 균형 잡힌 식사가 가능해집니다.

12개월 이후 유아기의 식이조절 방법

❶ 많은 육아 지침에는 하루 3번의 식사와 2회 정도의 간식을 권장한다 모든 음식은 식사와 간식시간에만 먹게 합니다. 충치 예방을 위한 식이조절에서도 2회의 간식이 중요합니다. 하지만 아이를 키우다 보면 이것이 정말 어렵다는 것을 알게 됩니다. 쉽지 않지만, 유아기의 식습관 조절이 치아 건강뿐 아니라 신체의 건강에 절대적입니다. 간식의 횟수는 적을수록 좋은데 2~3회 정도면 영양적으로도 문제가 없습니다.

❷ 간식의 횟수가 제일 중요하다 생각해보세요. 과자를 하루에 5번 먹으면 5번의 충치가 생길 수 있는 위험이 생깁니다. 하루에 1번 먹으면, 충분히 많이 먹게 하고 한 번만 잘 닦으면 됩니다. 이것이 유아기부터 청소년기까지 충치 예방에 너무나 중요한 요소로 작용합니다.

❸ 그다음 고려사항이 간식의 종류이다 당 성분이 많고 치아에 잘 달라붙는 것을 피해주세요. 충치균은 당을 먹고 삽니다. 그 배설물인 산이 치아를 부식시키는 게 충치입니다. 그러므로 당 성분이 적은 음식을 먹어야 합니다. 그러나 애석하게도 아이들이 좋아하는 간식이 사탕이나 초콜릿 같은 것이 많습니다.

아이들이 좋아하는 간식

❹ 최악의 조합은 단맛이 나며 치아에 잘 달라붙는 음식이다 젤리나 캐러멜 같은 종류가 제일 위험합니다. 치아에 착 달라붙어 지속적이고 안정적으로 충치균에 당을 공급해주기 때문입니다. 그렇게 되면 쉽게 충치가 생길 수 있습니다. 불가피하게 먹었다면, 반드시 양치 해주세요. 그리고 습관화해주세요. 그러면 나중에 아이가 커서 귀찮아서라도 불필요한 군것질을 잘 안 하게 됩니다.

❺ 단것을 먹여야 한다면 식사 후 디저트로 준다 혹시 양치를 거르더라도 침 분비가 많아서 덜 위험합니다. 그래도 단 것을 주었다면 빠지지 말고 양치해 주세요.

❻ 간식 먹는 날을 정한다 의사소통 되는 2~3세 이상의 아이들은 일주일에 초코릿이나 아이스크림 먹는 날을 따로 정해주세요. 그러면 기다리며 스스로 참는 능력도 생기고, 간식을 소중히 여기게 됩니다. 물론 먹은 후에 양치하는 것을 규칙으로

합니다.

❼ 반드시 칭찬 해준다 이런 것들에 잘 응하고 해내면 칭찬 해줍니다. 아이도 보람을 느끼며 올바른 습관으로 더 노력하게 됩니다. 대화가 안 되는 아기도 분위기로 부모가 기뻐하는 것을 압니다. 인정과 칭찬을 아끼지 말아 주세요.

SUMMARY

- 충치 예방에서 가장 많이 놓치는 것이 식습관 조절이다.
- 간식의 횟수가 제일 중요하다.
- 하루 3번의 식사와 2회 정도의 간식이 권장된다.
- 최악의 조합은 단맛이 나며 치아에 잘 달라붙는 음식이다.
- 간식 먹는 시간과 날을 정한다.
- 꼭 칭찬해 준다.

알아두면 좋은 Tips

: 간식의 종류와 조절

- 돌 전에는 과일주스 주지 않기
- 사탕, 과자, 초콜렛 대신 과일, 채소
- 말린 과일, 당분 많은 음식 곤란
- 땅콩 등은 조심: 딱딱해서 씹기 어렵고, 목에 걸릴 위험성이 있다.
- 먹기 편안 형태로 준다.
- 자기 전에 치아에 마지막으로 닿는 것은 칫솔. 양치 후에 음식을 또 먹으면 안된다.
- 잠자기전 과일 주스는 특히 위험. 밤사이 치아가 당분과 산에 노출되어 충치 생길 위험이 높아짐.

식사 후 입안의 산성도 변화(스테판 곡선)

입안의 정상 산성도는 pH 7.0인 중성입니다. 그런데 식사 하고 나면 산성도는 5분 이내에 pH 5.0까지 떨어집니다. 음식물 자체의 산성도 있지만, 구강 내 세균이 음식물을 먹고 내뿜는 산으로 인해 입안 속 환경이 바뀝니다. 즉 산성도가 강해집니다.

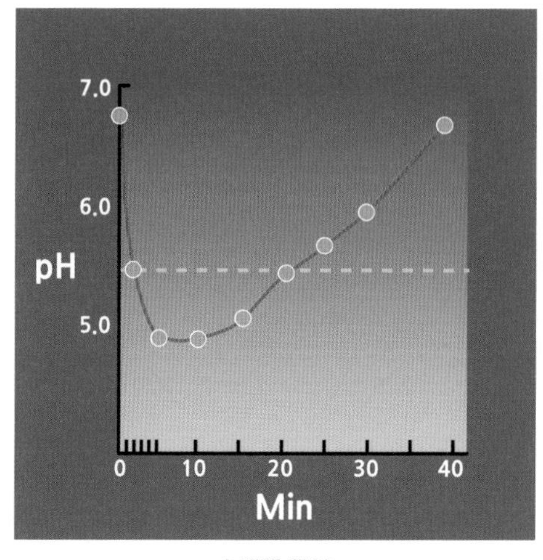

스테판 곡선

충치는 세균이 분비하는 산성 물질에 의해 치아가 부식되는 현상입니다. pH 5.5 이하로 떨어지면 충치가 진행되기 시작합니다. 이를 충치경계선이라고 부릅니다. 식사 후 3분이 지나면 충치경계선인 pH 5.5를 지나 더욱 산성 환경으로 바뀝니다.

양치질은 치아 표면에서 세균과 음식 찌꺼기를 제거합니다. 동시에 빠르게 중성도의 환경으로 회복시킵니다. 그래서 식후 3분이 중요합니다. 3분이 지나기 전에 칫솔질 하여 산성화되는 것을 막아야 합니다. 음식을 다 먹은 후에는 바로 양치하는 것을 추천하는 이유가 여기에 있습니다.

주의할 것이 있습니다. 탄산음료나 과일주스, 이온음료 등은 산성도가 강한 음료수입니다. 가능하면 빨대로 섭취하는 게 좋습니다. 최대한 치아에 안 닿게 하는 것이죠. 다 마신 후에는 입안을 물로 헹구어 줍니다. 양치질은 입안에 침이나 물로 인해 중화된 30분 정도 후에 하는 것이 좋습니다. 강한 산성으로 인해 부식된 치아 표면이 칫솔질로 인해 손상될 수 있기 때문입니다.

특히, 아이들이 자주 마시는 과일 음료는 당도가 높고 산성이 세서 충치유발지수가 높습니다. 식사 중에 음료를 섭취하는 것은 큰 문제가 안 됩니다. 다른 음식과 같이 먹게 되면 침과 섞이며 자연스레 중화작용이 일어납니다. 간식으로 과일 음료만 마시게 하는 것을 조심해 주세요. 어쩔 수 없는 경우는 빨대로 먹고, 생수로 헹구어 줍니다.

양치 훈련 시작

생후 12개월이 지나면 기어 다니던 아기가 차츰 잡고 서서 걷다가, 수개월 이후 드디어 혼자 걷기 시작합니다. 이런 큰근육과 함께 소근육들도 급격히 발달합니다. 손가락으로 콩 같이 작은 것도 집게 되고, 크레파스를 쥐어주면 옆으로 휘저으며 그립니다. 블록을 집어 들어 쌓아 올리는 것도 하게 됩니다. 이제 숟가락으로 음식을 뜰 수 있고, 입에 가져갑니다. 흘리기도 하지만 제법 먹는 시늉을 합니다.

이때부터 양치하는 것을 아이가 스스로 하게 할 수 있습니다. 물론 칫솔을 입에 넣고 잘 닦을 수는 없습니다. 하지만 식사 후에 보호자가 양치하는 모습을 보여 주며 같이 해보세요. 밥을 먹은 후에는 양치질 한다는 것을 놀이하듯이 하며 자연스러운 습관이 형성될 수 있습니다. 그리고 부모를 흉내내며 따라 하는 것은 소근육과 지능의 발달, 그리고 정서적 교감에 도움을 줄 수 있습니다.

치과에서 아이들을 진료할 때 무서움이 덜하게 접근하는 방법이 있습니다. 아이들에게 양치를 알려 줄 때도 도움이 됩니다. 그것은 '보여주고, 말해주고, 실행한다' 입니다. 돌이 지나면 아이와 자주 대화를 시도하는 것이 좋습니다.

양치할 때도 칫솔을 아이에게 보이게 집어 들고 "이게 뭘까? 이건 칫솔이야. 이를 깨끗이 닦는 거예요. 맘마 먹었으니 치카치카하자~" 하고 시범을 보입니다. 그리고 아이에게도 칫솔을 손에 쥐어 줘서 스스로 흉내를 내보게 합니다. " 우리 아기 한번 해볼까? 엄마처럼 이렇게 해봐. 그렇지! 와 잘하는데~역시 우리 딸" 물론 침이 입으로 흐르고, 묻은 치약을 먹고, 칫솔을 깨물 수도 있습니다.

명심해주세요. 이 과정에서 중요한 것은 양치의 습관화입니다. 식사 후 빠지지 않고 양치질하는 것을 몸에 배게 하는 것입니다. 효율적인 칫솔질은 스스로 운동화 끈을 맬 수 있을 때 가능합니다. 보통 초등학교 고학년때부터 입니다. 그전까지는 부모가 마무리 양치질을 해주는 것이 좋습니다. 애석하지만 충치 예방의 가장 강력한 방법은 부모의 마무리 양치질입니다.

손가락 빨기

연령별 구강에 대한 안 좋은 습관은 여러 가지가 있습니다. 두 돌 전에 가장 많이 질문하며 걱정하는 것 중 하나가 손가락 빨기 입니다. 그 습관의 시작은 엄마 뱃속의 태아일 때부터입니다. 대부분은 만3~4세에 자연스럽게 사라집니다. 하지만 위생과 감염 그리고 구강구조에 영향을 미치기에 부모는 신경이 많이 쓰일 수밖에 없습니다.

습관 교정을 위해 어떤 방법이 있는지는 3·4·5세의 악습관(p211)을 참조해 주세요.

"위아래 유치 송곳니가 보여요"

16~18개월 사이에 위쪽 송곳니부터 잇몸 밖으로 나오고, 이어서 아래 송곳니가 보입니다. 앞서 나온 첫 번째 어금니보다 4개월 정도 후에 나오게 됩니다. 아기가 웃었을 때 귀여운 미소에서 비로소 환한 미소로 바뀌게 되는 것이지요.

Chapter 8

18~24개월

18~24개월

- ☐ 유치 송곳니
- ☐ 유치 완성
- ☐ 유치열기의 치아/입속관리법
- ☐ 양치질의 핵심 요령
- ☐ DDC(D Distal Caries) 예방법

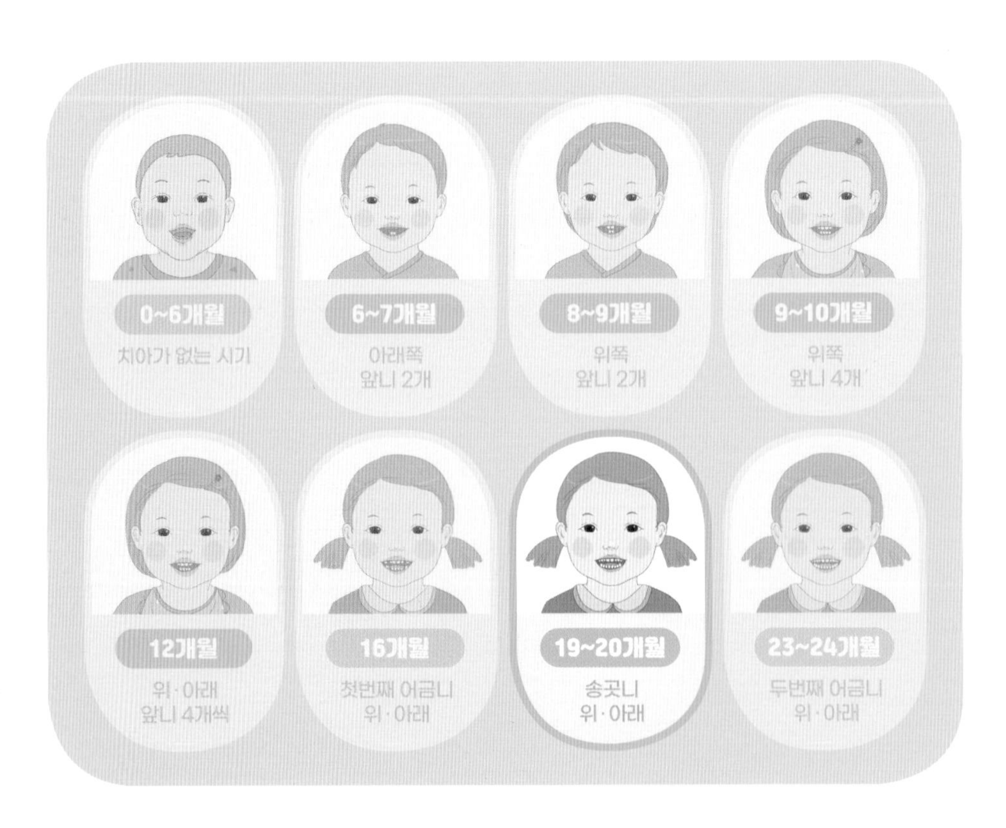

위아래 유치 송곳니가 보여요

16~18개월 사이에 위쪽 송곳니부터 잇몸 밖으로 나오고, 이어서 아래 송곳니가 보입니다. 앞서 나온 첫 번째 어금니보다 4개월 정도 후에 나오게 됩니다. 아이가 웃었을 때 귀여운 미소에서 비로소 환한 미소로 바뀌게 되는 것이지요.

유치 송곳니가 나온 모습

자주 보채고 울어요, 또 이앓이 인가요?

생후 18개월 전후로 첫 번째 어금니, 송곳니 이어서 두 번째 어금니가 차례대로 올라옵니다. 특히, 어금니가 나는 시기에는 처음 유치가 나올 때처럼 이앓이를 심하게 겪을 수도 있습니다. 앞서 이앓이에 대해서는 자세히 살펴보았습니다(p112). 다시 한번 내용을 숙지하는 게 좋습니다.

이앓이가 부모에게 무서운 이유는 울음의 원인을 몰라서 더욱 그럴 수 있습니다. 이제는 제법 의사소통도 되는 시기여서 불편감이 있는 부위를 물어 볼 수 있습니다. 물론, 이미 울음이 터진 후라면 쉽지 않지만, 평상시 이가 올라오는 부위를 마사지해 주며 점검해 볼 수 있습니다.

치아가 올라오는 부위는 잇몸이 볼록하게 부어 있고, 만지면 단단합니다. 양치

시 치아가 없더라도 그 부위를 잇몸마사지 하듯이 닦아주면 좋습니다. 혹은 깨끗하고 차가운 가제 수건으로 식사 전, 양치 후 마사지를 자주 해줍니다. 그러면 이앓이로 인해 식사량이 줄어드는 것을 예방할 수 있습니다.

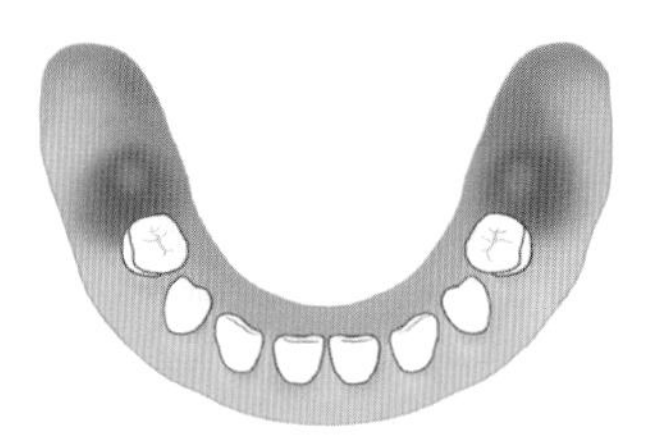

두번째 어금니 나기 전 잇몸 올라옴

 입속 세균은 엄마로부터

생후 6개월쯤에 충치균의 감염에 대해 살펴보았습니다. 앞에서 다루었듯이 생후 19~31개월까지 기간을 '감염의 창(window of infectivity)'이라고 부릅니다. 이 시기에 아기의 입안 속 세균의 수는 급격히 늘어나게 됩니다. 송곳니와 마지막 어금니가 완성되는 이 기간이 충치균의 감염에 매우 중요한 시기입니다.

충치균이 누군가로부터 옮아와서 충치가 진행된다고 설명해 드렸습니다. 대부분 가족 등 양육자에게 감염이 됩니다. 안타깝지만 영유아기 충치의 80~90%가 엄마로부터 감염되어 발생합니다. 가족 간에 감기 바이러스가 옮아가는 것과 같습니다. 이 시기에 감염되는 충치균을 줄이는 게 충치 발생 확률을 떨어뜨립니다.

사랑스러운 우리 아이를 위해 조심할 필요가 있습니다. 특히 이 시기에는 아이를 만나기 전 손을 씻고, 입에 뽀뽀하는 것은 삼가는 것이 좋습니다. 형제자매, 조부모 모두가 알고 주의해 주는 게 필요합니다.

생후 24개월 유치 완성되다

생후 24개월 정도가 되면 젖니가 다 나오게 됩니다. 전체 유치가 드디어 완성이 되는 것이죠. 위아래 총 20개의 치아가 만들어집니다.

유치가 완성된 얼굴 모습

아이마다 차이는 있지만 보통 24개월, 늦어도 30개월이면 마지막 어금니가 나옵니다. 어금니는 10개월까지도 개인차가 있으니 시기가 늦더라도 걱정하지 않으셔도 됩니다. 너무 늦게 나오거나 형태 이상, 그리고 치아 배열에 문제가 있을 수 있습니다. 그런 경우 치과에 방문해서 확인하는 게 좋습니다.

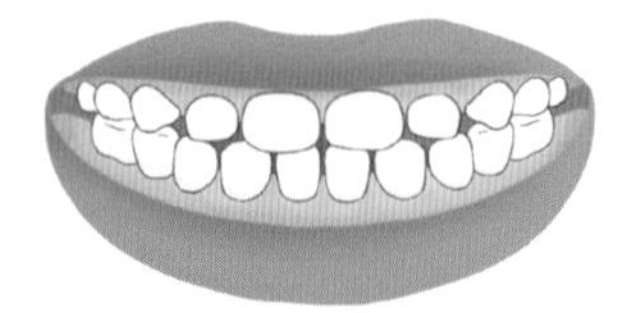

완성된 유치의 앞모습

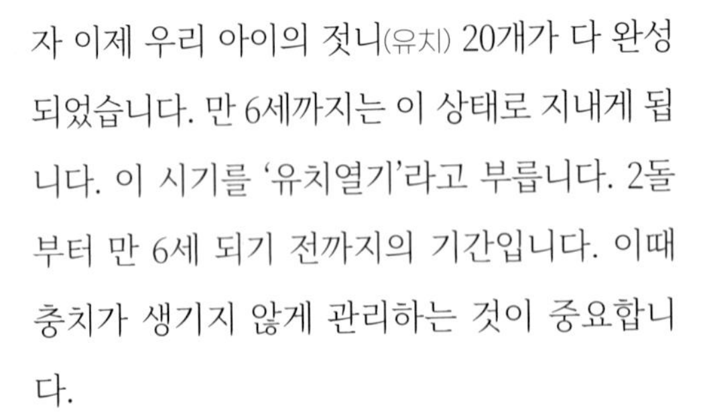

자 이제 우리 아이의 젖니(유치) 20개가 다 완성되었습니다. 만 6세까지는 이 상태로 지내게 됩니다. 이 시기를 '유치열기'라고 부릅니다. 2돌부터 만 6세 되기 전까지의 기간입니다. 이때 충치가 생기지 않게 관리하는 것이 중요합니다.

충치가 크면 아이와 부모에게 힘든 시간이 기다리게 됩니다. 치료의 과정이 힘들다 보면 아이에게 트라우마가 될 수도 있습니다. 울고불고하는 아이를 잡고 치료하는 모습을 보다 보면 부모는 마음이 무겁습니다. 영구치에 후유증이 있을 수도 있고, 비용도 만만치 않습니다.

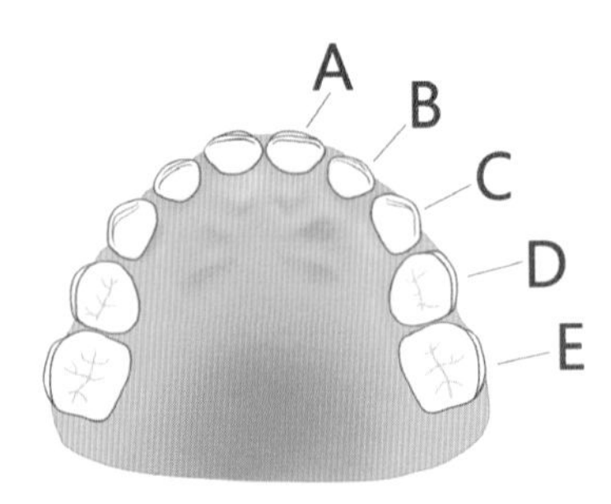

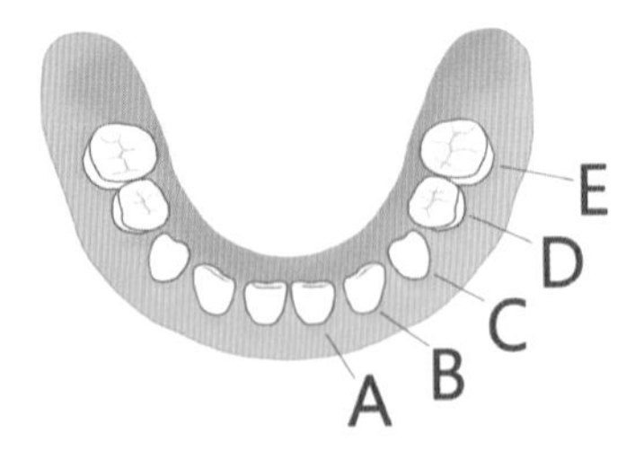

입을 벌렸을 때 유치 20개 모습

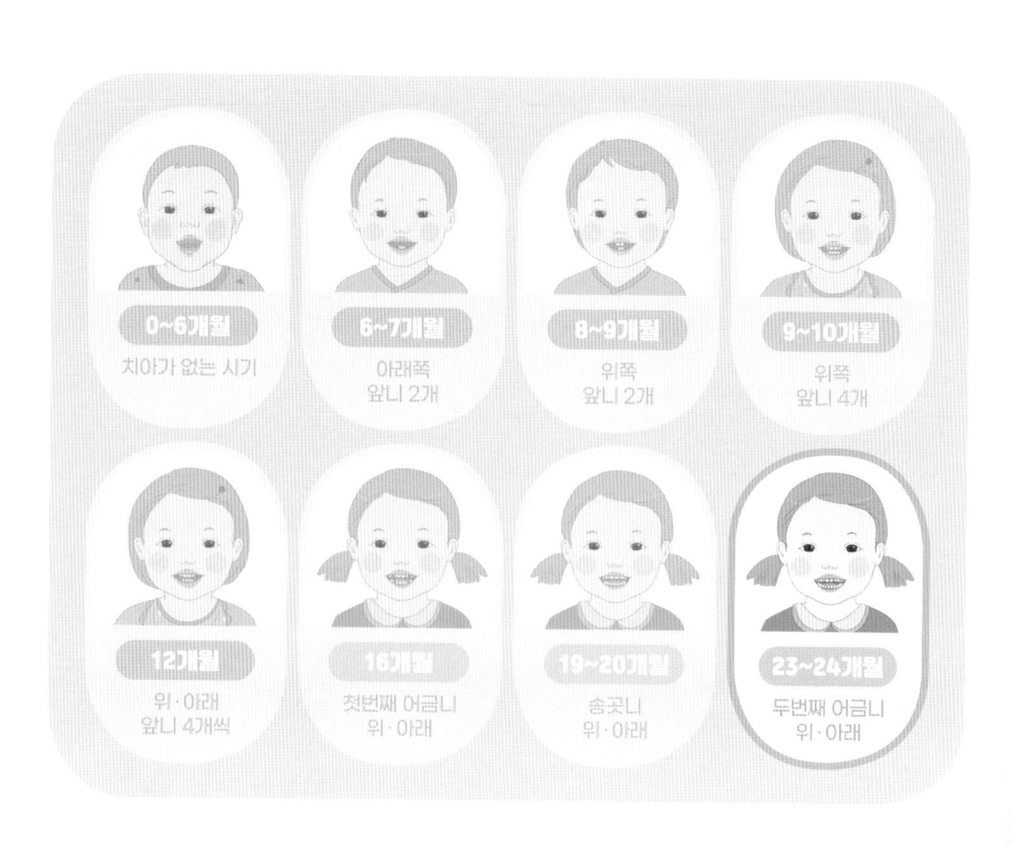

무엇보다 우리 아이가 잘 씹어 먹으며, 밝고 씩씩하게 자라야 합니다. 치아의 건강은 그것에 아주 중요한 역할을 합니다.

앞서 충치의 예방(p127)과 충치의 최대의 적(p147)에 대해 살펴보았습니다. 다시 한번 복습해주시면 좋습니다. 지금까지 잘 해오셨다면 이제부터가 본격적인 시작입니다.

기존의 앞니만 나와 있거나, 혹은 어금니 하나만 있을 때 와는 약간의 차이가 있습니다. 그전에는 보통 앞니부터 닦았는데, 이제는 순서를 바꿉니다. 어금니부터 닦아줍니다. 지금부터는 순서가 중요합니다. 모든 치아가 다 나왔을 때부터는 빠진 곳 없이 닦는 게 중요합니다.

성인도 그렇고 앞니부터 닦고 싶어 합니다. 빨리 끝내고 싶기 때문입니다. 좋은 양치질의 비결은 절대시간을 지키는 것과 빠진 곳 없이 닦는 것입니다. 그래서 어금니부터 닦습니다.

유치열기 입속관리법

아이를 닦는 자세 3가지

❶ 바닥에 눕히기: 0~18개월

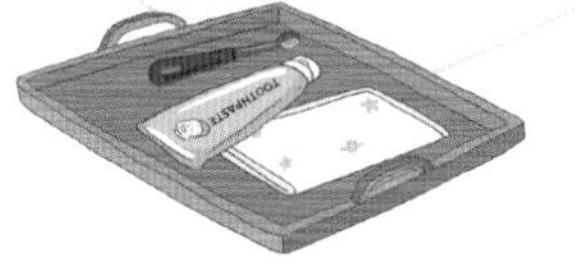

❷ 보호자가 무릎을 맞대고 앉기: 6~24개월

❸ 무릎 자세나 양반 자세 : 18개월 이상

개월 별 자세가 정확히 정해진 것은 아닙니다. 참고해서 여러 자세를 응용하면 좋습니다. 부모가 아이의 입안 속을 볼 수 있어야 하고 아이가 누워서 자세가 편안해야 합니다. 18개월 이상은 보통 그림처럼 앉아서 닦아주게 됩니다. 한쪽 다리는 구부리고 아이의 머리를 베게 하고, 나머지 다리는 쭉 펴든지 살짝 구부립니다.

알아두면 좋은 Tips

- 보호자의 양치 자세는 의외로 중요하다.
- 아이의 입안을 잘 들여다볼 수 있어야 한다.
- 부모와 아이가 편안한 자세가 좋다.
- 자세가 불편하면 잘 안 닦게 된다.
- 가끔 입안을 들여다보는 라이트와 구강용 거울(Dental mirror)을 활용하면 좋다.

양치질 기본기

❶ 손씻기

아이를 양치하기 전에 항상 손을 씻어줍니다.

❷ 치약 묻히기

만 3세 이전은 쌀알만큼, 3세~6세는 콩알만큼 치약을 묻힙니다.

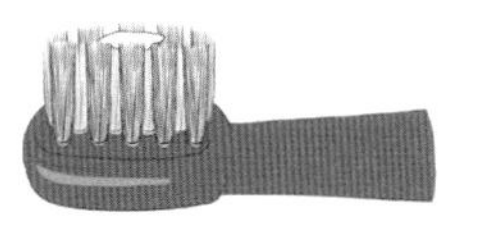

❸ 칫솔 잡는법

연필을 잡듯이 합니다. 세게 쥘 필요 없이 가볍게 잡습니다.

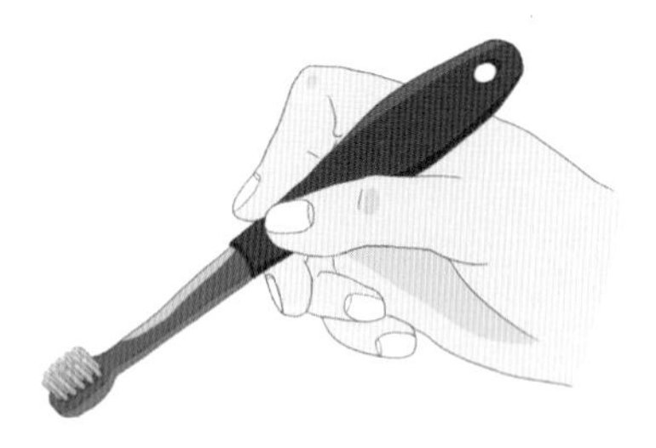

❹ 닦는법 : 작은원법

칫솔의 머리를 둥글게 원을 그리며 닦는 방법입니다. 이게 가장 기본적인 테크닉입니다. 치아 하나의 크기 정도 원을 그리며 닦아 줍니다. 그렇게 하면서 옆 치아로 이동합니다.

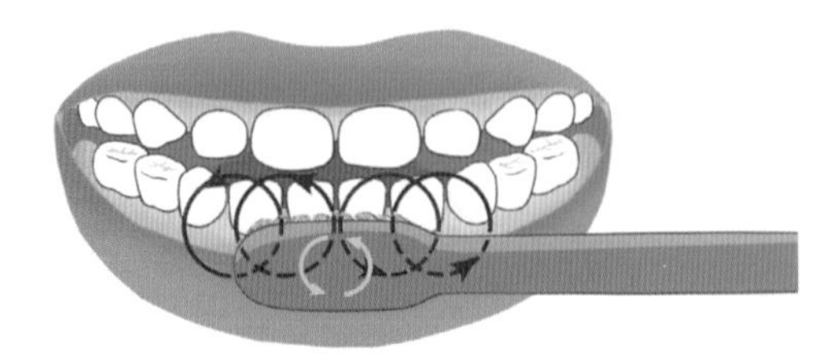

닦는 자세

한 손은 칫솔을 잡고, 다른 한 손은 아이의 볼 혹은 입술을 살짝 당겨서 시야를 확보합니다.

◈ 이 닦기 ◈

❶ 빠진 곳이 없이 닦는다

자 이제 본격적으로 해보겠습니다. 기억할 것이 있습니다. 빠진 곳이 없이 닦는 것입니다. 이것이 정말 중요합니다.

❶~❻의 순서로 닦습니다.

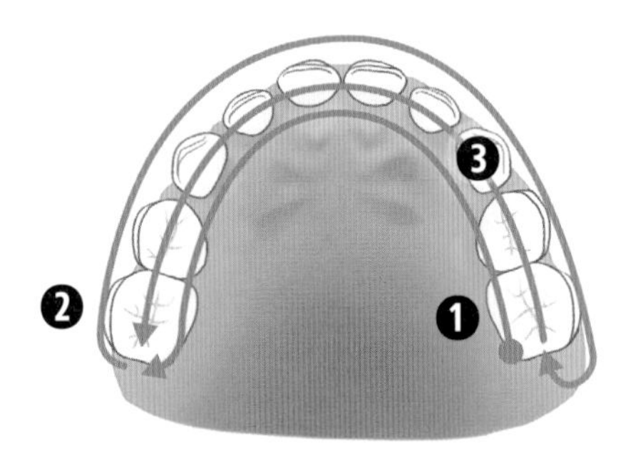

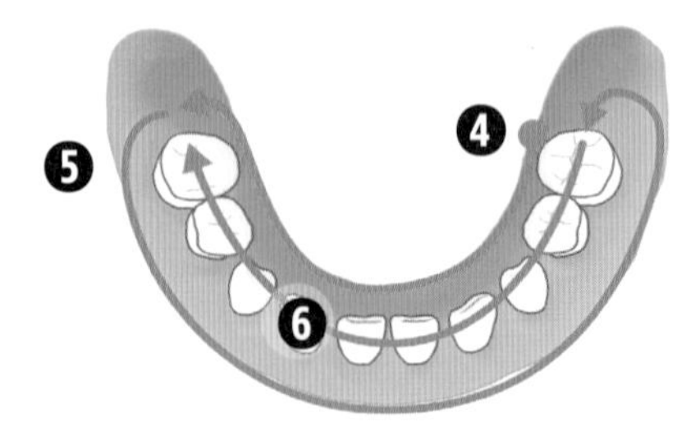

❷ 보통 어금니의 잘 안 닦이는 곳부터 시작점을 잡는다

오른손잡이 부모 기준으로 살펴보겠습니다. 왼쪽 위 어금니의 안쪽(입천장 쪽)부터 닦습니다. 작은 원을 그리며 닦고 치아 당 10초를 세며 이동합니다.

위 왼쪽 치아 안쪽

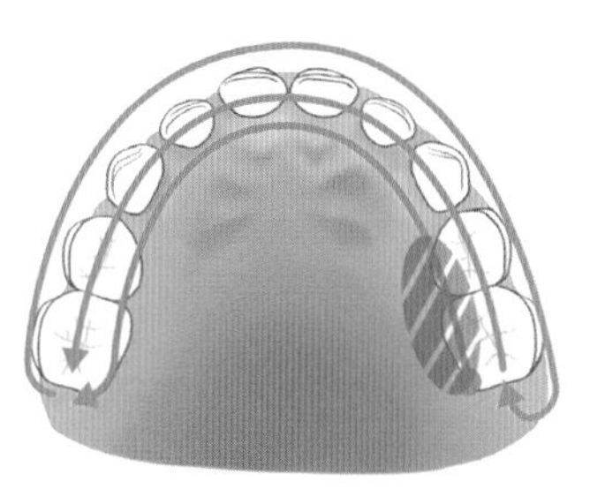

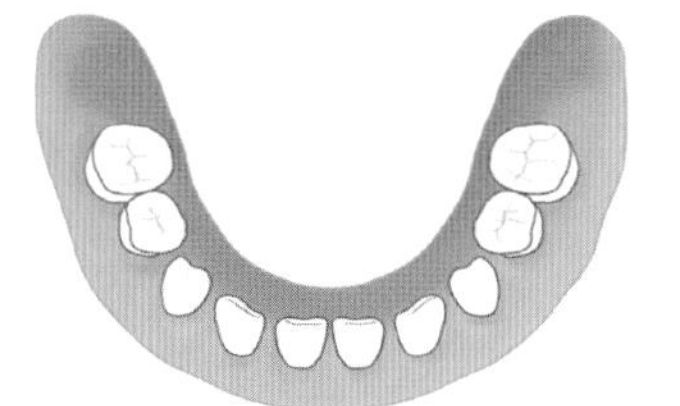

③ 앞 치아의 안쪽을 닦는다

이때 삭은원법이 어려울 수 있으니, 안쪽에서 바깥쪽으로 튕겨내듯이 닦아도 됩니다. 치약이 튈 수 있습니다. 치과에서는 치약이 튈 정도로 닦는 것은 열심히 양치한 것으로 칭찬합니다.

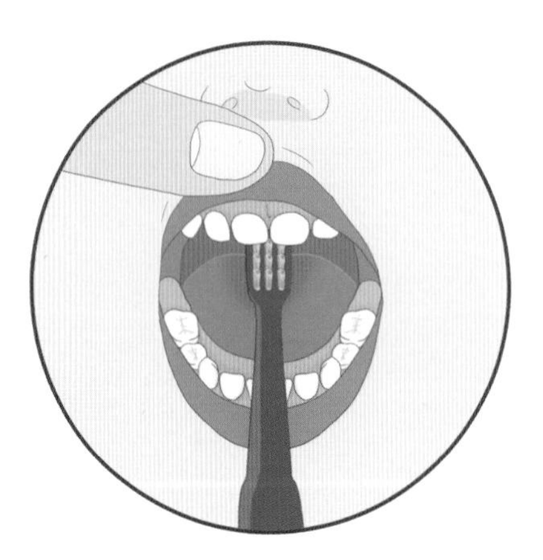

앞니의 안쪽

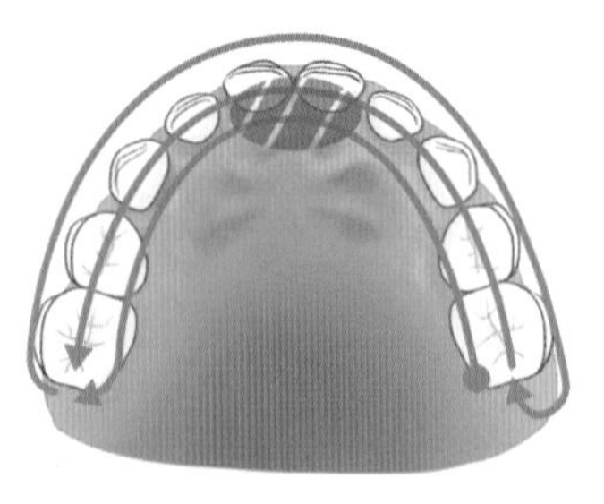

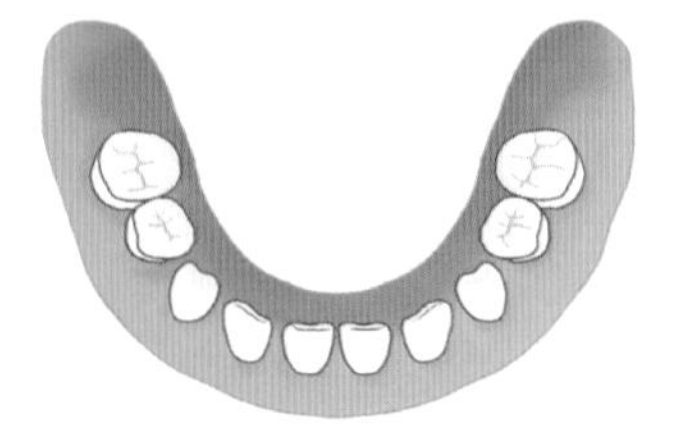

❹ 이어서 오른쪽 치아의 어금니 안쪽을 닦는다.

오른쪽 치아의 안쪽

⑤ 오른쪽 치아의 안쪽을 닦은 뒤 이어서 제일 뒤 치아의 뒤쪽을 닦아준다

여기가 어렵습니다. 빠지기 쉬운 부위이기도 합니다. 형태를 기억하며, 각도를 잘 맞추어 작은 원을 그려줍니다. 최소 10초를 닦습니다. 그리고 방향을 돌려서 어금니의 바깥쪽을 닦아주세요.

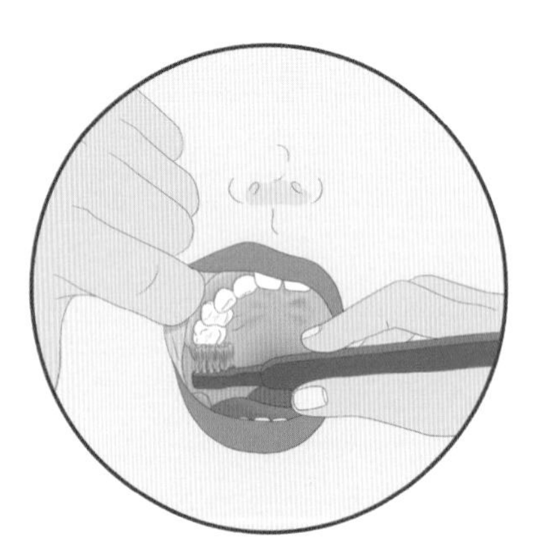

오른쪽 맨 뒤 치아의 뒤쪽

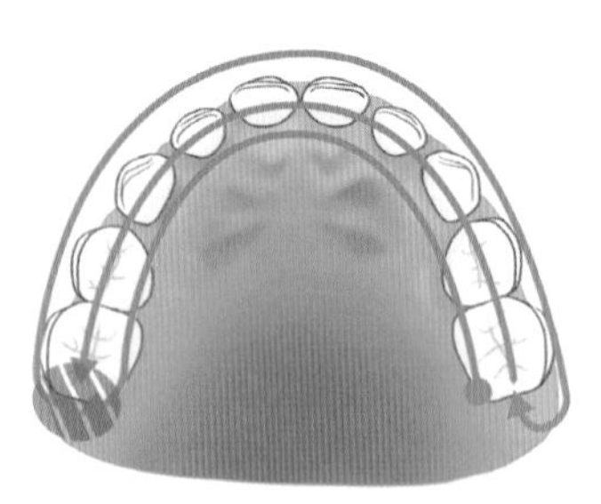

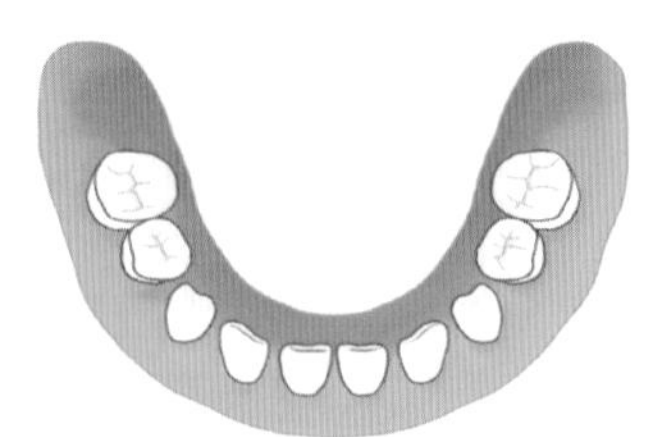

⑥ 안쪽 치아의 바깥쪽을 닦는 요령이 있다

이 부위는 볼살이 있어서 너무 크게 벌리면 칫솔이 볼살에 걸려 움직임이 힘듭니다. 아이의 입을 다물게 해서 닦아줍니다. 그리고 왼손으로 볼을 약간 당겨서 시야를 확보합니다.

대화가 되면 "앙다물어 보자, 그렇지, 잘했어요~"하면서 합니다. 대화가 안 돼도 계속 얘기하며 시도해 보세요. 이때 힘이 들면 위, 아래의 치아를 동시에 원을 그리며 닦아도 상관없습니다.

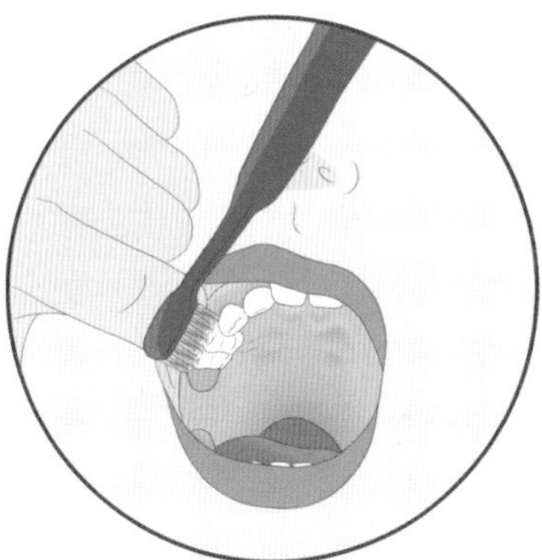

오른쪽 치아의 바깥쪽

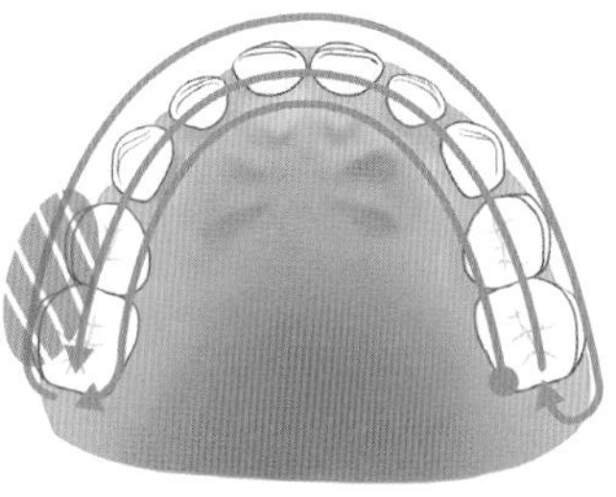

⑦ 앞니 쪽도 요령껏!

왼손으로 입술을 조금 올려서, 보면서 닦습니다. 작은 원을 그리되 아이가 입을 자꾸 다물거나 하면, 마찬가지로 입을 다물게 합니다. 그런 다음 위, 아래 동시에 닦아도 상관없습니다. 기억할 것은 빠지는 곳 없이, 한 부위를 10초 동안!

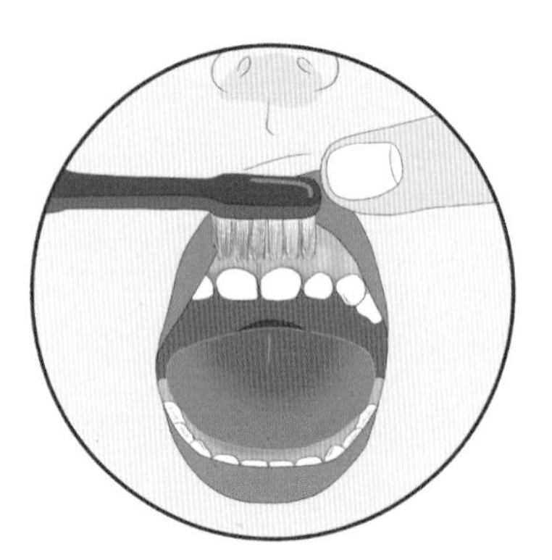

위 앞니의 바깥면

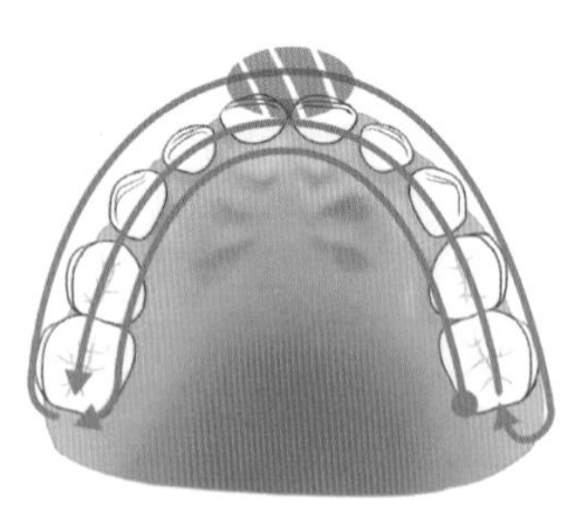

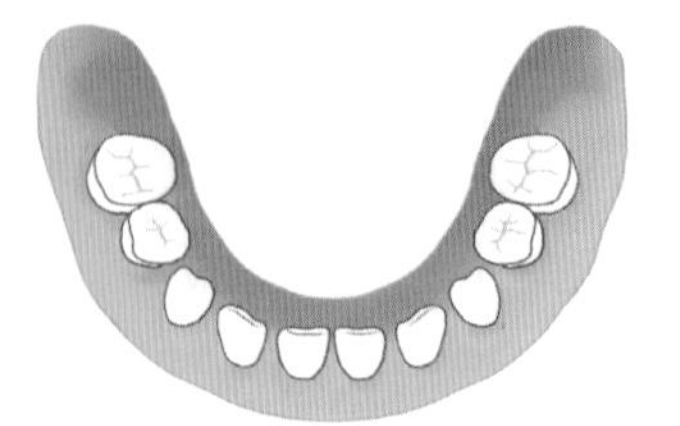

⑧ 계속 닦으면서 왼쪽 어금니 바깥면을 닦는다

요령은 오른쪽 바깥면 닦을 때와 같습니다. 위 치아의 왼쪽 치아의 제일 뒷면도 빼놓지 않고 닦아줍니다. 잊지 마세요. 빠지는 곳 없이, 한 부위를 10초 동안!

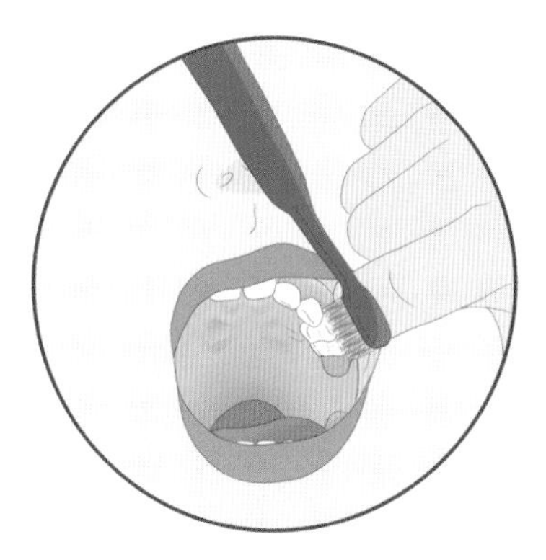

왼쪽 어금니 바깥쪽

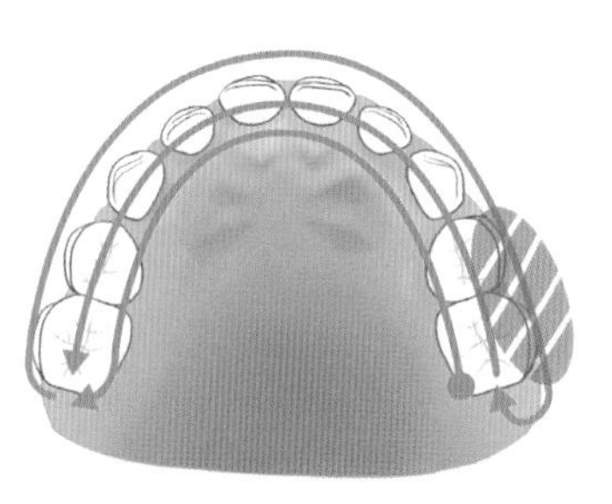

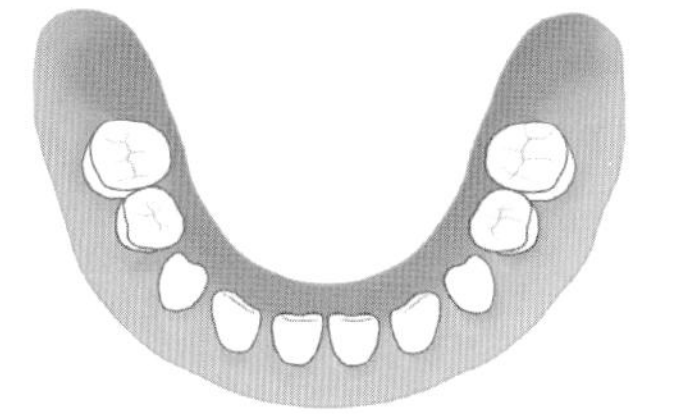

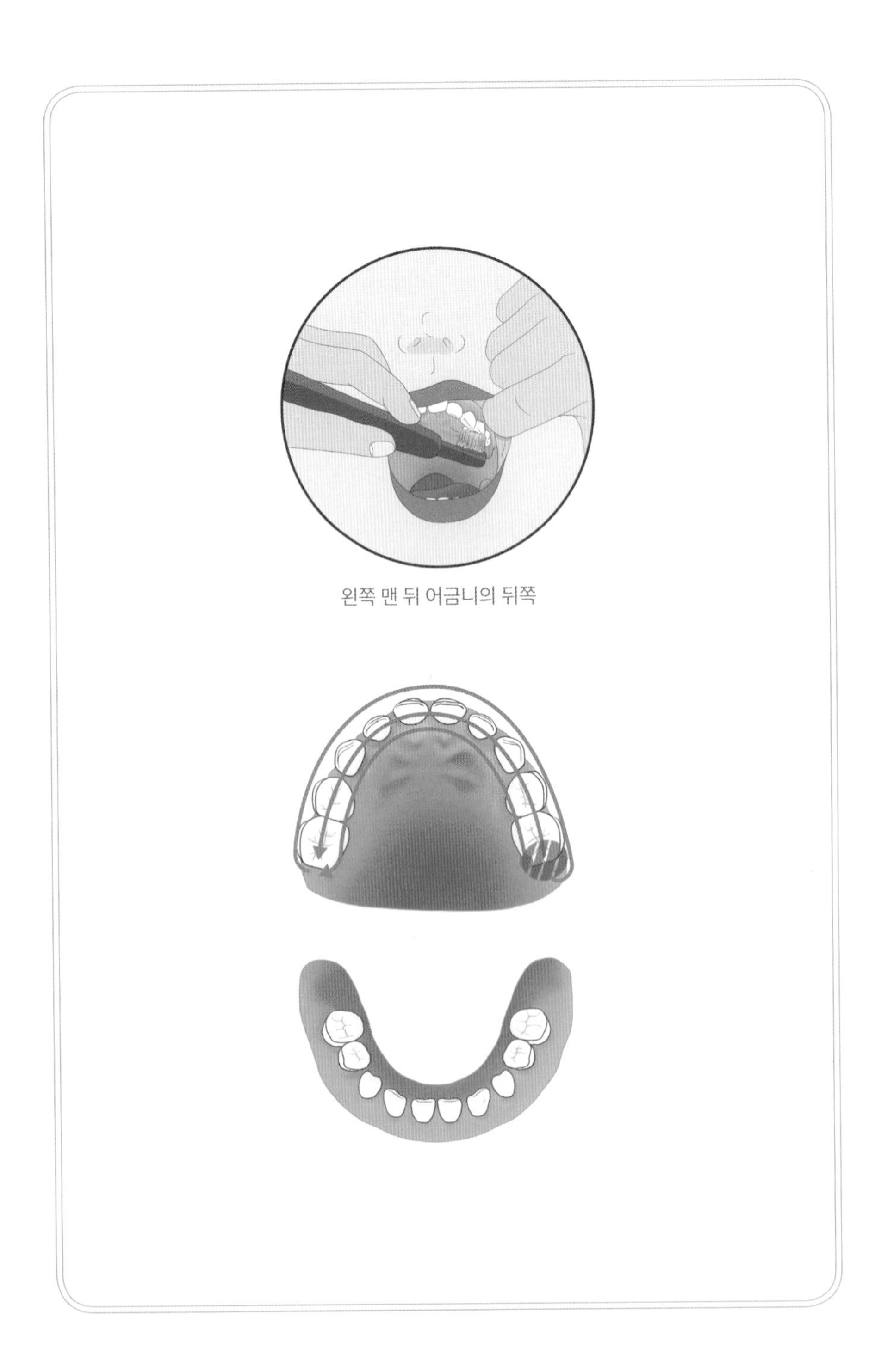

왼쪽 맨 뒤 어금니의 뒤쪽

⑨ 마지막으로 어금니 치아의 씹는면(교합면)을 닦아준다

문지르듯이 해도 되고 작은 원을 그리며 닦아도 됩니다. 비교적 잘 보여서 수월하게 할 수 있습니다.

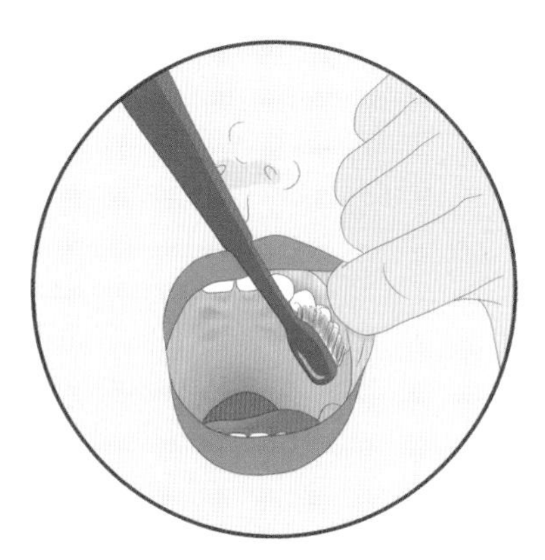

위 왼쪽 치아 씹는면

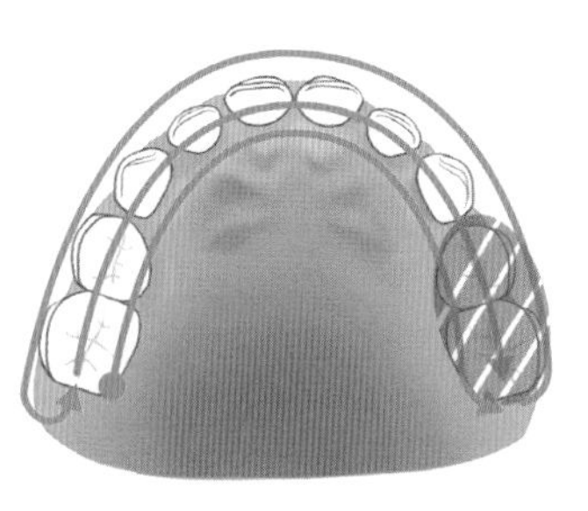

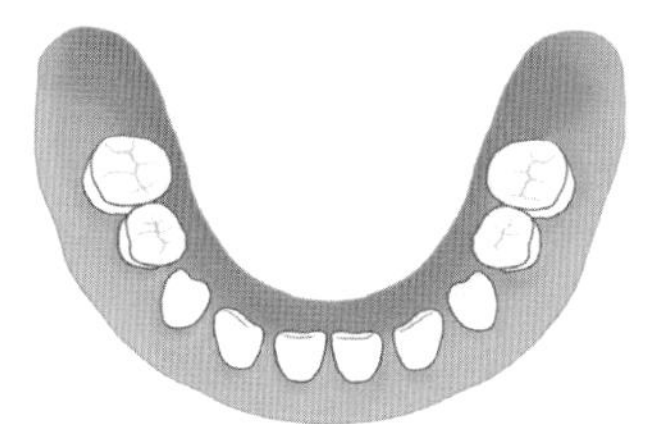

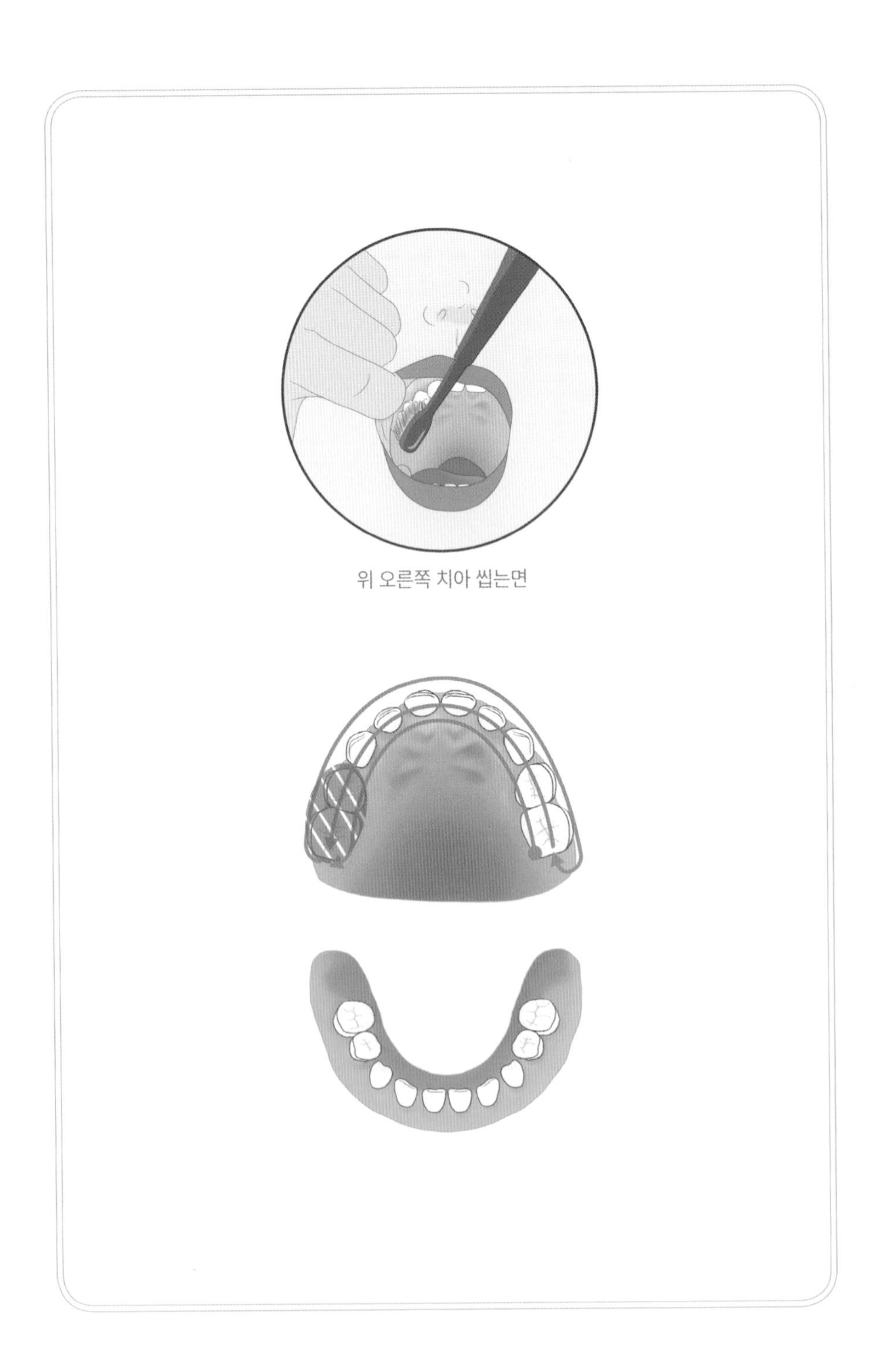

위 오른쪽 치아 씹는면

위를 마쳤습니다. 이때 중요한 것이 있습니다. 뭘까요? 그것은 바로 '칭찬'입니다. 칭찬은 고래도 춤추게 한다고 했습니다. 가장 훌륭한 스승인 동시에 최고의 동기부여 방법입니다.

"위에 다했다. 엄청나게 잘하네. 아이 깨끗해~. 고마워. 이제 아래쪽을 해볼까~"

⑩ 아래쪽도 왼쪽 치아의 안쪽부터 시작한다

요령은 마찬가지입니다. 빠진 곳 없이 순서대로 갑니다.

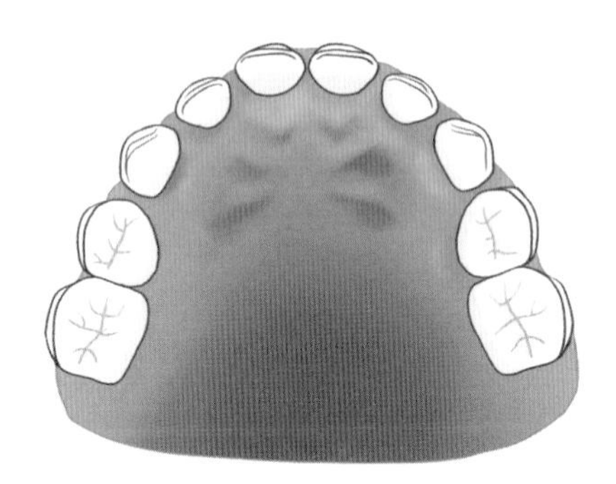

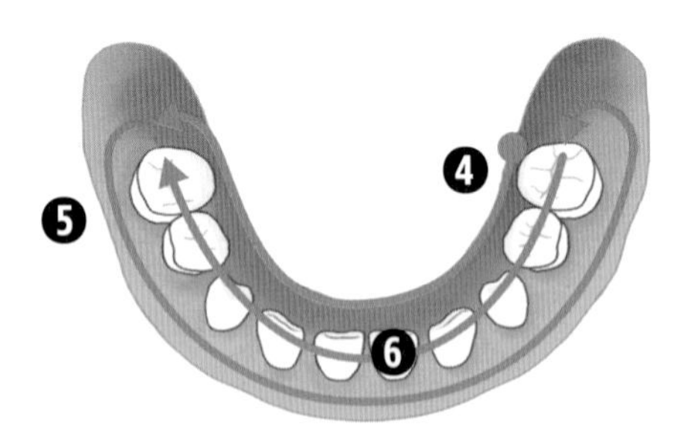

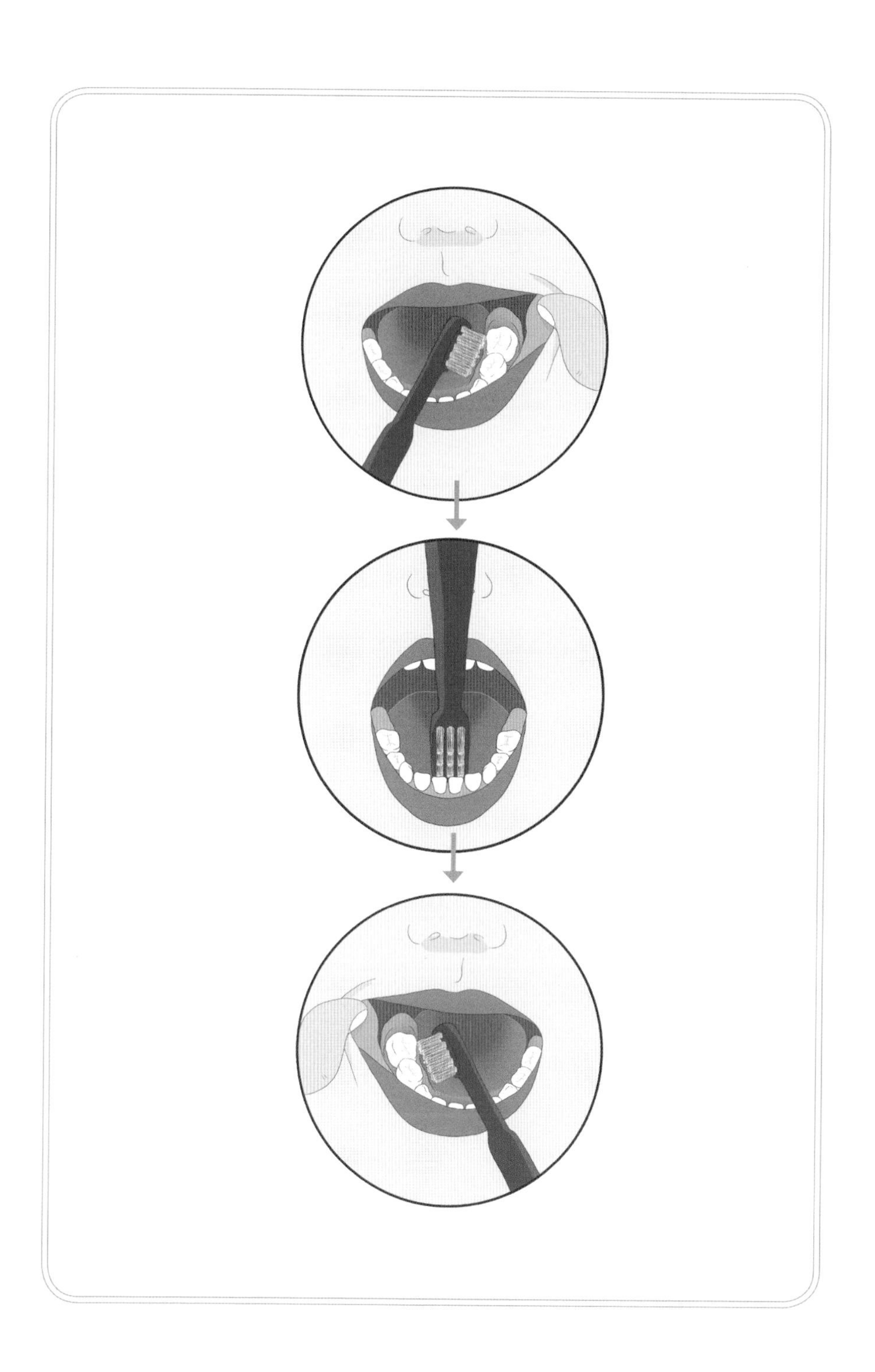

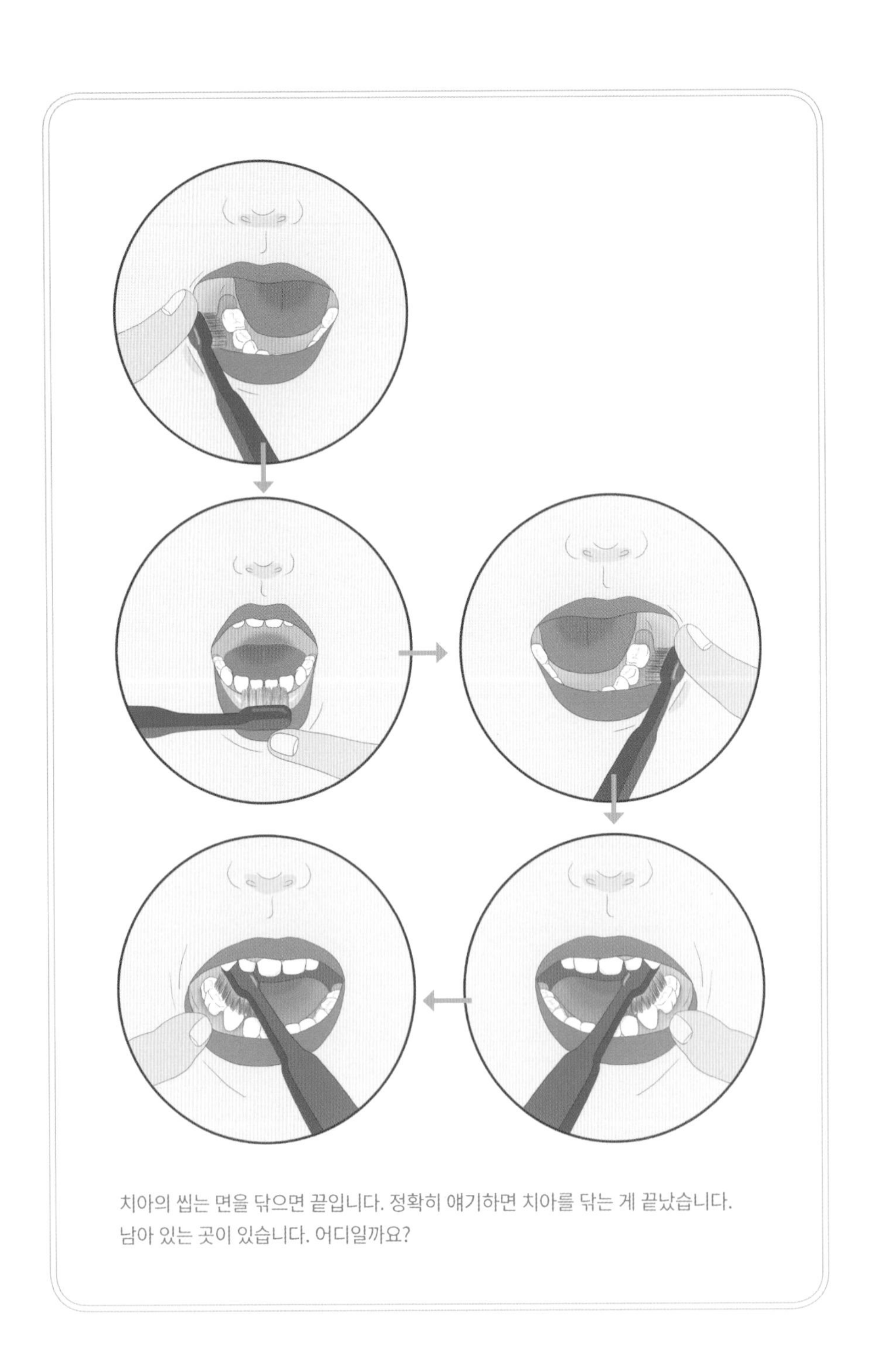

치아의 씹는 면을 닦으면 끝입니다. 정확히 얘기하면 치아를 닦는 게 끝났습니다. 남아 있는 곳이 있습니다. 어디일까요?

⑪ 마지막은 혀를 닦는다

일반 칫솔로 닦는 마지막은 혀입니다.

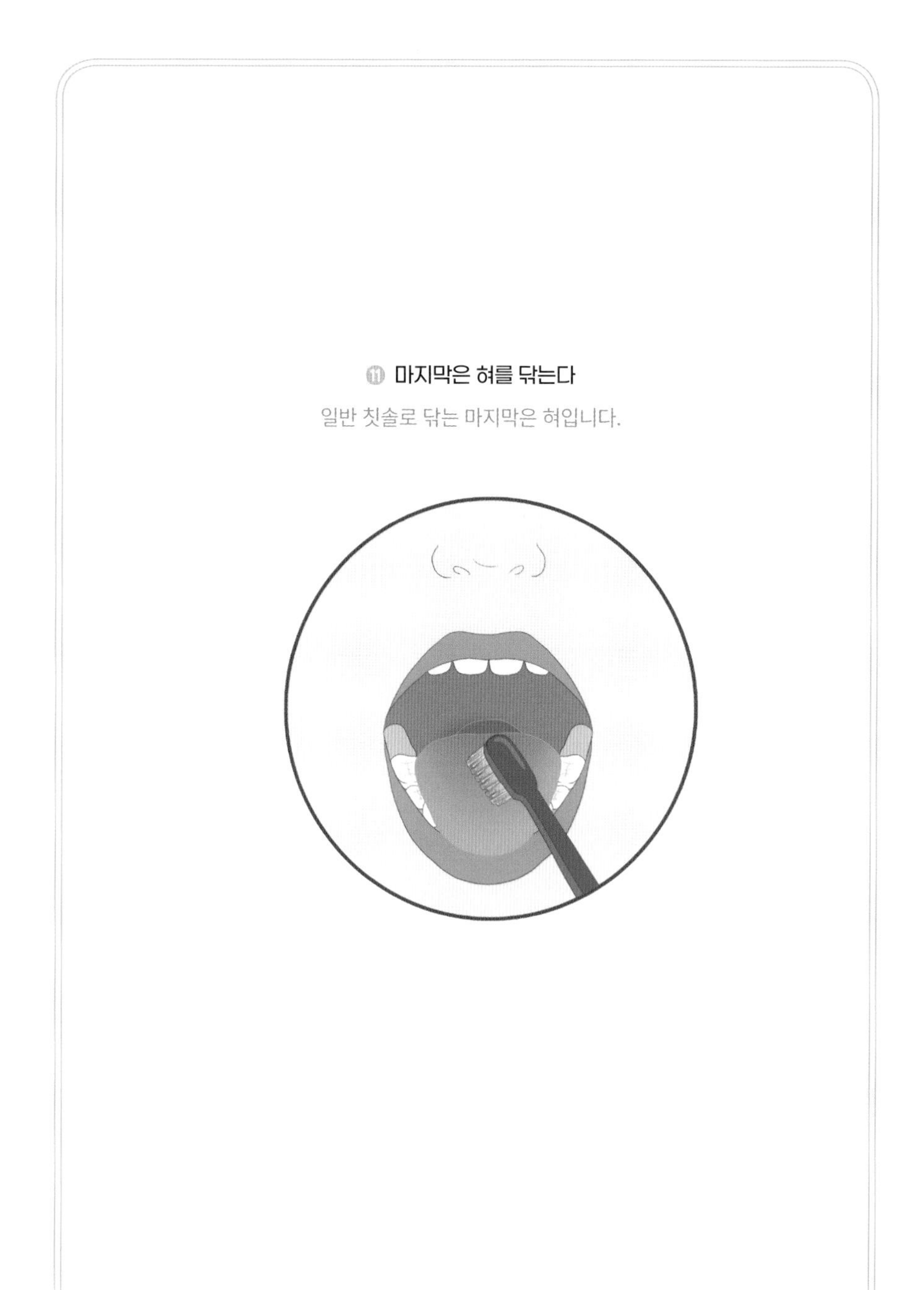

◆ 특별히 더 신경 써야 하는 부위 ◆

어려운 부위가 있습니다. 보통 오른손잡이 부모에게 아이의 오른쪽 치아를 닦을 때 입술에 가려서 잘 안 보입니다. 이때 왼손으로 볼이나 입술을 더 당겨줘야 합니다. 그리고 보호자가 고개를 더 숙여서 최대한 봐야 합니다. 이 부위가 제일 어려워서 충치가 잘 생기는 부위입니다.

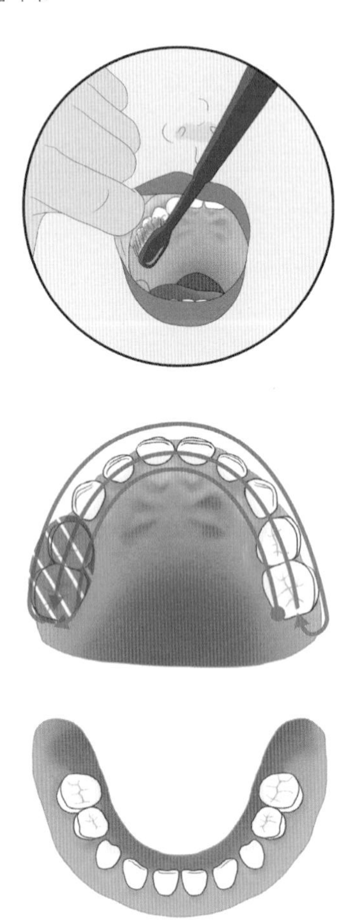

치실 하기

치아 사이에 음식이 껴 있을 때, 치실을 쓰지 않으면 안 빠지는 경우가 많습니다. 음식이 안 껴 있는 것 같아도 치아 사이를 한 번씩이라도 치실을 해주는 것이 좋습니다. 숙달되면 시간이 오래 걸리지는 않습니다. 아이도 시원함을 느끼며 좋아하게 됩니다.

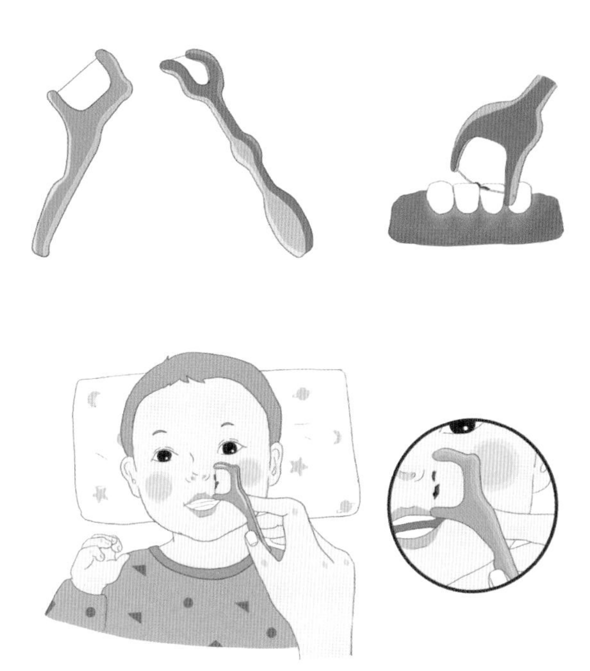

특히 정중앙에서 4번째와 5번째 치아 사이를 신경 써서 해줍니다. 눈으로 보기에 치아 사이에 음식이 안 낀 것 같아도 막상 치실질을 하면, 음식이 묻어 나오는 경우가 많습니다. 그럴 때는 아이에게 " 와~ 이것 봐. 엄청난 게 있었네. 시원하지?" 말해주며 보여줍니다.

가글하기

칫솔질과 치실이 끝났습니다. 만약 아이가 물을 뱉을 수 있다면 깨끗한 물을 입에 헹구어 가글 해주는 것이 더 좋습니다. 목을 자연스레 뒤로하고 목구멍에 거품을 내는 소리를 한 후 뱉어내면 됩니다.

SUMMARY

- 보호자의 닦는 자세부터 알아두자.
- 치아는 작은원법으로 닦는 게 효율적이다.
- 빠진 곳 없이 한 부위를 10초씩
- 치아 사이에 치실을 해주자. 안 낀 것 같아도 한다.
- 혀를 닦아 주자. 진짜 마지막은 목구멍 쪽의 가글이다.

양치질의 핵심 요령

아이가 충치가 생기지 않게 하는 비법 중 하나는 부모의 마무리 양치질입니다. 간식 조절도 너무 중요하고, 불소 등 보조제의 활용도 있습니다(p93). 하지만 유치가 나온 뒤로 아이가 스스로 양치질을 잘 할 수 있을 때까지 부모가 마무리로 칫솔질 해준다면 강력한 충치 예방이 가능합니다. 물론 전제 조건이 있습니다. 부모가 일정 수준 이상의 양치 실력이 있어야 합니다. 그리고 그것을 아이에게 체득시켜줘야 합니다.

어렵다고 생각되세요? 우리가 체계적으로 그것에 대해 배우고 익히지 못해서 어렵게 느껴질 수 있습니다. 혹은 잘 안다고 생각하고 있으나 실제로는 어설프게 하고 있는 경우도 많습니다. 안타깝지만 그동안 칫솔질과 구강 관리에 대한 교육이 체계적으로 이루어지지 않았습니다. 어떤 이유에 의해서인지 입속 건강은 소홀히 다뤄져 왔습니다. 이 책을 쓰게 된 이유이기도 합니다.

건강에 대해 투자를 서슴지 않는 시대입니다. 하물며 나의 아이에 대한 것이라면 부모는 누구나 적극적입니다. 부모의 아이에 대한 사랑과 올바른 관리지식이 만나면 최상의 입속 건강을 만들어 내게 됩니다. 나아가 건강한 구강 상태는 이상적인 안모 성장에도 결정적 영향을 미칩니다.

먼저 부모가 올바른 구강 관리의 요령을 알 필요가 있습니다. 마무리 양치질 시 응용하시면 훨씬 결과가 좋게 됩니다. 물론 본인의 양치 시에도 적용되어 건강을 지키는 데도 도움이 됩니다.

닦는 시간이 제일 중요하다

시간만 지켜도 칫솔질은 80% 이상 성공적입니다. 권장되는 시간은 3분입니다. 놀랍게도 평균 양치 시간은 30초~1분을 넘어가지 않습니다. 우선은 시간을 늘려서 닦는 것에 집중해주세요.

빠진 곳이 없어야 한다

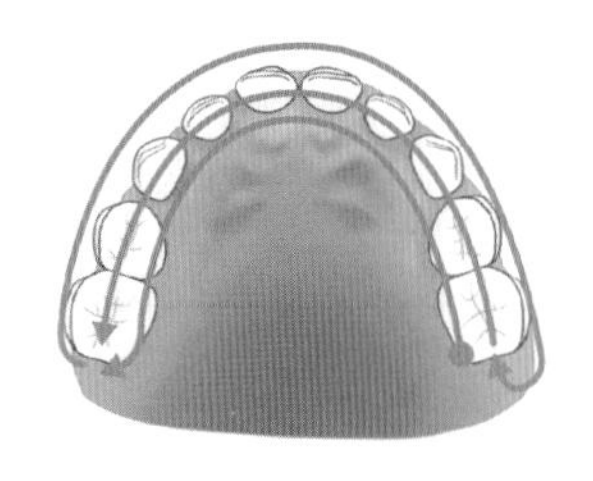

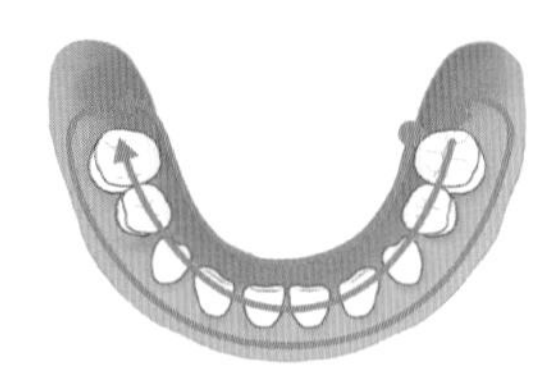

그러기 위해서 칫솔질을 시작하는 부위를 정하고 마치는 곳까지 닦는 순서를 정합니다. 반드시 습관화되어야 합니다. 하지만 주의할 것이 있습니다.

❶ 오른손잡이는 왼쪽을 닦는 것에 시간을 더 씁니다. 그리고 오른쪽을 닦을 때는 시간이 급격히 줄어듭니다. 같은 쪽은 손목과 팔근육을 더 사용해야 해서 그렇습니다.

❷ 위 치아의 맨 끝의 어금니는 잘 안 닦이는 부위입니다. 실제로 충치도 잘 생기는 부위입니다.

❸ 치아가 겹쳐 있으면 닦기에 취약한 곳이 됩니다.

❹ 치아를 닦는다기보다 치아와 잇몸 사이를 닦는다고 생각하자! 이것이 의외로 잘 모르고 있는 중요한 요령입니다.

이렇듯 우리도 모르는 사이에 덜 닦이고 있는 곳이 있습니다. 심지어 세균이 잘 형성되는 부위인데도 말이죠. 그렇게 잘 안 닦이는 곳을 알고, 그곳을 더 신경 써서 칫솔질해 주면 됩니다. 사실 이게 다입니다.

'잘 안 닦이고 있는 곳을 알고 거기를 더 닦아준다!' 그러다 보면 3분도 금방 지나갑니다. 안 그러면 아주 긴 시간이 되고요. 치과에 가서 스케일링을 받을 때, 양치가 잘 안되는 부위를 착색제로 간단히 확인할 수 있습니다. 그곳을 기억하고 조금만 더 신경 써서 닦아 주면 됩니다.

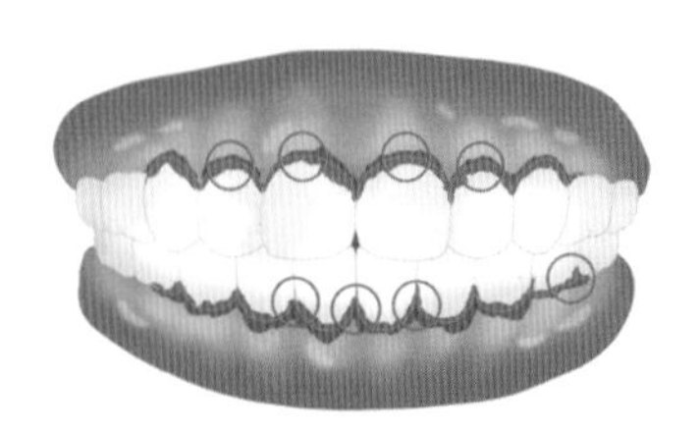

착색제를 발랐을 때, 양치가 잘 안된 부위

어떤 방식으로 닦아야 하나

세계적으로 통용되고 추천되는 것은 폰즈법입니다. 칫솔의 머리를 둥글게 원을 그리며 닦는 방법입니다. 이게 가장 기본적인 테크닉입니다. 조금 더 수준 있는 방법은 치아 하나의 크기 정도 원을 그리며 닦는 '작은원그리기법'입니다. 더 정교하게 닦입니다. 이 방법은 특히 아이들을 닦아줄 때 효과적입니다. 물론 성인도 쉽게 효율적으로 빈틈없이 닦을 수 있는 방법입니다. 여기에 회전법과 바스법, 두 가지를 합친 변형 바스법 등이 있습니다.

중요한 것은 어떤 방식으로 닦느냐가 아닙니다. 사실 어떻게 하든지 큰 상관없습니다. 핵심은 바로 '안 닦이는 곳을 알고, 더 시간을 늘려서 닦아라' 입니다. 이 두 가지를 알면 어떻게든 잘 닦게 되어 있습니다.

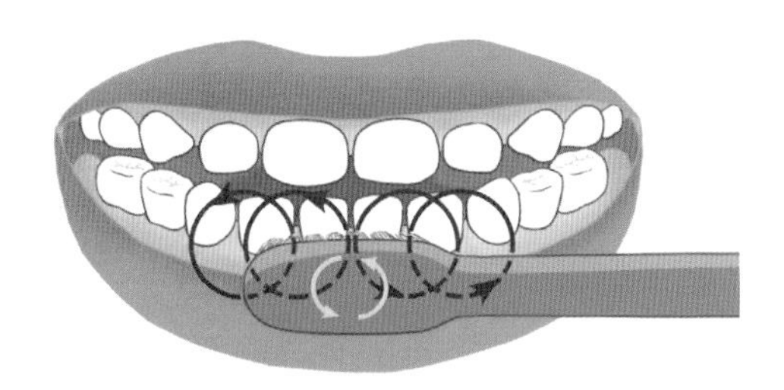

작은원그리기법

SUMMARY

- 아이가 충치가 생기지 않게 하는 비법 중 하나는 부모의 마무리 양치질이다
- 시간만 지켜도 칫솔질은 80% 이상 성공. 권장되는 시간은 3분이다.
- 오른손잡이는 왼쪽을 닦는 것에 시간을 더 쓴다. 오른쪽에 더 주의하자.
- 치아의 맨 끝의 어금니는 잘 안 닦이는 부위이다.
- 치아가 겹쳐 있으면 닦기에 취약한 곳이 된다.
- 치아를 닦는다기보다 치아와 잇몸 사이를 닦는다고 생각하자.
- 중요한 것은 어떤 방식으로 닦느냐가 아니다. 잘 안 닦이고 있는 곳을 알고, 그 부위를 더 닦아준다.

소아치과는 DDC와의 싸움이다

소아치과의사의 충치 치료 대부분은 이 부위입니다. 그곳은 정중선을 기준으로 4번째 치아(D)와 5번째 치아(E) 사이입니다. 더 정확히 얘기하면 4번째 치아의 뒤쪽 부위입니다. DDC는 D Distal Caries입니다. D번 치아의 뒤쪽(Distal)에 생긴 충치(Caries)를 뜻합니다.

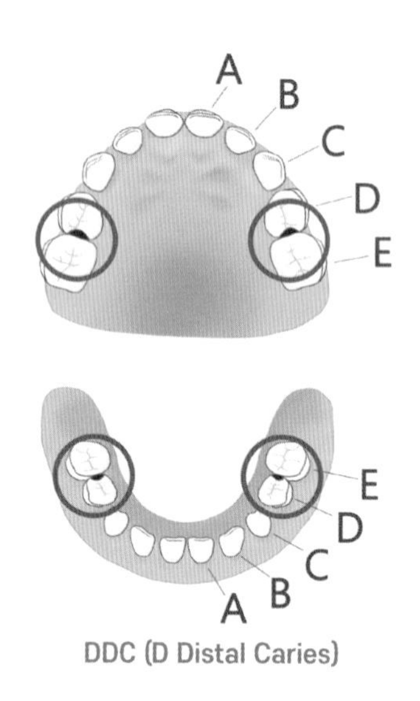

DDC (D Distal Caries)

보통 아이들의 앞니는 듬성듬성 치아 사이 공간이 있습니다. 하지만 4번째, 5번째 치아 사이는 공간이 촘촘합니다. 그 부위에 음식이 잘 끼일 수가 있습니다. 보호자가 마무리 양치질을 할 때 세심히 보지 않으면 놓칠 수가 있습니다.

특히, 윗니의 4번째 치아의 뒤쪽이 사각지대입니다. 그 이유는 입안 속이 어두운 데다가, 보호자의 시각에서 윗니는 잘 안 보입니다.

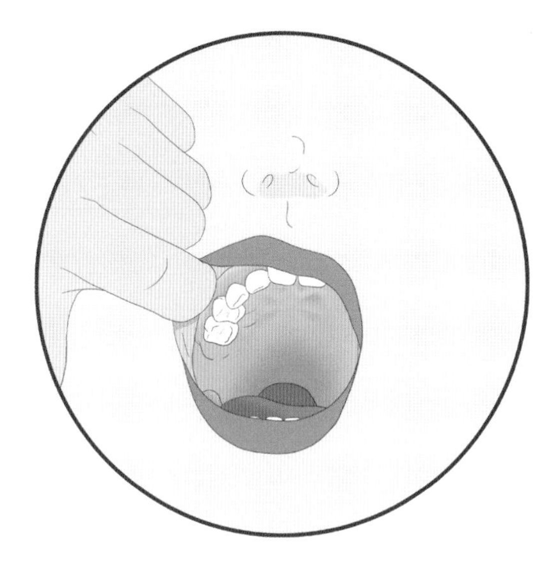

입안에서 DDC확인하기

이 부분은 마치 교통사고와 같습니다. 평소에 주차하거나 운전할 때, 사각지대를 주의하지 않으면 어느 순간 교통사고가 발생하는 것과 같습니다. 부모가 매일 양치를 점검해 주어도, 이 부위를 유심히 하지 않으면 어느 순간 충치가 생깁니다. 치과의사도 아이가 검진받으러 오면 항상 DDC를 세심하게 살펴봅니다.

DDC(D Distal Caries)를 예방하는 법

❶ 반드시 양치 후 4번째 치아(D)와 5번째 치아(E) 사이에 치실을 합니다. 음식이 끼어 있는지 확인하고 깨끗이 해줍니다.

❷ 정기적으로 구강용 거울(Dental mirror)로 DDC를 확인합니다. 특히, 윗니의 4번째, 5번째 치아 사이를 봅니다. 거울을 이용하여 보지 않으면 이 부위에 충치가 있는지 알기 힘듭니다.

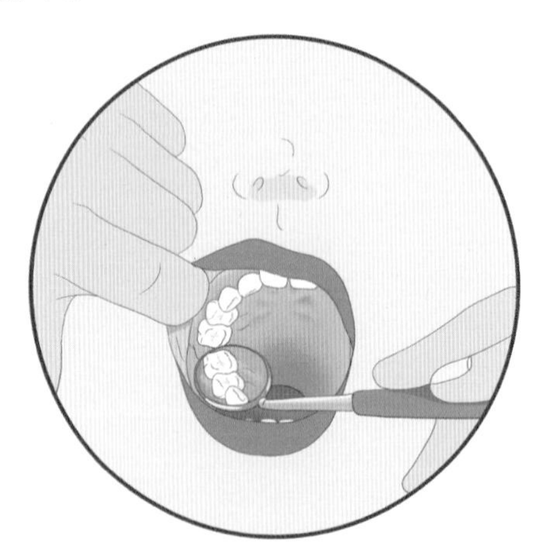

❸ 보호자의 마무리 양치 시 그 부위를 더 신경 써서 해줍니다.

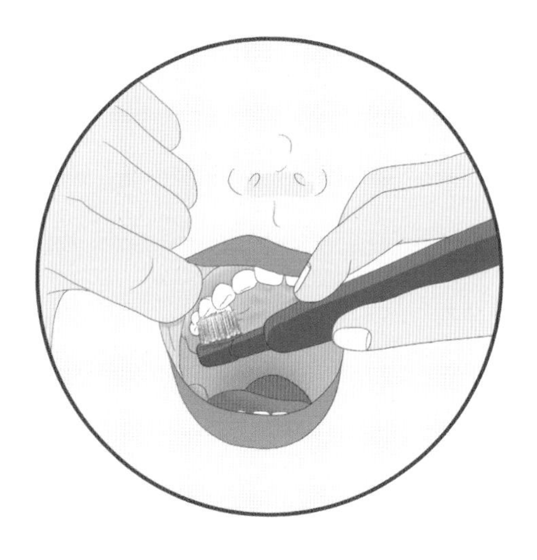

SUMMARY

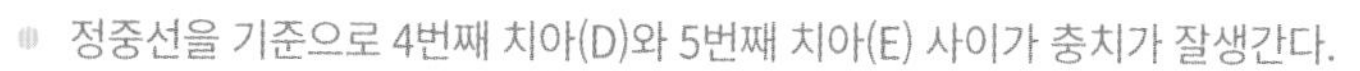

- 정중선을 기준으로 4번째 치아(D)와 5번째 치아(E) 사이가 충치가 잘생간다.
- 반드시 양치 후 그 사이에 치실을 한다.
- 정기적으로 구강용 거울을 이용해 4번째 치아(D)의 뒤쪽 충치(DDC)를 확인한다.

“우리 아이 치아 사이가 벌어져 있어요”

아이가 처음에 앞니만 난 경우에는 잘 몰랐다가 어금니가 다 나온 후 많이 질문하는 것이 있습니다. 앞니가 듬성듬성 나 있어서 문제가 되는 것은 아닌지 물어봅니다. 유치는 어른 치아인 영구치에 비해서 크기가 상대적으로 작습니다. 그래서 치아 사이가 벌어지게 됩니다.

Chapter 9

3·4·5세

3·4·5세

- ☐ 유치의 특징
- ☐ 일찍 유치가 빠졌을 때 처치
- ☐ 충치 예방의 4가지 방법
- ☐ 양치질 거부 상황별 대처법
- ☐ 유치열기 악습관
- ☐ 치아와 혀의 이상
- ☐ 치아사고 시 대처/예방법
- ☐ 유치의 치과 치료

우리 아이 치아 사이가 벌어져 있어요

아이가 처음에 앞니만 난 경우에는 잘 몰랐다가 어금니가 다 나온 후 많이 질문하는 것이 있습니다. 앞니가 듬성듬성 나 있어서 문제가 되는 것은 아닌지 물어봅니다. 유치는 어른 치아인 영구치에 비해서 크기가 상대적으로 작습니다. 그래서 치아 사이가 벌어지게 됩니다.

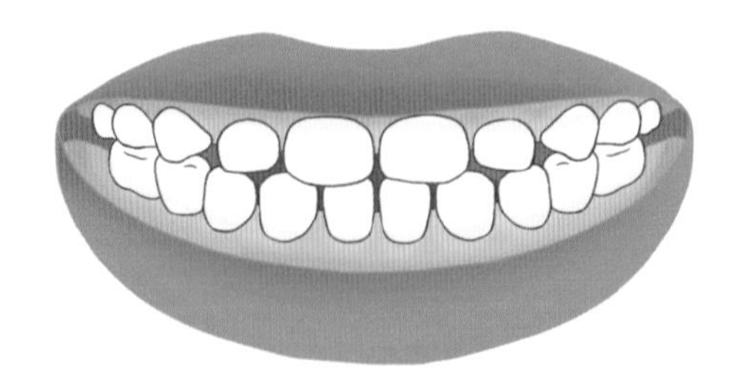

치아가 가지런히 붙어 있지 않으면 심미적으로 덜 이뻐 보입니다. 또한 복 나간다고 하기도 하지요. 하지만 아이들은 치아 사이 공간이 있어야 합니다. 그래야 추후 영구치가 나오게 되면 가지런하게 배열됩니다.

하지만 요새 아이들은 10명 중 6명은 유치가 촘촘히 붙어 있어 영구치 공간이 부족합니다. 그렇게 되면 영구치가 겹쳐서 삐뚤삐뚤 나게 됩니다. 치아교정을 받게 될 가능성이 높게 되는 것이지요.

유치가 뭐예요?

유치(乳齒, milk tooth)는 젖니 또는 탈락치라고도 합니다. 어른 치아인 영구치가 나오게 되면 탈락하는 치아입니다. 우리 아이의 3, 4, 5세는 총 20개의 유치로 지내는 시기입니다. 그 특징에 대해 알아볼까요?

유치의 특징

❶ 급속히 성장하는 아이의 성장 발달에 중요 역할을 한다

씹는 기능을 하는 저작기관으로 전신 발육에 기여합니다. 또한 씹는 자극을 통해 얼굴 성장에도 지속적인 자극을 줍니다.

❷ 발음 기관의 하나로 언어를 배우는 데 영향을 준다

유치의 앞니가 너무 일찍 빠지게 되면 발음상에 문제가 될 수도 있습니다.

❸ 얼굴의 심미에 영향을 준다

유치의 앞니에 충치가 심하거나 치아가 일찍 빠진 경우, 아이는 정서적 스트레스가 생길 수 있습니다.

❹ 유치는 어른 치아가 잘 나오기 위한 길잡이 역할

유치가 일찍 탈락하거나 충치가 크면 추후 영구치에 영향을 미칩니다. 치아 배열도 틀어지고 다양한 변이가 발생합니다. 그래서 건강한 유치는 영구치가 잘 나오도록 시간적, 공간적 조정을 해줍니다.

❺ 어른 치아보다 충치가 잘 생긴다

어른 치아인 영구치보다 덜 단단합니다. 그렇기에 충치균이 내뿜는 산에 잘 부식이 됩니다. 즉 충치가 잘 생깁니다.

❻ 치아 색이 밝다

치아의 속살이 누런 색깔을 띠는데, 이 부분이 어른 치아에 비해 얇습니다. 그래서 치아 색이 영구치보다 훨씬 밝아 보입니다.

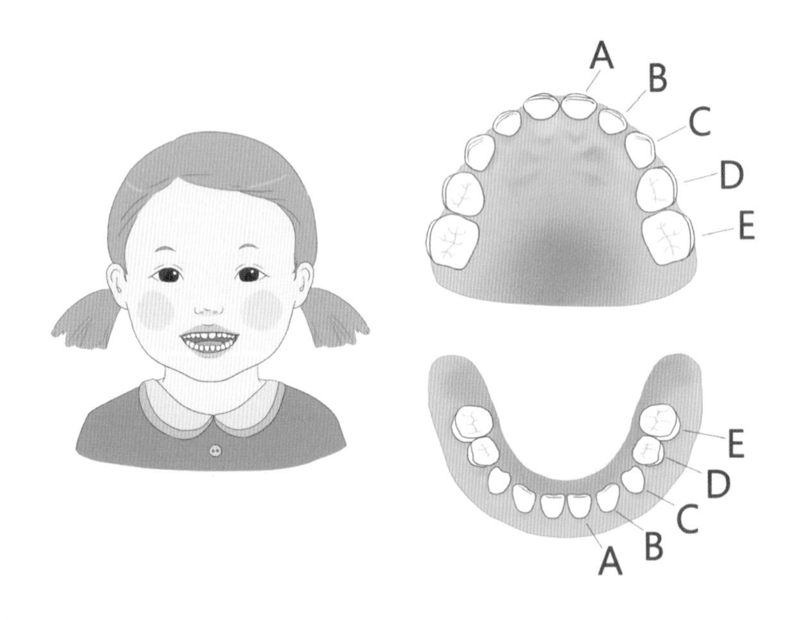

 유치가 다 상했는데 영구치도 약할까요?

아이의 유치가 충치 치료를 많이 받게 되면 부모는 걱정하게 됩니다. 어른 치아인 영구치도 충치에 잘 걸리게 되는 건 아닌지. 유치가 충치에 잘 걸렸다고 해서 영구치도 그런 것은 아닙니다. 다만 양치 습관이나 간식 조절이 영구치가 나왔을 때 올바르게 관리가 안 되면 여지없이 충치가 생깁니다. 유치가 있을 때부터 관리 습관이 잘 형성돼야 건강한 치아를 유지하게 되는 것이지요.

놓치면 안 되는 사실은 유치가 충치에 견디기 불리한 구조로 되어 있다는 것입니다. 유치와 영구치의 차이를 살펴보겠습니다.

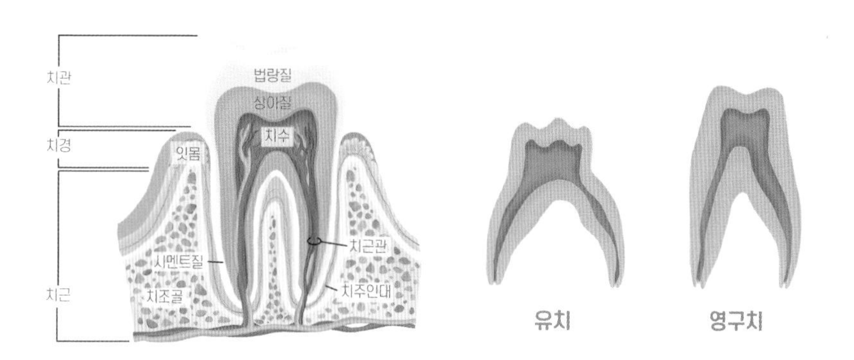

치아의 구조는 바깥 껍질, 속살, 신경 세 가지로 되어 있습니다. 그것을 치과에서는 법랑질, 상아질, 치수라고 부릅니다. 그 두께나 단단한 정도가 다릅니다. 당연히 유치는 작아서 충치 방어에 중요한 법랑질과 상아질이 작습니다. 그리고 무기질이 적어 덜 단단합니다.

한마디로 충치가 잘 생길 수밖에 없는 구조입니다. 게다가 충치가 생기면 급속도로 진행이 되어 신경치료를 받게 될 확률이 높습니다. 그렇기에 평상시 양육자의 꼼꼼한 관리가 필요하고, 정기적 치과 검진을 통해 조기에 치료하는 게 중요합니다.

유치를 뺐는데 그냥 놔둬도 되나요?

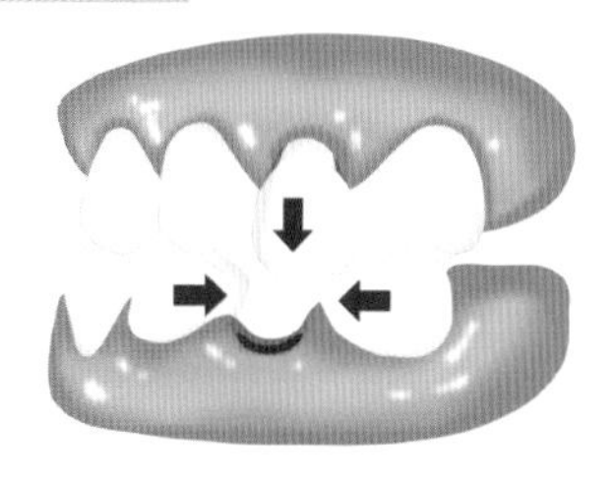

충치가 너무 크거나 외상으로 인해 유치를 뽑아야 하는 경우가 있습니다. 만약 원래 빠져야 하는 시기보다 일찍 치아가 빠졌다면 몇 가지 문제가 발생됩니다.

첫째로 어른 치아가 나오는 공간 문제가 있습니다. 치아가 빠지면 주변 치아들이 빠진 공간으로 이동하게 됩니다. 그렇게 되면 영구치가 올라오게 되는 공간이 적어집니다. 결국 치아가 삐뚤어져서 나오게 됩니다.

두 번째로 만약 너무 일찍 치아가 빠지면, 밑에 있던 영구치가 오히려 늦게 맹출될 수 있습니다. 영구치 위에 두꺼운 잇몸뼈가 덮일 수 있기 때문입니다.

일찍 유치가 빠졌을 때 처치

유치가 빠진 초반 6개월 사이에 공간이 심하게 줄어듭니다. 그렇기에 빠르게 처치해줘야 합니다. 공간유지장치를 끼워 주는 방법이 있습니다.

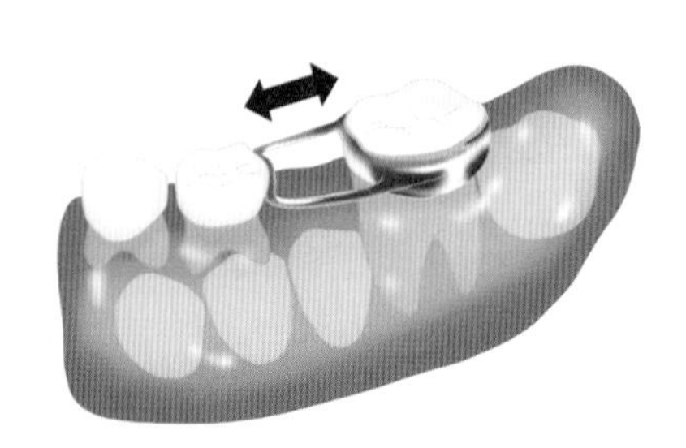

보통 만 7세 이전에 유치의 어금니가 빠지면 이 방식을 많이 합니다. 그 이후에 빠진다면 치과에서 방사선 사진을 찍어서 영구치의 위치를 확인합니다. 그런 다음 공간유지장치의 필요 여부를 결정합니다. 장치 치료를 안 할 수도 있습니다. 영구치가 조금 일찍 나오게 될 수도 있기 때문입니다.

 충치 예방의 4가지 방법

식사 후 양치질 잘하기

만 3세부터는 스스로 양치하는 습관을 들여야 합니다. 물론 아이가 제대로 하지는 못하지만, 식사 후 양치하는 습관을 형성해 주는 것이 중요합니다. 입안의 산성도가 식후 3분이 지나면 충치가 생기기에 좋은 조건으로 바뀝니다(p151). 그래서 3분 이내에 양치가 권장됐습니다.

하지만 가능하면 식사를 끝내자마자 바로 양치하는 것이 좋습니다. 습관 형성에 유리하기 때문입니다. 최상의 경우는 아이가 간식을 먹고도 스스로 양치를 선택하는 것입니다. 추후 영구치가 나왔을 때 그리된다면 더할 나위 없겠죠.

양치질을 잘하는 핵심 요령은 앞서 상세히 다루었습니다(p189). 한 번 더 살펴보면 좋습니다. 다시 한번 강조하지만, 부모의 마무리 양치가 필요합니다. 아이와 함께 양치하고 마지막에는 마무리 양치를 해주세요.

보조제를 잘 활용하자

불소는 충치를 예방하는 가장 강력한 보조제입니다. 대한소아치과학회, 세계소아치과학회, 세계보건기구 등 연구기관에서 불소치약을 권고하고 있습니다(p93). 만 3세부터는 완두콩만큼의 불소치약을 사용하면 됩니다. 또한 치아가 약하거나 충치가 생겼다면 불소도포, 불소가글도 좋습니다.

치실, 치간칫솔, 전동칫솔 등의 보조적 용품도 활용하면 훨씬 높은 수준의 관리가 됩니다. 특히, 치실을 사용하여 양치 후 남아 있는 음식 찌꺼기를 보여주면 아이가 다음에도 또 해달라고 하기도 합니다. 그런 음식 잔사들을 보면 신기하기도 하겠지만 아이들도 깨끗이 하고 싶어 하는 마음은 한가지인 것 같습니다.

정기적 검진

모든 질환이 그렇듯 조기 검진이 중요합니다. 특히 충치는 한번 생기면 원래대로 회복되지 않습니다. 게다가 유치는 치아가 약해서 급속히 충치가 진행됩니다. 이상적인 것은 3개월에 한 번씩 치과 검진을 하는 것이 좋습니다. 성인도 마찬가지입니다.

충치를 미리 발견하거나 징후가 보인다면 간단히 처치할 수 있는 것들이 많습니다. 충치 부위를 때우던지, 작은 경우는 불소도포를 하며 지켜볼 수도 있습니다. 하지만 이미 깊게 진행되어 오면 힘들게 치료받아야 합니다. 아이와 그것을 지켜보는 부모도 함께 힘든 시간을 맞게 됩니다.

식습관 관리

앞서 충치 예방 최대의 적 간식(p147)에 대해 상세히 살펴보았습니다. 우리가 충치 예방에서 소홀히 생각하는 것 중 하나가 간식 문제입니다. 첫돌 전후는 밤중 수유가 문제가 되기도 합니다. 본격적으로 이유식을 먹고 간식을 먹게 될 때부터는 간식의 횟수, 종류를 살펴봐야 합니다. 비단 충치 예방뿐 아니라 아이의 건강을 위해서도 주의해야 할 부분입니다.

3, 4, 5세도 양치 후 상쾌함을 안다

유치가 다 나오고 3, 4, 5세의 시기는 한동안 변화 없이 20개의 치아를 사용합니다. 기본적인 치아관리법은 앞서 살펴본 유치열기 치아관리법(p164)과 같습니다. 다시 한번 참조해 주세요.

이때가 특별히 더 중요한 이유는 양치 습관이 형성되는 시기이기 때문입니다. 부모가 닦아줘야 하지만 점점 스스로 해보고 싶어 합니다. 그리고 소근육들을 사용하게 되며 5세 무렵에는 제법 스스로 양치하게 됩니다. 칫솔질은 아직 부모의 마무리 양치가 필요하지만, 전체 과정은 잘 따라 합니다. 이것이 중요합니다.

식사 후에는 양치질하는 것. 상쾌함을 느끼는 경험. 아이들도 깨끗해지고 건강해지는 것을 알고 좋아합니다. 치실 같은 것도 사용 후 매번 음식 찌꺼기를 보여주면, 나중에 아이는 꼭 치실을 해달라고 합니다. 귀여우면서도 흥미로운 아이들의 반응을 볼 수가 있습니다.

건강한 아이를 만드는 최고의 육아 비법

결국 아이의 건강한 치아를 만들기 위해 부모로서 하는 일은 육아에 관한 것입니다. 아이와 소통하며 올바른 습관을 형성해 주는 것이지요. 맞습니다. 모든 육아가 다 힘들듯이 이 또한 쉽지 않은 일입니다.

치과에서 아이들을 치료할 때 사용하는 방법이 있습니다. 아이들한테는 가기 싫고, 앉기도 싫은 곳이 치과입니다. 그런 아이들을 치료에 동참시키고 진료를 수행해 내는 데 도움이 되는 소통 방식입니다. 이런 내용을 응용해서 아이에게 활용해 보기를 바랍니다.

칭찬하라

"아 해볼까? 입안에 보기만 하는 거야, 오~ 되게 잘한다. 씩씩하네~" 치과에서 자주 쓰는 표현입니다. 아이들은 이런 사소한 칭찬에도 좋아하며, 더 잘하기 위해 순간적으로 노력합니다. 사실 칭찬은 어른, 아이 할 것 없이 누구나 기분 좋아합니다.

"밥 먹었으니 이를 깨끗이 닦아 볼까?"

"오~ 이제 스스로 잘하네. 많이 컸네.
언니처럼 잘하는구나!"

"엄마가 마무리해 줄게~아 해보자.
그렇지, 우리 아들. 최고예요~"

"앙 다물어보자. 여기도 깨끗이 하자~ 잘했어요.
오늘도 아주 잘했어."

감사하라

"오늘 힘든 치료인데 너무 잘해줘서 고마워요~" 칭찬과 감사는 콤비입니다. 칭찬한 후에 바로 감사의 표현을 이어서 해주면 좋습니다. 효과가 두 배, 세 배가 됩니다.

" 끝~ 다했다. 오늘도 잘해주었어요.
아 하기 힘든데 잘해줘서 고마워. 우리 딸~"

" 오~ 밥 먹고 스스로 양치하는 거야?
대단한데~ 고마워 우리 아들 최고다!"

연습하고 시도하라

아이에게 좋은 습관을 형성시키는 것은 힘든 일입니다. 사랑하는 마음만으로는 안 되는 것이지요. 정말로 내 맘 같지 않습니다. 칭찬하고, 감사해야 한다는 것은 대부분의 부모가 알고 있습니다. 막상 아이가 내 뜻대로 하지 않으면 어찌할지 모르게 됩니다. 그리곤 하던 데로 아이를 훈육하게 되죠. 큰소리가 나오거나 화를 내게 됩니다. 육아는 참 어렵습니다.

양치 습관은 수많은 신경 써야 하는 것 중의 하나입니다. 모든 엄마, 아빠가 다 완벽할 수 없습니다. 하지만 부모는 아이를 위해 최선을 다합니다. 아이를 사랑하는 마음으로 열심히 노력합니다. 부모는 조건 없이 아이에게 헌신합니다. 위대하며 숭고합니다. 좋은 세상을 만드는 소중한 사람입니다.

자세히 살펴보면 육아의 매 순간 말을 어떻게 하느냐가 중요합니다. 그것에 의해 결정됩니다. 하지만 힘든 상황에서는 습관처럼 예전의 행동이 나옵니다. 그래서 평상시의 상황에 맞게 연습해 보는 것이 좋습니다. 맞습니다. 칭찬도 연습이 필요합니다. 머릿속으로 알고 있는 것과 입으로 말해보는 것은 큰 차이가 있습니다. 우리가 수영 배울 때를 생각해 보면 좋습니다. 아무리 동영상으로 수영을 배워도 수영장에 가서 연습을 안 하면 절대로 물에 뜰 수가 없습니다. 조금씩 발차기부터 연습하면 결국 물에 떠서 앞으로 나아가게 됩니다.

아이와 말을 주고받으며 올바른 방향으로 이끄는 것이 육아입니다. 말하는 것을 연습해야 합니다. 어색하고 쑥스럽더라도 입 바깥으로 해보는 시도를 해보세요. 이런 글과 육아 책에 있는 좋은 내용들을 소리 내 읽어보기 바랍니다. 조금씩 적용하고 따라 하다 보면 본인의 스타일로 완성됩니다. 사랑하는 우리 아이와도 더 나은 관계가 만들어집니다.

SUMMARY

- 아이의 건강한 치아를 만들기 위해 부모로서 하는 일은 육아에 관한 것이다.
- 아이들은 사소한 칭찬에도 좋아하며, 더 잘하기 위해 순간적으로 노력한다.
- 칭찬과 감사는 콤비이다. 칭찬한 후에 바로 감사의 표현을 이어서 해주면 좋다.
- 결국 말을 주고받는 것이 육아다. 어색하고 쑥스럽더라도 입 바깥으로 해보는 시도를 해보자.

양치질 거부 상황별 대처법

양치하자고 하면 도망가는 아이

양치질이라는 것에 겁을 먹고 무서워하는 경우입니다. 아이들이 새로운 것에 두려움을 느끼는 것은 당연합니다. 자연스럽게 칫솔질에 대해 알게 해주세요. 사전에 양치에 대한 그림책이나 동영상을 보며 치카치카에 대해 알게 해주세요. 인형을 가지고 놀이하듯이 닦아주세요.

장남감 칫솔과 친해지는 것도 좋습니다. 그런 다음 자연스럽게 시도합니다. " 자 밥 맛있게 먹었으니 깨끗하게 치카치카 할까? 악어 인형 닦아주듯이 우리 아기 입안 속 벌레도 청소해 줄까?"

입을 안 벌리고 버티는 아이

양치질은 아이와 아주 가까운 거리에서 주고받는 매우 친밀도 있는 행위입니다. 막상 입에 무언가를 넣으려 하면 아이는 거부감이 들 수 있습니다. 사전에 양치 놀이 등을 하여 칫솔질에 인지하고 있어도 그럴 수 있어요.

치과에서는 아이가 처음 보는 기구는 '보여주고, 말하기'를 먼저 합니다. " ○○야, 이건 칫솔이야. 악어 인형 칫솔질할 때 봤지. (손등에 갖다 대며) 부드럽지? 여기에 치약을 묻히자~(살짝 냄새를 맡게 한다) 향기 좋네. 우리 ○○도 깨끗하게 치카치카 할까? 아~ 해보자~"

아이와 평소에 스킨십을 자주 하는 것도 좋습니다. 앉고 비비고 다양한 놀이도 같이 해보세요. 훨씬 거부감 없이 새로운 시도에 아이가 응할 수 있습니다.

칫솔을 깨무는 아이

양치 시 칫솔을 깨무는 경우가 상당히 많습니다. 장난을 치고 싶어서 그럴 수 있습니다. 깨무는 것을 좋아할 시기이기도 하고요. " 애고. 깨물면 안 돼~. 칫솔도 아파해요~ 아. 해보자~" 잠깐 기다리면 입을 열게 됩니다. 그때 순간적으로 또 닦아 주세요. 혼내거나 입을 계속 열고 있게 강요해서는 안 됩니다.

양치는 습관 형성이 중요합니다. 그날 아이가 말을 안 들어서 제대로 못 닦아도 실망하거나 불안해하지 마세요. 놀이하듯 유쾌한 시간이 되면 좋습니다. 설령 완벽히 안 되었어도 잘 마친 것을 칭찬해 주세요. 매일 조금씩 나아지면 됩니다. 시간을 점차 늘려나가는 것이 중요합니다. 그러다 보면 언젠가는 제법 잘해주고 있게 됩니다.

칫솔질에 아파서 입을 다물 때도 있습니다. 표정이 약간 찡그려지기도 합니다. 그럴 때는 아팠는지 한번 물어봐 주세요.

양치할 때 아프다고 하는 아이

"아파~" 하고 아이가 얘기해 주는 경우도 있습니다. " 미안~ 아팠구나. 아빠가 더 살살해줄게." 하고 부위를 살펴보세요. 주로 어금니를 할 때 아파합니다. 그 부위는 볼살이 있습니다. 아이는 긴장하고 있기에 입술과 입 주변에 힘을 줍니다. 그러면 볼살에도 힘이 들어가 칫솔의 움직임이 제한받게 됩니다.

앞니는 "이~해보자" 하면 잘 보이고 입술에 저항이 덜 합니다. 하지만 어금니 부위는 입 주변 근육에 힘이 들어가면 칫솔모가 잇몸에 눌리게 됩니다. 그 상태에서 닦으면 잇몸이 아프게 되는 것이지요. 그럴 때는 앞니 닦을 때처럼 "이~해보자~" 해보세요. 그러면 아이가 입을 다물게 되고 어금니와 볼살 사이에 공간이 형성됩니다. 그런 다음 닦아주시면 훨씬 수월하게 칫솔질이 됩니다. 위아래 치아의 옆면을 동시에 닦는다는 생각으로 원을 더 크게 그려 주셔도 좋습니다.

"아픈데도 잘해주어서 고마워. 다음에는 아빠도 잘할게~ 아이 이쁘다~" 칭찬도 잊지 마시고요.

치약 맛에 예민한 아이

치약의 맛과 향 때문에 양치를 거부하는 경우가 있습니다. 칫솔의 크기나 칫솔모 강도도 문제가 되기도 하고요. 그럴 때는 치약과 칫솔을 여러 개 준비해서 아이에게 고르게 하는 것도 좋습니다. 선택권을 가진 아이는 더 능동적으로 임하게 됩니다. 그리고 재미를 느끼게 됩니다. 아이들 치약은 다양한 맛과 향이 있고, 칫솔 또한 캐릭터가 많습니다. 스스로 선택하여 주도적인 습관을 들이면 좋습니다.

언제부터인가 아이가 스스로 닦겠다고 합니다. 그러면 자연스럽게 부모와 함께 양치를 해보세요. 물론 아이는 제대로 닦지 못합니다. 식사 후 양치질을 항상 하는 것을 습관화하는 게 중요합니다. 그리고 스스로 신발 끈을 묶을 수 있을 때까지는 부모의 마무리 양치질이 필요합니다.

아이가 양치질을 거부하는 데는 분명 이유가 있습니다. 낙담하거나 다그치면 안 됩니다. 무리한 시도는 역효과가 생겨 오히려 양치에서 더 멀어집니다. 시간을 갖고 노력해 주세요. 흥미를 유도하고, 자그마한 성과에도 감사하며 칭찬해 주세요. 아이가 이를 닦는 것은 기분 좋은 일이라는 것을 느끼게 해주세요. 어느새 키가 훌쩍 크듯이, 양치도 어느 순간 제법 혼자서도 잘하는 때가 옵니다.

유치열기 악습관

밥을 안 먹고 물고만 있어요

"우리 아이는 밥을 입에 물고만 있어요. 밥 먹는데 한 시간 이상이 걸려요"

많이 질문하는 것 중 하나입니다. 대게의 경우 위아래 치아의 맞물림(교합)에는 문제가 없습니다. 유치열기가 지나면 보통 사라지는 습관이기도 하고요. 하지만 한 시간 이상 음식을 오래 물고 있다면 충치가 생길 수 있습니다. 우선 부모는 밥을 안 먹고 있으면 아이를 다그치게 됩니다. 그만 큰 목소리를 내기도 하죠. 아이와의 갈등 요소가 될 수 있습니다.

아이의 씹는 능력은 갑자기 생기는 게 아닙니다. 우리 몸의 근육은 운동해야지만 형성이 됩니다. 씹는 것도 입 주변의 근육이 원활하게 작동해야 할 수 있습니다.

묽은 이유식을 계속 먹이거나 먹기 편한 간식을 자주 먹는 것도 좋지 않습니다. 씹는 능력이 발달하지 않습니다. 삼키기 쉬운 음료를 자주 찾게 됩니다. 아이의 씹고, 삼키는 근육을 발달시키기 위해서는 올바르게 먹는 운동을 해야 합니다.

올바르게 씹는 방법

❶ 바른 자세로 식사한다

가족 간에 이야기하며 식사하는 것이 제일 좋습니다. 만약 동영상을 보거나 TV를 보며 식사한다면 등이 굽거나 안 좋은 체형이 될 수 있습니다. 등과 목의 근육은 얼굴과도 연결되어 있어서 조화롭지 못한 성장이 일어 날 수도 있습니다.

❷ 음식을 적당한 크기로 담아 먹는다

입안에 넣었을 때 너무 크지 않게 먹습니다. 적절한 크기로 여러 번 씹어 먹어야 합니다.

O　　　　X

❸ 식사 시간은 30분을 넘기지 않는다

밥 먹을 때 계속해서 씹고 있다면 타액과 자정작용에 의해서 충치가 생길 가능성이 줄어듭니다. 하지만 아이들은 음식을 물고 가만히 있는 경우가 많습니다. 그러면 충치가 생길 수 있습니다. 식사 시간을 30분 이내로 하는 것이 좋습니다.

❹ 간식을 줄인다

간식은 충치 예방의 최대 적입니다. 정해진 시간에만 먹는 것이 필요합니다. 그리고 가능하면 야채나 채소 같은 음식이 좋습니다. 몸에도 좋고 치아와 턱뼈 발달에 도움이 됩니다.

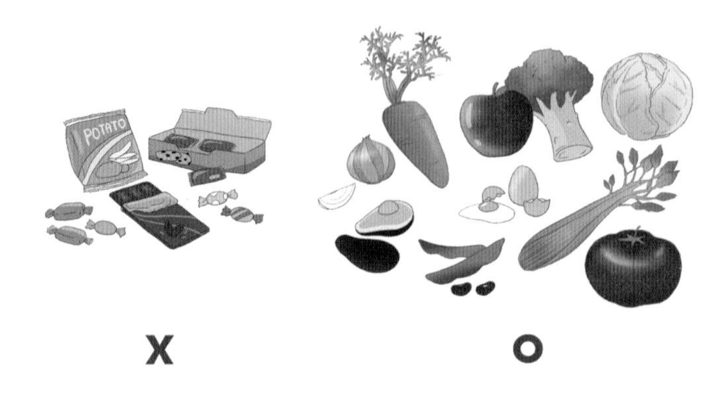

⑤ 씹는 연습을 한다

4세 이상이면 단단하거나 섬유질의 간식을 활용할 수가 있습니다. 양쪽의 어금니를 이용해서 30회 이상 씹게 해주면 좋습니다. 그리하면 소화를 시키는 능력과 씹는 근육이 발달합니다.

공갈젖꼭지 끊기

생후 6개월이 지나면서 입으로 빠는 욕구가 서서히 다른 것으로 바뀌어 갑니다. 새로운 것에 흥미를 느끼며 공갈젖꼭지도 자연스레 끊게 됩니다. 걱정하여 강제적으로 끊게 조바심 낼 필요는 없습니다. 어느 순간 아기가 공갈젖꼭지를 찾지 않게 됩니다.

언제까지 사용해도 되는지에 대해서는 학자마다 얘기가 다릅니다. 대게의 경우 영구치가 나는 만 6세 이전까지 끊으면 큰 문제가 없다는 의견이 많습니다. 위아래 턱의 균형 잡힌 성장을 고려한다면 만 3세 이후에는 사용을 줄여주는 게 좋습니다.

손가락 빨기

아이들의 구강에 대한 안 좋은 습관은 여러 가지가 있습니다. 많이 질문하는 것 중 하나가 손가락 빨기입니다. 그 습관의 시작은 엄마 뱃속의 태아일 때부터입니다.

대부분은 만 3~4세에 자연스럽게 사라집니다. 하지만 위생과 감염의 걱정으로 부모는 신경이 쓰일 수밖에 없습니다. 그리고 요새는 부정교합과 악골의 발달에 영향을 미친다는 것에 대해서 큰 우려가 있습니다.

손가락 빨기를 멈추지 않으면 어떻게 되나요?

연구에 따라 만 6세 이전에만 습관이 사라지면 문제가 없다고 하는 경우가 있습니다. 보통 3세 전까지 손가락 빨기는 정상적인 행동이라고 봅니다. 3~4세에 서서히 사라지는데 5세에도 습관이 남아 있다면 관심을 두어야 합니다.

❶ 습관이 있는 아이의 90%는 엄지손가락을 빱니다

빈번하게 그리고 오랫동안 행해지면 부정교합을 일으킵니다. 위턱과 앞니는 앞으로 튀어나오게 됩니다. 심하면 그림처럼 위아래 치아가 닿지 않고 벌어지는 개방교합(open bite)이 생깁니다.

손가락 빠는 모습

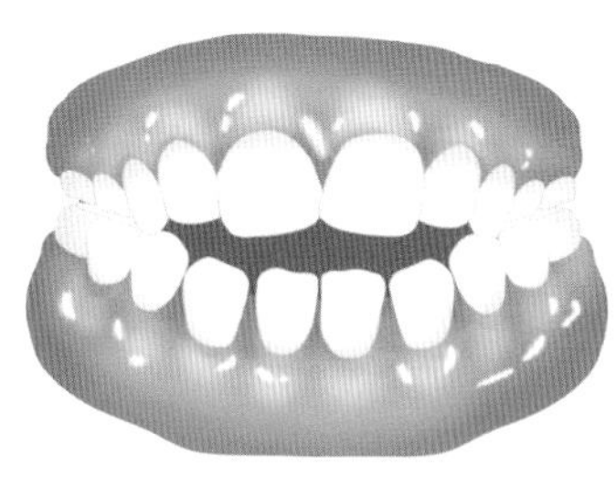

개방교합

❷ 윗니와 아랫니가 닿지 않고 벌어지면 입술도 안 다물어집니다

입으로 숨을 쉬게 됩니다. 구호흡은 여러 가지 문제를 야기합니다(p293).

❸ 손가락이 항상 침에 젖어 있으면 염증이 생길 수 있습니다

피부염이 와서 약을 발라야 할 경우, 아이가 입으로 빨 수가 있으니 의사와 상의하는 것이 좋습니다.

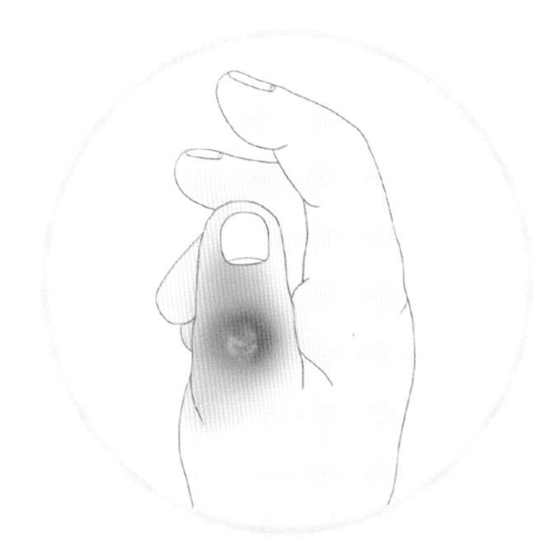

손가락 염증

어떻게 습관을 멈추게 해야 하나요?

❶ 인내력이 필요합니다

아이는 자기도 모르게 손가락을 입에 넣고 있습니다. 그때마다 야단을 치거나 다그치면 아이는 놀라고 움츠러듭니다. 입에 든 손가락을 강제로 빼는 것도 아이에게 스트레스가 됩니다. 힘들겠지만 부모의 너그러운 마음이 필요합니다.

보통은 3~4세이면 자연스레 사라집니다. 염증 같은 다른 문제만 없다면 기다려주는 게 좋습니다. 아이가 다른 것에 관심을 두게 되고, 사랑을 받으며 성장한다면 어느 순간 사라집니다.

❷ 장난감도 도움이 됩니다

정도가 심하게 손가락을 빠는 아이에게 장난감을 주어 관심을 돌리는 것도 괜찮습니다. 다만 손가락을 입에 막 넣으려 하거나, 이미 빨고 있을 때는 조심하는 게 좋습니다. 이때 손을 잡아 빼고 장난감을 쥐여주면 아이가 스트레스받겠죠? 자연스럽게 장난감을 보여줘서 관심을 보이면 두 손을 활용해 놀게 됩니다.

❸ 친구와 뛰어놀게 해주세요

또래 아이들과 함께 열심히 놀게 해주세요. 신나게 집중해서 놀다 보면 당연히 손가락을 덜 빨게 되고, 집에서도 습관이 줄어듭니다. 친구들과 어울려 노는 시간을 가능한 한 자주 만들어 주세요.

❹ 선생님과 약속을 해보세요

유치원 선생님 혹은 자주 다니는 소아과나 치과의사 선생님과 약속하는 것도 좋습니다. 만 3살 이후의 대화가 가능한 아이는 차분히 일러줄 수도 있습니다. 이 습관이 왜 안 좋은지, 노력해서 나아지면 어떤 좋은 일이 생기는지. 아이들도 자기 몸에 좋은 것과 심미적인 것에 신경을 씁니다.

아이 관점에서 권위 있는 사람과 약속을 하고, 잘 되었을 때는 선물을 받는 것도 좋습니다. 물론 최고의 선물은 진심으로 기뻐하는 부모의 칭찬이겠죠.

❺ 부모의 사랑과 관심이 중요합니다

모든 육아가 그렇듯이 결국 부모의 역할이 큽니다. 당연히 아이에 대한 사랑이 누구보다 적거나 하지는 않습니다. 다만 조금 더 자주 표현해 주고 칭찬도 아낌없이 해주세요. 습관 교정과 개선은 조급하면 안 됩니다. 느긋하게 기다리는 여유가 필요합니다. 아이는 부모가 믿고 응원하는 만큼 훌륭히 자라게 됩니다.

기타 악습관 : 손톱 깨물기, 혀 내밀기, 구호흡, 이갈이

손톱을 물어뜯는 아이들이 있습니다. 보통 4~5세부터 습관을 보이며 성인이 돼서도 남아 있는 경우도 있습니다. 자주 혀를 내밀어 치아를 미는 습관을 지닌 아이도 있습니다. 당연히 치아가 틀어지고 부정교합이 생기겠지요.

그리고 흔히 나타나고 고민도 많이 되는 구호흡이 있습니다. 코로 숨 쉬지 못하고 입을 벌리고 있는 경우입니다. 또한 이를 갈아서 소리까지 나기도 하는 이갈이도 질문을 많이 하는 것 중 하나입니다.

참으로 아이들은 다양한 안 좋은 구강 관련 습관이 있습니다. 이런 것들이 아이의 구강구조와 얼굴의 성장, 전신 건강에 영향을 미치니 주의할 수밖에 없습니다. 이런 악습관의 개선은 6세 이상의 연령에서 더욱 중요해집니다. 혼합치열기의 구강 악습관(p293)에서 상세히 살펴보겠습니다.

치아와 혀의 이상

혀에 이상한 모양이 있어요

혀 표면에 분홍색 혹은 빨간색의 지도 모양이 나타나는 것을 지도설이라고 합니다. 1~2.5%의 비율로 나타나며 4세 이상의 어린이에게 주로 생깁니다. 원인은 면역질환, 알레르기, 유전적 요소, 비타민B 결핍, 건선, 빈혈 등에 의해서 발생할 수 있다고 보고 되었으나 더 연구가 필요합니다.

혀에 이상한 모양이 생기면 부모는 걱정을 많이 하게 되죠. 하지만 병원에서도 원인과 특별한 치료에 대해서도 속 시원히 애기해 주지 않습니다. 왜냐하면 지도설은 몇 시간에서 며칠이 지나면 자연스럽게 치유되기 때문입니다. 물론 다시 재발하여 다른 모양으로 생기기도 하지만 보통은 통증이 없습니다. 그냥 둬도 문제가 되지 않으며, 어느 순간 자연스레 사라집니다.

다만 뜨겁거나, 맵고, 짜고, 신 음식 등에 화끈거리거나 불편감이 생길 수 있습니다. 혀클리너로 혀의 표면을 청소해 주면 도움이 됩니다. 주의할 것은 혀클리너를 너무 세게 문지르면 안 됩니다. 혀 유두에 상처가 날 수 있습니다. 오히려 염증이 생기게 됩니다. 적은 힘으로 5~10회 정도만 해도 충분합니다. 아니면 일반 물로 가글을 자주 해 주어도 좋습니다.

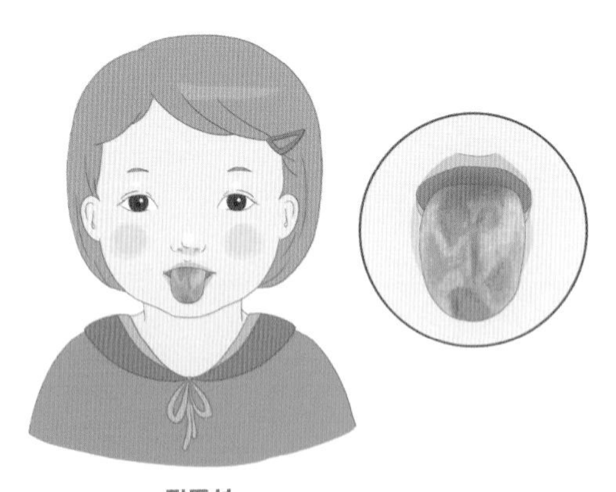

지도설

SUMMARY

- 지금까지의 연구에 의하면 지도설은 몇 가지 원인에 의해서 발생할 수 있지만 특별한 치료가 필요하진 않다.
- 불편감이 있을 때는 혀클리너나, 물양치, 혀체조등으로 완화시킬 수 있다.
- 중요한 것은 지나친 걱정은 안 해도 된다는 것이다.

치아 모양이 갈라져 있어요

치아가 두 개가 붙어있거나 뿌리는 하나인데 머리가 두 개로 나뉜 경우가 있습니다. 각각을 융합치, 쌍생치라고 부릅니다. 잇몸 밖에서는 비슷하게 보여서 굳이 구분 지을 필요는 없습니다. 유치에서는 3% 정도의 발생 빈도가 있습니다. 융합치는 주로 아래 앞니에서 나타납니다. 그런 경우 해당 부위 영구치가 결손인 경우가 있습니다.

치아의 갈라진 틈새는 양치질이 잘 안돼서 충치가 생길 수 있습니다. 치아홈메우기(실란트)를 해주는 것이 좋습니다.

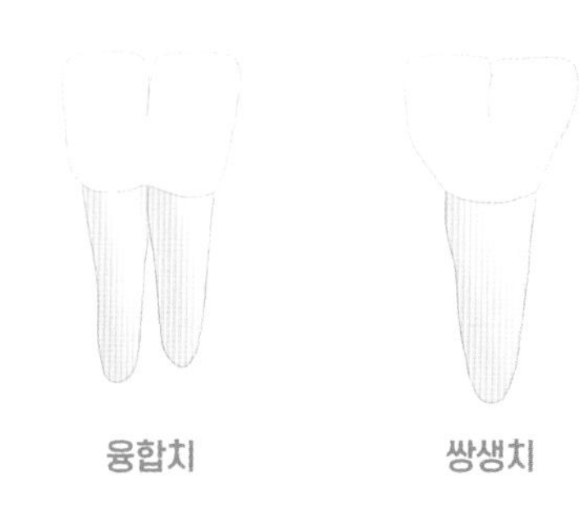

융합치 쌍생치

치아가 올라오지 않고 멈추었어요

주로 아래 어금니 부위에서 아이의 치아가 올라오지 않고 멈추는 경우가 있습니다. 이것을 유착치(ankylosis)라고 부릅니다. 그 정도가 심하면 인접한 치아보다 높이가 낮습니다. 그래서 윗니가 내려오거나 옆의 치아가 쓰러져서 유치의 부정교합이 생깁니다. 영구치의 정상적인 배열에도 안 좋은 영향을 미칠 수 있습니다.

유착치라고 의심되면 치과에 방문하여 조기 검진할 필요가 있습니다. 치과의사는 인접치의 이동 정도를 보고 지속 관찰하거나 치료할지 판단합니다. 반대쪽의 치아나 인접치의 움직임이 상당량 예상되면 크라운치료를 하여 높이를 맞출 수 있습니다.

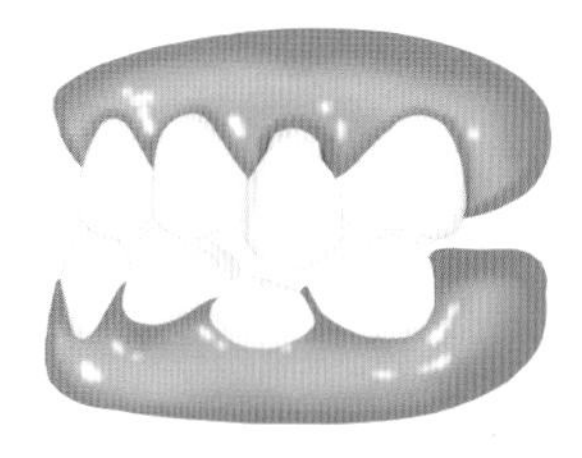

치아가 유착되어
올라오지 못한 모습

혀가 짧아서 발음이 이상해요

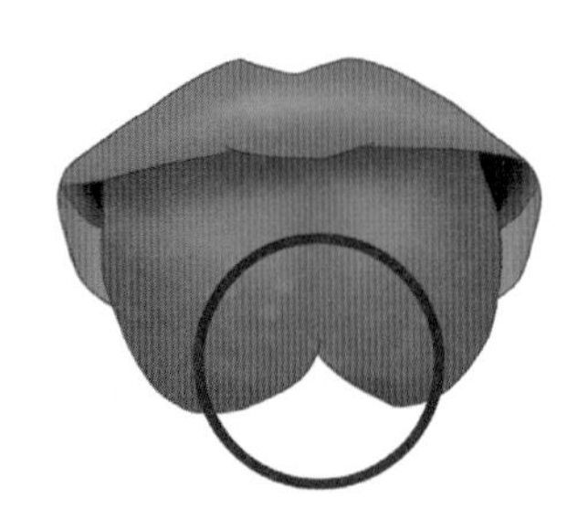

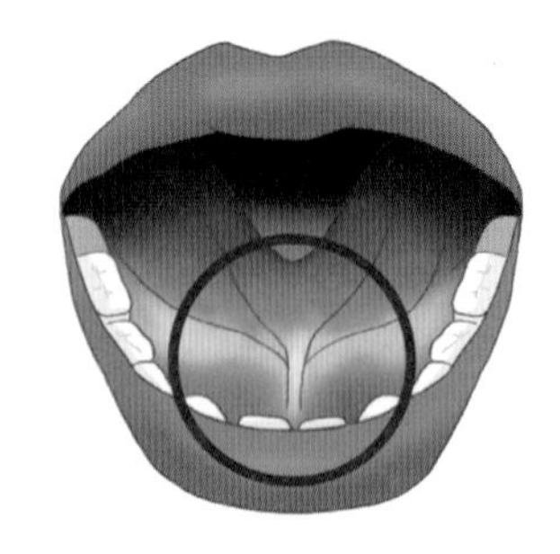

설소대단축증

앞서 신생아~3개월 시기에 혀가 짧은 경우(p59)에 대해 살펴보았습니다. 유아기에는 수유와 발음의 문제가 있을 수 있습니다. 혀 밑의 끈같이 생긴 설소대가 혀를 잡아주고 있는데 이것이 짧으면 혀의 운동 범위가 제약받습니다. 이것을 설소대단축증이라고 부릅니다. 혀를 내밀었을 때 하트 모양이 되기도 합니다.

혀가 윗잇몸과 입천장에 충분히 잘 닿지 못합니다. 혀의 운동범위가 좁다 보니 ㅊ, ㅆ, ㄹ 등의 발음이 잘 안되는 경우가 있습니다. 또한 위턱, 얼굴의 성장에도 영향을 미칩니다.

설소대 절제술은 짧아진 설소대를 절제하는 것입니다. 부분마취로 간단히 시행되며 반드시 전신마취가 필요하지는 않습니다. 보통 초등학교 입학 전에 수술하게 됩니다.

설소대로 인한 발음의 이상은 발생비율은 적습니다. 있다고 하더라도 저절로 개선되기도 합니다. 수술 후 발음 문제가 무조건 개선되는 것은 아닙니다. 발음 연습을 병행해야 합니다. 필요시 전문기관에서 교정 받아야 할 수도 있습니다.

무턱대고 걱정하거나 신경 쓰여서 미리 수술을 고민할 필요는 없습니다. 정확한 진단과 치료의 결정은 전문의와 상의하며 결정하는 것이 좋습니다.

우리 아이는 치아가 약해서 이가 잘 썩어요

" 우리 아이가 충치가 잘 생겨요. 조심해도 그래요. 치아가 약한 건가요? 저를 닮아서일까요?"

부모님이 치과에서 자주 하는 푸념 섞인 말입니다. 신경 써서 관리하는데도 또 충치가 있다고 하면 부모는 속이 상합니다. 진짜로 뭔가 치아가 약해서 생긴다고 생각할 수 있습니다. 실제로 치아의 바깥 껍질이 약한 아이들이 있습니다. 법랑질(에나멜)이라고 하는 단단한 바깥층이 태어날 때부터 푸석푸석합니다. 그 두께가 얇기도 하고요. 그런 경우에는 충치균이 내뿜는 산에 의해 쉽게 부식되어 충치가 됩니다. 유전적으로 치아의 법랑질과 상아질이 저형성되기도 합니다. 그 정도가 심하면 치과에서 적극적인 예방 진료와 치료를 받아야 합니다.

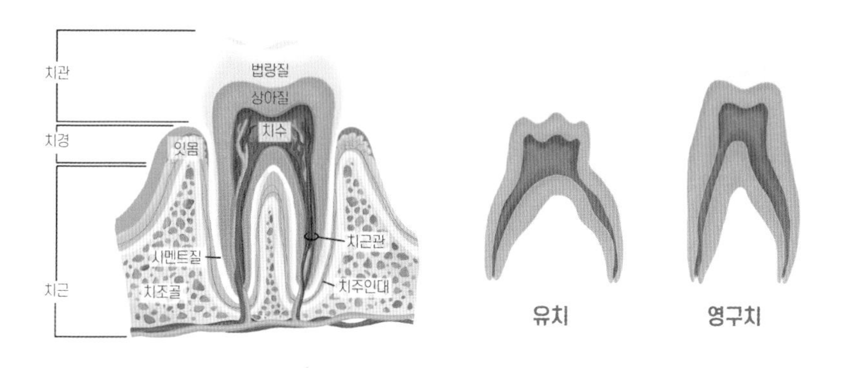

하지만 대부분의 충치가 잘 생기는 아이들은 치아가 약해서라기보다 환경에 의해 결정됩니다. 물론 치아가 단단하면 조금은 유리할 수 있으나 어차피 유치는 바깥 껍질이 성인에 비해 얇습니다. 그리고 갓 나온 영구치도 표면은 약합니다. 즉, 치아가 단단하고 약하고는 성장기의 충치 예방에 결정적인 영향을 주지 못합니다.

충치 발생의 3요소를 기억해 주세요. 많은 아이들이 간식 조절에 실패하고, 적절한 양치질이 안 되서 치아에 세균이 머물게 되어 충치가 생깁니다. 아이의 보호자가 인지하지 못하는 사이에 충치 유발 간식을 자주 먹고 있을 수 있습니다. 또한 충분한 칫솔질이 안 되면 취약한 부위에 충치가 쉽게 생깁니다.

이러한 것을 잘 이해하고 예방하는 것이 필요합니다. 다시 한번 강조하겠습니다. '지피지기면 백전불패' 적을 알면 이길 수 있습니다. 충치도 아는 만큼 우리 아이를 보호할 수 있게 됩니다. 그것이 이 책을 읽고 있는 이유이지요.

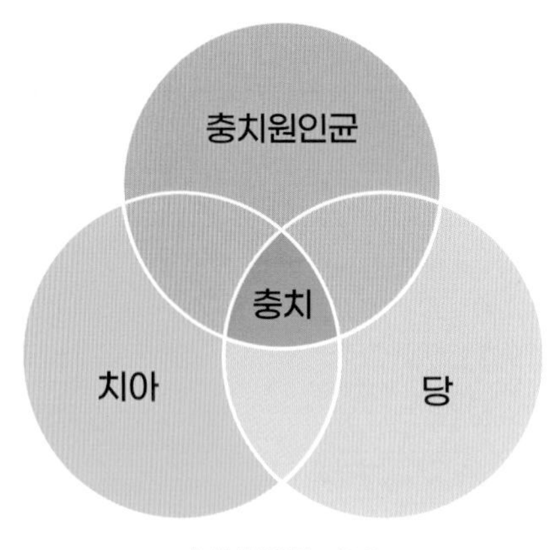

충치 구성의 3요소

SUMMARY

충치 예방 : 3줄 요약

- 충치균이 옮아가지 않게 최대한 조심하자
- 정해진 시간에만 음식을 먹자. 단맛이 나고 잘 달라붙는 음식은 피하자.
- 치아의 구조를 알고 보이지 않는 세균을 닦는다는 생각으로 양치한다. 구석구석, 빠진 곳 없이, 시간을 지켜서!

우리 아이가 아래턱이 나왔어요

"우리 아이가 아래턱이 앞으로 나왔어요. 저를 닮을까 봐 걱정이에요."

만 3~5세 때부터 부모는 아이의 얼굴을 관찰할 때 아래턱이 눈에 들어옵니다. 안타깝지만 아래턱이 위턱보다 큰 경우는 유전적 요소가 있습니다. 그것을 아는 부모는 아이가 턱이 나오는 것 같으면 걱정하게 됩니다. 물론 이 시기에 말하거나 표정을 지을 때, 과도하게 아래턱을 내미는 습관을 지닌 아이도 있습니다. 그런 경우라면 크게 걱정할 필요 없습니다. 자라면서 자연스럽게 없어집니다.

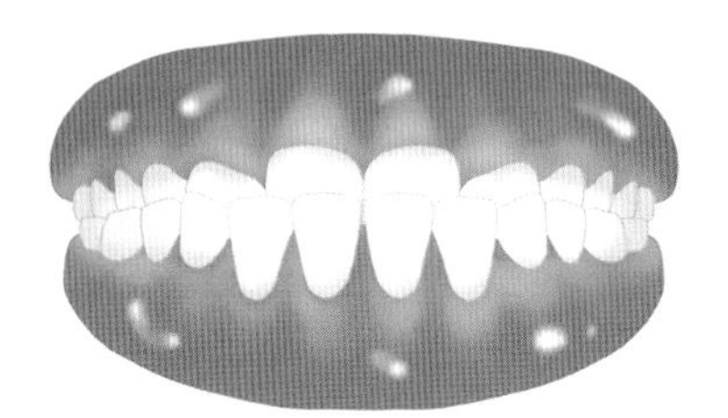

앞에서 봤을 때 턱이 나온 모습

아래턱이 위턱보다 발달하는 부정교합은 일찍 성장교정을 해주면 좋습니다. 그 시기는 영구치가 나오기 전 만 5세부터 시작되기도 합니다. 대표적 성장교정인 페이스마스크(face mask) 치료가 5~9세 아이에게 적용됩니다. 그래서 만 3세부터 아이의 턱 성장을 관찰하며 치과 검진을 받는 것이 좋습니다.

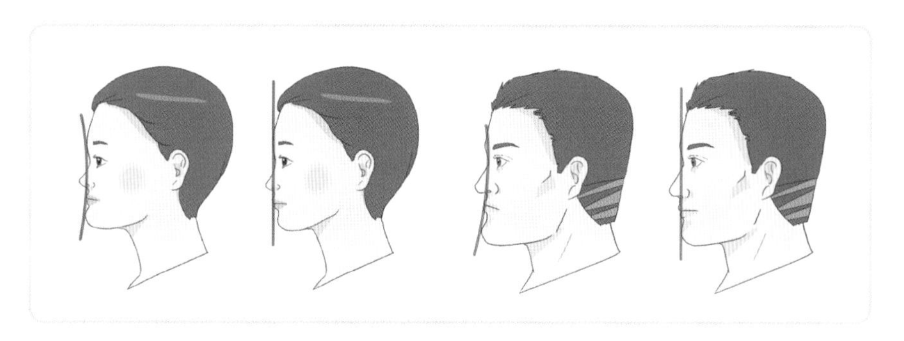

옆에서 봤을 때 턱이 나온 모습

페이스마스크의 치료 결과는 4~6개월 뒤에 나타나기 시작하며 상당히 효과적입니다. 하지만 아래턱의 과성장으로 인한 경우에는 치료 결과 유지를 예측하기 어렵습니다. 그 이유는 교정치료 완료의 시점이 아이의 성장이 왕성한 시기여서 그렇습니다.

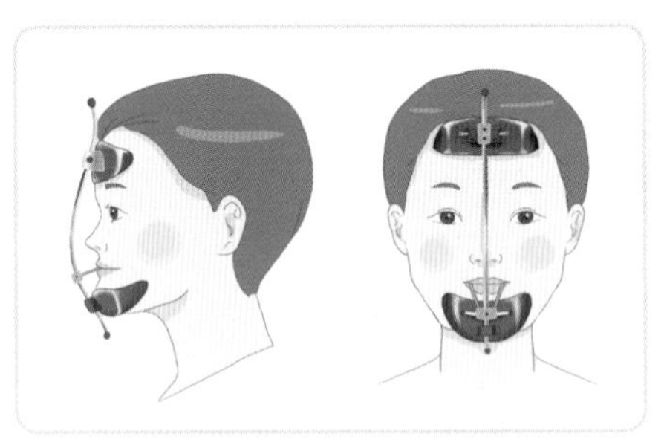

페이스마스크(face mask)

아이들은 자라면서 점점 머리뼈 아래의 뼈들이 성장합니다. 아래턱의 경우 20대 후반까지도 성장하기도 합니다. 그래서 안타깝지만, 성장교정의 결과가 계속 유지된다는 보장이 없습니다. 조기에 악교정 치료를 한 경우 장기간 사후관리가 필요합니다.

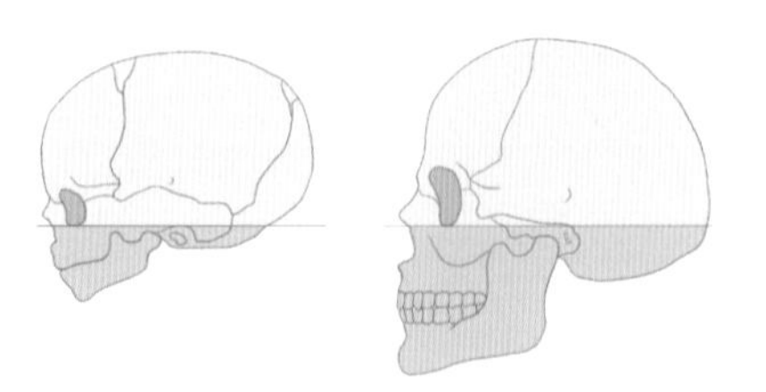

아래턱이 계속 성장하는 모습

치아사고 시 대처/예방법

우리 아이가 입 주변과 치아 손상을 입게 될 확률은 굉장히 높습니다. 미취학 아이의 열 명 중 한두 명이 겪게 됩니다. 생후 12개월이 지나면 잡고 일어나서 걷기 시작합니다. 이때부터 외상이 나타나기 시작합니다. 본격적으로 걷기 시작하는 만 2세부터는 다치는 일이 많아집니다. 아이들은 잘 넘어지고 머리가 크기에 턱과 입술, 치아 등을 다치기 쉽습니다. 남자아이가 여자아이보다 발생 빈도가 높습니다. 막상 아이가 다쳐서 피가 나거나 하면 부모는 많이 놀라고 당황하게 됩니다. 의식이 없거나 호흡이 곤란한 상황이 아니면 우선 간단한 응급처치를 해주는 것이 좋습니다.

치과적 외상 시 응급처치

❶ 흐르는 물이나 깨끗한 물로 상처 부위를 씻어 줍니다.
❷ 멸균 거즈나 소독된 수건으로 손상된 부위를 눌러서 지혈합니다. 10분 정도 눌러서 압박하면 보통은 지혈이 됩니다.
❸ 상처 부위를 확인합니다. 가벼운 상처는 약을 발라주면 문제없이 치유됩니다. 치아가 깨지거나 위치 이동이 있을 때는 치과를 방문합니다.
❹ 아래턱이 심하게 부딪혔다면 눈에 보이는 치아나 입술뿐 아니라 턱이 다쳤을 수도 있습니다. 이런 경우 턱뼈에 금이 가거나 치아 맞물림이 틀어지기도 합니다. 치과에 가서 확인할 필요가 있습니다.

유치가 통째로 빠진 경우

빠진 유치를 원위치에 다시 심지는 않습니다. 자칫 잇몸뼈 안의 영구치에 손상을 줄 수 있어서입니다. 유치가 빠진 자리는 피가 나오는 부위를 거즈나 소독된 수건을 작게 만들어 물게 합니다. 압박하여 지혈되게 한 다음 치과로 이동합니다.

치과에서는 소독하고 다른 상처 부위를 살펴봅니다. 인접치가 빠지진 않았어도 깨졌는지를 봅니다. 빠진 자리는 그냥 그대로 두게 됩니다. 유치 송곳니가 나온 뒤 앞니가 빠져도 공간의 상실이 크게 일어나지 않습니다. 아이가 앞니가 빠져서 정서적 스트레스가 심하거나, 빠진 공간으로 혀를 내미는 습관이 있는 경우 공간유지장치를 고려할 수 있습니다.

외상으로 유치가 빠진 자리는 정기적으로 치과 검진을 받는 게 좋습니다. 영구치의 싹이 잘 자라고 있는지, 이상한 방향으로 나오지는 않는지를 살펴보게 됩니다. 영구치가 나오는 시기가 돼서 문제가 된다면 치과적 조치를 취하게 됩니다.

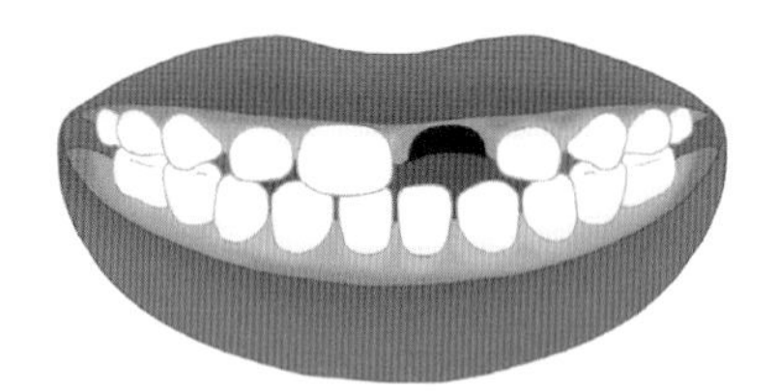

유치가 빠진 모습

앞니가 잇몸으로 들어갔어요

아이들의 유치 주변 조직은 단단하지 않습니다. 그래서 치아가 빠지거나 부러지기보다는 잇몸 안으로 들어가는 게 많이 발생합니다. 치아가 원래 위치에서 틀어지게 위치하게 되기도 합니다. 만 3~5세에 흔히 발생하는 외상입니다. 이렇게 유치의 변위가 있을 때 역시 치과에 방문해서 그 정도를 파악해야 합니다.

유치가 안으로 들어간 경우 별다른 조치를 안 해도 대부분 3~4주 안에 원위치로 나옵니다. 치아가 약간 튀어나온 경우는 마취하고 살짝 집어넣거나 원위치 되기를 기다립니다. 너무 많이 움직이거나 심하게 움직일 때는 빼게 됩니다.

정기적으로 내원하며 관찰합니다. 유치 주변에 염증이 생기거나 지연 탈락하게 되면 신경치료하거나 뽑게 됩니다. 유치 아래에는 영구치의 싹이 자라고 있습니다. 이를 후속영구치 또는 계승치라고 합니다. 유치의 외상이 이 영구치에 영향을 줄 수 있습니다. 영구치의 바깥 껍질을 약하게 만들거나, 맹출 되는 것을 지연시키고, 매복돼서 안 나오게 만들기도 합니다. 치아에 외상을 입었을 때는 꼭 정기 검진을 받아야 합니다.

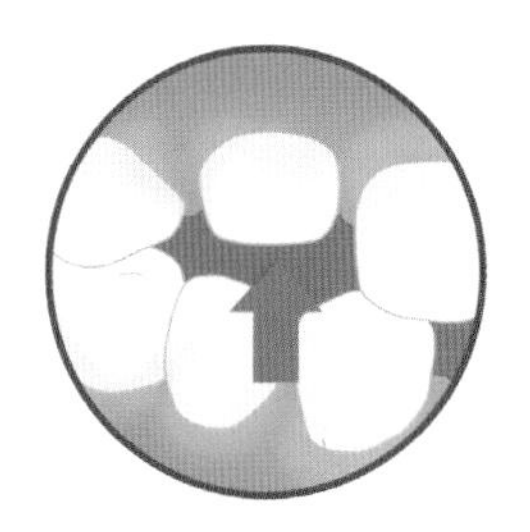
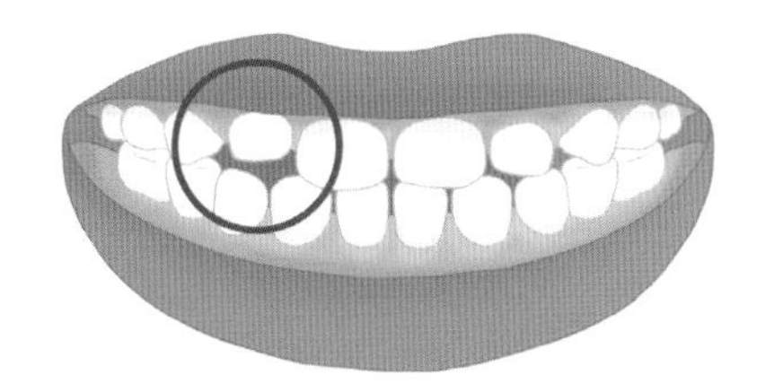

유치가 밀려 들어간 모습

이가 흔들리고 피도 났어요

유치는 충격에 약간 흔들려도 큰 문제가 되지 않는 경우가 많습니다. 추가적인 외력이 가해지지 않으면 점차 괜찮아집니다. 영구치가 사고로 움직일 때는 인접된 치아와 묶어서 고정작업을 합니다. 하지만 유치는 고정하면 오히려 정상적인 치유와 발달에 문제가 될 수 있습니다. 그래서 너무 심하게 흔들리거나, 튀어나온 경우는 발치합니다. 그 외의 경미한 경우는 지켜보며 관찰하게 됩니다.

외상이 있은 후 한두 달이 지나면서 치아의 색깔이 변하는 경우도 있습니다. 일종의 치아 안의 신경이 멍이 들어 비쳐 보이는 현상입니다. 아픈 증상이나 잇몸에 물혹 등이 없다면 역시 지켜봅니다. 스스로 회복되거나 별문제를 일으키지 않은 채 자연스레 빠지게 됩니다.

때로는 눈에 보이지 않는 손상으로 추후 염증이 생길 수도 있습니다. 항상 정기검진을 받고 주기적 관찰을 하는 것이 필요합니다.

입술과 혀, 설소대, 순소대 손상된 경우

설소대는 혀 밑에 끈처럼 연결되어 있는 것입니다. 순소대는 치아와 입술 사이에 끈처럼 연결되어 있고요. 움직일 때 잡아주는 역할을 합니다. 하지만 문제가 되면 잘라 주기도 하며 성장하며 짧아지기도 합니다. 그래서 상처 부위는 흐르는 물에 닦고 특별히 치료하지는 않습니다.

지혈은 마찬가지로 거즈나 소독된 수건으로 눌러줍니다. 찢어진 부위에 음식이 고이지 않게 식사 후 살펴봐 주세요. 치과에 내원하면 손상된 부위를 검사합니다.

입술, 혀 같은 상처 부위가 깊다면 꿰매는 것을 고려합니다. 보통은 혀를 포함한 입안 속 구조들은 심하지 않으면 2~3주 정도면 문제없이 아물게 됩니다. 흉터도 잘 안 생기는 편입니다.

가장 위험한 것은 숟가락, 칫솔, 물건 등을 입에 넣고 있다가 넘어지는 경우입니다. 목구멍에 손상이 생길 수 있습니다. 이럴 때는 응급상황이 될 수 있습니다. 치료를 위해 빠르게 이동해야 합니다.

치아사고 예방법

아이가 다치면 부모는 너무나 속상하고 걱정하게 됩니다. 다행히 큰 문제가 아니라도 자책감이 큽니다. 제일 좋은 것은 무탈하게 아무것도 겪지 않는 것이겠지요. 그러기 위해서는 사전에 최대한 조심하고 예방하는 수밖에 없습니다. 다음과 같은 것을 습관화하고 신경 쓰는 것이 필요합니다.

- 식사나 양치 시 돌아다니지 않기
- 빨대나 길쭉한 음식은 앉아서 먹기
- 실내나 공공장소에서 뛰지 않기
- 가구 모서리 범퍼 장착하기
- 욕실 앞 미끄러운 깔개 치우기
- 운동 시 구강보호장치, 헬맷 등 보호장비 착용

하임리히법 : 목에 이물질 걸렸을 때

아이의 응급상황 중 목에 이물질이 걸렸을 때는 너무나 긴박하고 위험한 상황입니다. 그래서 앞서 설명이 되었으나 다시 반복해서 대처법을 알아보겠습니다. 정말 아차 하는 순간에 목에 걸려서 아이가 캑캑거리며 숨을 못 쉬게 됩니다. 얼굴이 파래지며 시간을 다투는 응급상황으로 바뀝니다.

이 또한 사전 예방이 중요합니다. 땅콩, 사탕 같은 크기가 작고 둥근 형태의 음식물이 특히 위험합니다. 이런 음식은 피하는 게 좋습니다. 토마토, 포도, 고구마 등 목에 걸리거나 넘기기 어려운 형태의 음식은 먹기 좋게 잘라서 줘야 합니다. 그리고 식사 시에는 항상 주의하며 살펴봅니다.

아이를 키우는 부모에게 언제든지 생길 수 있는 일입니다. 기도 폐쇄는 초기에 골든타임이 너무나 중요합니다. 평균 4~6분 사이에 뇌사 상태나 사망에 이를 수 있습니다.

그래서 사전에 미리 숙지하고 연습을 해놓는 것이 꼭 필요합니다. 다만 강한 힘으로 하면 뼈나 장기에 손상이 있으므로 자세만 취해 봅니다. 그것만으로도 실제 상황에서 큰 도움이 됩니다. 또한 관련 영상을 자주 보고 이미지 트레이닝을 해보는 것이 좋습니다.

돌 지난 아이의 하임리히법

돌이 지난 유아들은 몸무게로 인하여 한 손으로 받쳐서 두드리기가 어렵습니다. 만약 대화가 되면 기침하게 하고, 등을 두드립니다. 성인도 마찬가지로 이것이 제일 권장되는 방법입니다. 성인과 소아의 하임리히법은 방법이 같습니다. 다만 체구에 따라 자세가 약간 다를 수 있습니다.

① 대화가 되면 기침하게 유도하고,
등을 두드립니다.

❷ 만약 심하게 목에 걸려 해결이 안 되면 바로 하임리히법을 시행합니다.

❸ 성인이나 소아는 아이의 양발 사이에 시행자의 발을 넣고 하지만 체구가 작은 유아인 경우, 무릎 위에 올려놓고 합니다. 그다음 주먹을 쥐어서 명치와 배꼽 사이에 두 손을 위치시킵니다.

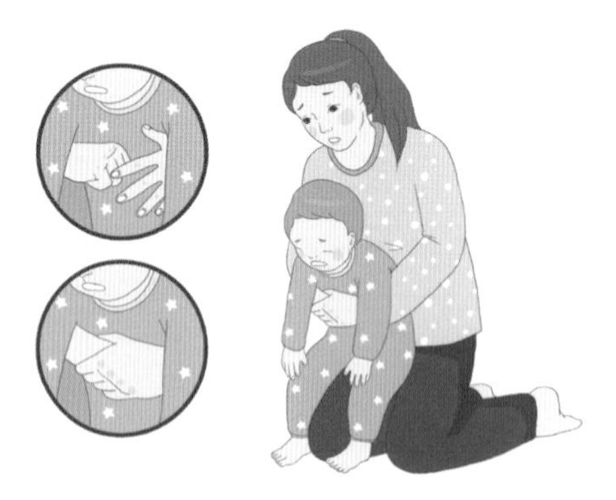

❹ 밑에서 위로 복부를 눌러줍니다. 대각선 방향으로 당기듯이 들어 올린다고 생각하면 됩니다. 입에 들어간 이물질이 나올 때까지 혹은 119구급대원이 도착할 때까지 시행합니다.

SUMMARY

- 기침하게 유도하고, 등을 두드린다.
- 해결이 안 되면 바로 하임리히법을 시행한다.

* 정기적으로 가이드라인이 조금씩 바뀌고 있으니 확인하는 것이 좋습니다.
* 하임리히법을 시행 중 의식을 잃으면 심폐소생술로 바꾸어 진행하는 것으로 되어 있습니다. 아이의 심폐소생술도 검색하여 숙지해놓는 것이 필요합니다.

유치의 치과 치료

어차피 빠질 유치 꼭 치료해야 하나요?

소아치과에서 부모가 많이 질문하는 것 중 하나입니다. 물론 특별한 치료 없이 지켜보는 경우도 있습니다. 앞니에 충치가 있는 경우 심하지 않다면 치아 사이를 다듬어 잘 닦일 수 있도록 합니다.

앞니 같은 경우 양치할 때 잘 보이는 부위이고, 치아 성형을 하면 비교적 잘 닦입니다. 이런 경우 부모에게 마무리 양치 시 주의해서 닦을 것과 정기검진을 당부합니다.

하지만 충치가 크거나 어금니 부위일 때는 문제가 다릅니다. 대부분이 치료를 필요로 하는 상태입니다. 결국에는 빠질 유치이지만 치료를 해줘야 할 이유가 있습니다.

❶ 유치의 충치가 심하면 그 아래의 영구치 씨앗에 안 좋은 영향을 준다 염증으로 인해 영구치의 껍질이 약해지거나 엉뚱한 방향으로 맹출 될 수 있습니다. 심지어 아예 안 나오기도 합니다.

❷ 유치가 충치로 인해 깨지거나 빠지면 영구치 나올 공간이 부족해진다 영구치가 삐뚤어지게 나오게 되어 부정교합이 발생합니다.

❸ 밥 먹을 때 아프다고 하거나 잘 안 먹게 된다 당연히 충치가 있으면 아프고 불편해서 식사량이 줄어듭니다. 밥을 물고만 있을 수도 있고요. 씹는 근육도 덜 발달하게 됩니다.

❹ 방치된 충치는 입안의 충치균을 증가시킨다 다른 치아에 충치를 발생시킬 확률

이 높아집니다. 게다가 만 6세부터 영구치가 나오는데 이때 충치가 생길 수 있습니다. 영구치는 평생을 써야 하는 치아인데 말이죠.

❺ 사회성에 문제가 생긴다 만 3~4세부터 아이들은 친구들과 사회적 관계를 시작합니다. 만약 앞니에 까맣게 보이는 충치가 있다면 놀림을 받을 수도 있습니다. 그로 인해 자신감을 잃게 됩니다.

아이들 치료는 힘이 듭니다. 울고불고 하는 아이를 붙잡고 치과의사와 치위생사는 어떻게든 진료를 해냅니다. 말 그대로 전쟁터인 경우가 많습니다. 그것을 지켜보는 부모는 걱정과 미안한 마음이 동시에 듭니다. 제일 힘든 건 우리 아이겠지요. 치과에 안 좋았던 기억은 자칫 트라우마로 남을 수 있습니다.

아이를 키우는 부모는 슈퍼맨이 아닙니다. 모든 면에서 블로그나 TV에 나오는 육아 전문가처럼 하기는 어렵습니다. 심지어 치과의사의 아이들도 충치가 생깁니다. 아이에게 충치가 생겼다고 해서 죄책감을 가질 필요는 없습니다. 주어진 조건에서 최선을 다하면 됩니다. 그래서 이 책을 보고 있는 것이겠지요.

다행히 치과 치료는 매우 잘 발달하여 있습니다. 빠르게 기능이 회복됩니다. 조기에 검진해서 치료가 들어가면 건강을 지키는 데 문제가 없습니다. 할 수 있는 선에서 최대한 노력하고, 정기적으로 치과를 내원하면 최상의 육아를 하게 되는 겁니다.

유치에 신경치료해도 되나요?

충치가 심해서 치과에 가면 신경치료를 해야 한다고 듣게 될 수 있습니다. 치아 안에 감각을 느끼는 신경과 영양을 공급하는 혈관이 있습니다. 이것을 치수라고 부릅니다.

충치가 크면 이 치수에 염증이 생겨서 제거하는 치료를 받게 됩니다. 신경치료는 치아 안의 오염된 치수조직을 제거하고 인공물질로 채우는 것입니다.

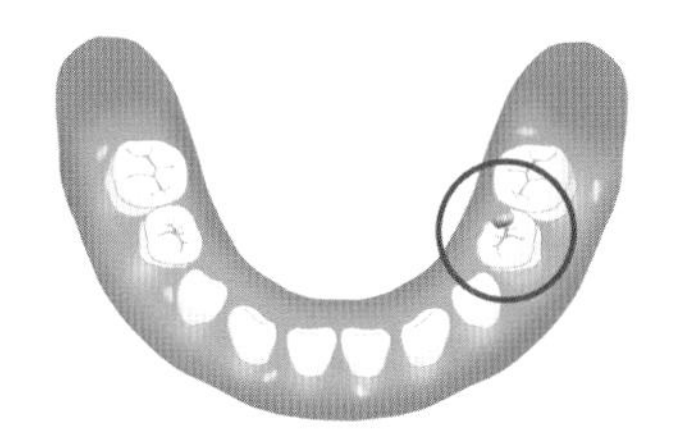
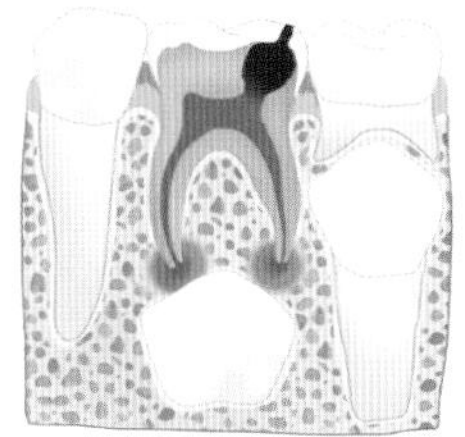
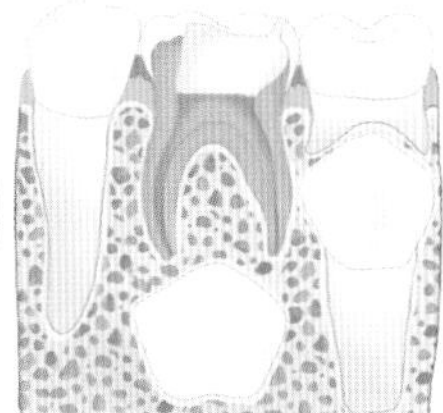

유치의 신경치료

부모님은 아이의 약한 유치에 신경치료를 하면 좋지 않을지 걱정이 됩니다. 일단 치수는 치아 안의 독립된 조직이라서 다른 부위에 영향은 없습니다. 다만 치료가 늦어지는 경우 유치 밑의 영구치를 약하게 만들거나, 맹출 이상 등의 다양한 문제를 일으킵니다. 그래서 충치의 진행이 심각하면 신경치료를 해야 합니다.

신경치료를 받은 유치는 조금 더 일찍 탈락하기도 합니다. 그런 경우 영구치가 나오는 데 지장이 없는지 치과에서의 확인이 필요합니다.

충치는 조기에 검진 되는 것이 중요합니다. 만약 충치가 관리 가능한 사이즈라면 간단히 때우거나, 식이습관과 양치질을 개선시켜 지켜보는 것을 택하게 됩니다. 불소도포 등도 하며 적극적인 정기 관리를 합니다. 즉 치아 입장에서는 큰 치료인 신경치료를 안 받게 될 가능성이 높아지는 것이지요. 물론 아이들도 고생을 덜 하게 되고, 전체적인 관리능력을 기르게 합니다.

유치에 크라운 씌워도 괜찮나요?

신경치료받은 치아는 치아를 삭제하여 전체적으로 덮어씌워 주는 크라운치료를 하게 됩니다.

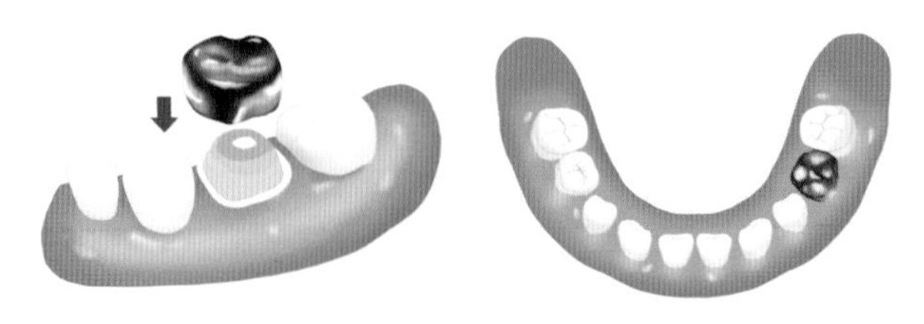

유치에 크라운을 씌운 모습

치아가 깨지거나 충치에 의해 손상이 커도 크라운을 씌워 보호해 줍니다. 이렇듯 아이들에게 흔한 충치 치료가 크라운치료입니다. 그런데 크라운치료를 한다면 부모는 또한 걱정됩니다. 크라운 안에서 또 치아가 썩는 건 아닌지, 영구치가 나오는데 문제가 되는 건 아닌지 신경이 쓰입니다.

크라운 한 치아는 충치로부터 보호가 되니 안심해도 됩니다. 다만 충치가 심각한 상태거나 뿌리 쪽까지 안 좋았던 경우는 염증이 생길 수도 있습니다. 정기적으로 내원하여 확인합니다.

초등학교 고학년이 되면 유치의 어금니가 빠지고 영구치가 나옵니다. 이때 크라운치료를 받은 치아는 혹시 잘 안 빠져서 영구치 맹출에 방해가 되지 않을지 걱정이 되기도 합니다. 크라운은 유치의 몸통에만 씌워져 있어서 뿌리가 흡수되며 빠지는 과정에서 문제를 일으키지 않습니다.

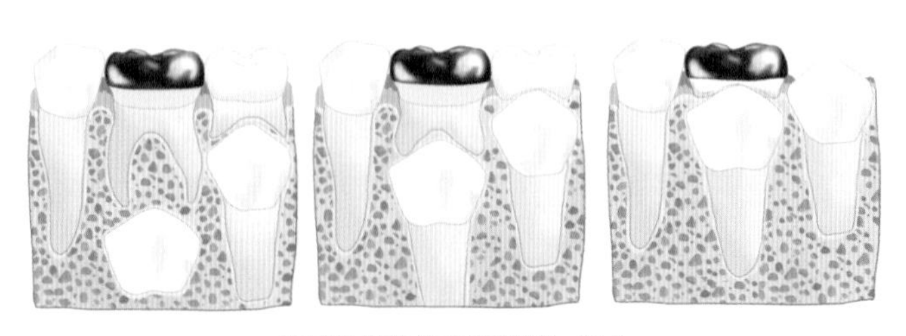

크라운 씌운 유치가 빠지는 모습

크라운 치료를 받았다면 충치의 큰 경험을 한 것입니다. 크라운과 잇몸 사이, 그리고 인접 치아를 잘 닦아줘야 합니다. 물론 전체 치아도 더 신경 써서 관리해야 합니다. 식이습관 조절과 불소도포 등의 예방도 해주면 좋고요. 그래야 입안에서 더 이상의 충치를 멈추게 할 수 있습니다.

아이들은 아차 하는 순간에 충치가 생겨 치료받게 됩니다. 부모가 육아의 고수이거나 심지어 치과의사이어도 충치는 흔히 생깁니다. 너무 속상해할 필요는 없습니다. 다만 그것을 계기로 더욱 신경 쓰고 최대한 노력하면 됩니다.

치과 치료를 겪다 보면 자연스레 관리 수준이 올라갑니다. 앞으로 나올 영구치부터 건강을 유지하는 것이 중요하고, 또한 정기검진을 통해 조기에 적절한 대응을 해주면 됩니다. 그렇게 하면 입속 건강에 관한 최고의 육아라고 충분히 말할 수 있습니다.

PART 4

혼합치열기

6세
~
12세

젖니가 빠지는 시기

“그게 어른 치아였나요?”

“지금 제일 끝의 치아는 영구치입니다. 어른 치아예요”
치과에 검진받으러 온 아이의 부모에게 이렇게 알려주면 깜짝 놀라는 경우가 많습니다. 치아가 올라왔는지 미처 모르고 있다가 알게 될 때도 있고, 영구치 자체의 존재에 대해 사전 인지가 부족한 경우도 많습니다.

Chapter 10

6세

6세

- □ 6세, 첫번째 영구치
- □ 혼합치열기의 중요성
- □ 우리 아이 얼굴 성장
- □ 혼합치열기의 양치질법

그게 어른 치아였나요?

“지금 제일 끝의 치아는 영구치입니다. 어른 치아예요”

치과에 검진받으러 온 아이의 부모에게 이렇게 알려주면 깜짝 놀라는 경우가 많습니다. 치아가 올라왔는지 미처 모르고 있다가 알게 될 때도 있고, 영구치 자체의 존재에 대해 사전 인지가 부족한 경우도 많습니다. 만 6세가 되면 보통 아래부터 첫번째 어른 치아인 어금니가 잇몸 밖으로 나오기 시작합니다.

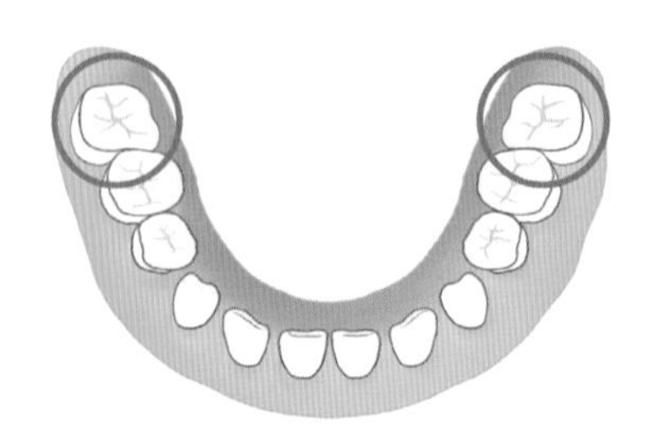

만 3~5세 한동안 유치로만 지내다가 어느 순간 다섯 번째 치아 뒤로 영구치 어금니가 올라옵니다. 드디어 우리 아이의 첫 번째 영구치가 잇몸 밖으로 머리를 내밀고 나오게 되는 겁니다.

보통 만 6세부터 12세까지 약 6년여간에 걸쳐서 아이의 입안에서는 극적인 변화가 생깁니다. 20개의 유치가 빠지며 그 자리에 영구치가 올라오고, 새롭게 8개의 치아도 나오게 됩니다. 28개의 어른 치아로 완성되는 겁니다.

6~12세 유치와 영구치가 섞여 있는 시기를 '혼합치열기'라고 부릅니다.

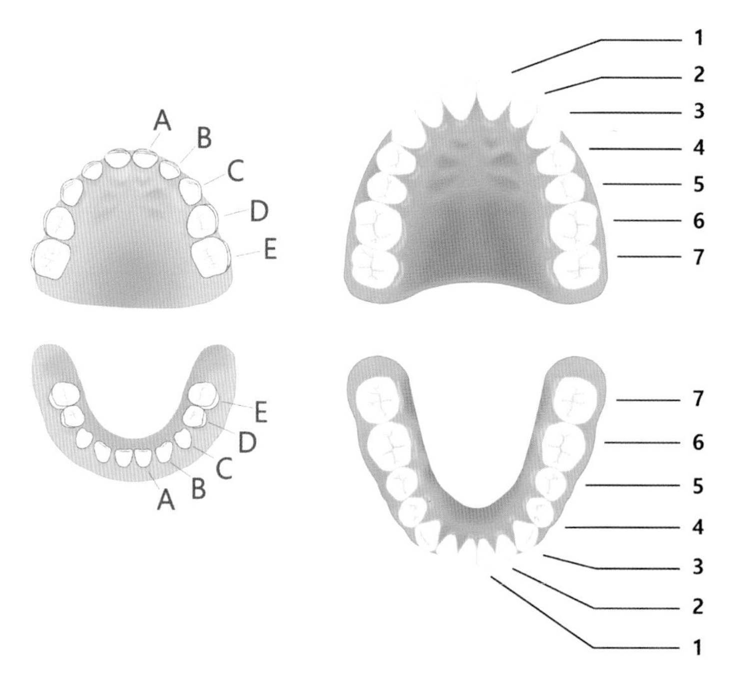

6세, 첫번째 영구치

치과대학에서 공부하며 신기했던 것 중 하나가 혼합치열기였습니다. 인체는 놀라운 과정으로 변화하며 생명력을 이어갑니다. 유치 20개가 빠지며 그 자리에 더 크고 단단한 영구치아가 나오게 됩니다. 유치의 뿌리를 흡수하며 점점 잇몸 밖 세상을 향하여 올라오게 됩니다. 유치는 지탱해 주는 뿌리가 녹으니 어느 순간 흔들리며 결국 빠지게 됩니다.

유치 뿌리가 흡수되는 모습

그런데 여기서 놓치지 말아야 할 것이 있습니다. 첫번째 영구치는 기존의 유치가 빠지며 나오는 것이 아닌 완전히 새롭게 나오는 거대한 어른 치아라는 것입니다. 바로 정중선을 기준으로 6번째 치아의 등장입니다. 보통 만 6세에 나타납니다.

6세를 기억해 주세요. 이때부터가 중요한 시기입니다. 혹시 그전에 아이에게 충치가 있었어도 지금부터 잘하면 됩니다. 반대로 그전에 잘했어도 6세 이후에 적정 수준의 관리가 안 되면 결과가 안 좋게 됩니다.

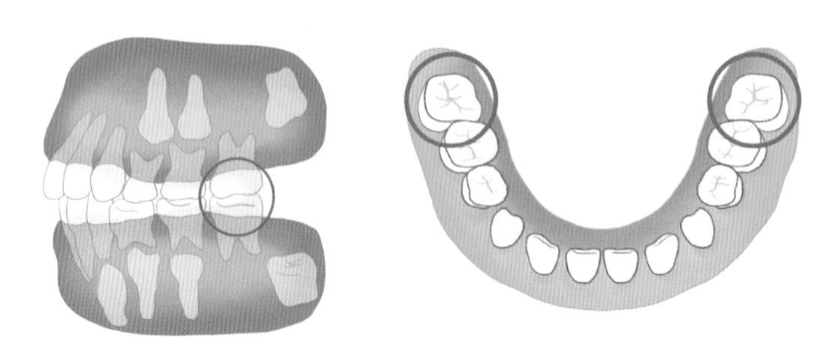

6세, 첫번째 큰어금니가 나온 모습

혼합치열기의 중요성

첫번째 영구치인 6번째 치아가 생긴 다음에 우리 아이의 입안에 본격적인 변화가 나타납니다. 아래 앞니부터 유치가 빠지고 영구치가 교체되고, 나머지 6번째 7번째 영구치도 마저 올라오게 됩니다. 언뜻 복잡해 보이지만 대단히 과학적으로 치아가 새롭게 나타나거나 교체됩니다.

어금니와 앞니는 서로 보호하며 조화롭게 빠지면서 만들어집니다. 그 사이에 우리 아이가 음식을 씹거나 발음하는 데 최소의 불편함만 있게 하며 진행됩니다.

또한 이 기간에 아이의 턱 성장도 같이 이루어집니다. 얼굴의 형태가 결정되는 것이죠.

아이의 입속 건강과 올바른 얼굴 성장에 정말로 중요한 것이 바로 혼합치열기입니다.

아이 치아에서 어른 치아로 준비하는 시기

영구치는 우리가 살아가는 데 가장 기능성이 높은 첫번째 어금니부터 나오게 됩니다. 전체 치아 중 가장 크며 영구치아 배열의 핵심이 됩니다.

제일 먼저 나오기에 다른 치아보다 빨리 손상이 생깁니다. 이제 갓 맹출 한 영구치는 아직 바깥 껍질이 단단하지 않습니다. 게다가 아이는 활동성이 높고 간식도 많이 먹는 시기여서 충치가 잘 생깁니다. 적절한 양치질과 식이습관 조절이 필요합니다.

관리 습관이 형성되는 시기

6~12세에 아이는 다양한 생활 습관이 형성됩니다. 그중 양치 습관도 이 시기에 만들어집니다. 어려서부터 부모와 함께 양치해온 아이는 이제는 제법 혼자서 잘 해냅니다. 그리고 나쁜 습관, 좋은 습관 모두 자연스레 자리가 잡힙니다. 가령 칫솔질 시간, 잘 안 닦이는 부위 등 패턴이 생기기 시작합니다. 그것은 거의 성인이 돼

서도 비슷하게 유지됩니다.

재미있는 것은 부모가 마무리 양치 시 치실을 해왔던 경우, 아이도 항상 치실을 하며 양치를 마치려 합니다. 실제 사례로 예를 들어 보겠습니다. 칫솔질을 다 하고 엄마가 손잡이 치실로 치아 사이 낀 음식을 제거하고 아이에게 보여줍니다. 그렇게 사이사이를 꼼꼼히 해주면 아이는 매번 치실 해주기를 원하게 됩니다. 아이들도 깨끗해지는 것을 압니다. 그리고 스스로 할 수 있는 나이가 되면 양치 후에 꼭 치실을 합니다. 그리고 치실에 묻은 음식 찌꺼기를 확인합니다. 습관이 무섭습니다. 하던 데로 꼼꼼히 양치질하고 나면 상쾌하지만, 중요 과정을 빠뜨리면 개운하지 않습니다.

모든 습관이 그렇습니다. 실행하면 만족감이라는 보상이 뒤따르고, 거르게 되면 불안해집니다. 공부의 습관도 마찬가지입니다. 특히, 양치질 후 치실은 보이는 결과가 시각적으로 너무나 확실하기에 한번 장착이 되면 스스로 잘하게 됩니다.

한번 충치는 영원한 흔적을 남긴다

영구치는 말 그대로 한번 잇몸 밖으로 나오면 평생토록 써야 하는 치아입니다. 그런데 충치가 생겨서 치아에 손상이 생기면 그 흔적 또한 평생을 갑니다. 적기에 치료 시기를 놓치면 점점 범위가 커지며 치아 주변까지 확대됩니다.

치아는 스스로 다시 회복되지 않기에 충치가 생기지 않게 예방하고, 초기에 진행을 막는 것이 무엇보다 중요합니다.

영구치아의 특징

영구치아의 표면은 자세히 보면 산과 계곡이 발달하여 있습니다. 깊은 골짜기는 음식이 잘 고여서 신경써서 닦아줘야 합니다. 해부학적 형태를 기억해 주는 것이 좋습니다.

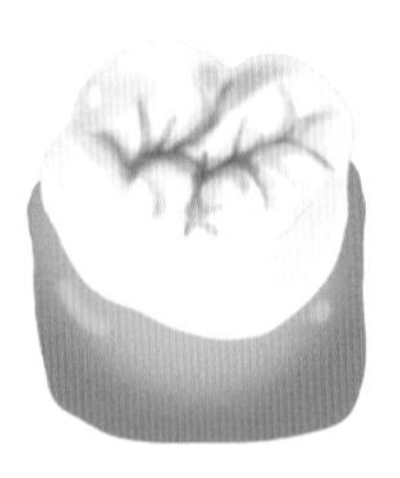

치아는 세 가지 구조로 되어있는데 바깥 껍질은 충치균이 내뿜는 산에 부식이 됩

니다. 이것이 충치인 것이지요. 특히 혼합치열기의 영구치는 아직 덜 단단해서 쉽게 충치가 커집니다.

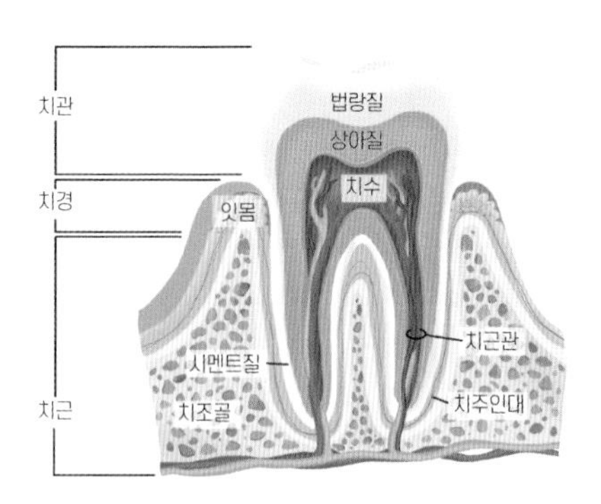

우리 아이 영구치 보호를 위해 실란트

산과 계곡 같은 구조이기에 깊은 홈이 치아 표면에 존재합니다. 그곳에 음식이 고이고 잘 안 닦이기에 홈메우기를 해줍니다. 실란트(sealant)라고 부릅니다.

특히, 첫 번째와 두 번째 큰어금니 부위에 합니다. 만 18세 이하의 큰어금니는 건강보험이 적용됩니다. 실란트는 아이들의 충치 예방에 즉각적이고 강력한 효과를 발휘합니다.

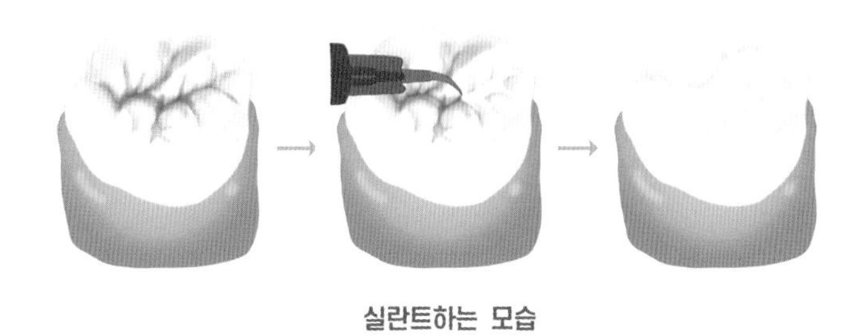

실란트하는 모습

치아 맹출에 따라 부정교합이 생긴다

혼합치열기는 유치의 뿌리가 흡수되어 탈락하고, 그 아래에서 영구치가 나옵니다. 유치가 너무 일찍 빠져도 혹은 늦게 탈락해도 영구치가 올라오는 데 방해가 됩니다. 영구치가 늦게 맹출 되거나 이상한 방향으로 나오면 부정교합이 발생합니다. 정도가 심해지면 치아교정을 받게 될 수가 있습니다.

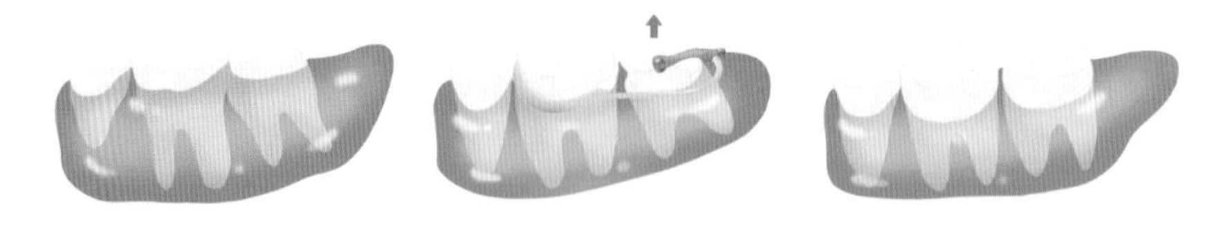

부정교합이란?

- 교합이란 입을 다물었을 때 위아래 턱의 치아가 서로 맞물리는 상태를 말합니다.
- 부정교합은 어떤 원인에 의해 치아의 배열이 가지런하지 않거나, 위아래 맞물림의 상태가 정상의 위치에서 벗어나는 경우입니다. 심미적, 기능적으로 문제를 일으키는 상태를 만듭니다.

혼합치열기 결과가 평생을 간다

혼합치열기는 아이의 영구치와 치아 배열, 그리고 턱 성장이 완성됩니다. 사랑니를 제외한 28개의 치아가 만들어집니다. 한번 잃게 된 치아는 다시 만들어지지 않습니다.

생활 습관을 잘 형성하여 평생 건강의 초석을 만드는 시기입니다. 세 살 버릇이 여든까지 간다는 말이 있습니다. 6~12세의 구강 관련 생활습관과 그 결과는 평생에 걸쳐서 영향을 줍니다.

꼭 알아야 할 우리 아이 얼굴 성장

영구치와 유치가 교체되는 6~12세의 혼합치열기는 아이의 얼굴 성장에도 중요한 시기입니다. 아이는 머리뼈부터 위턱, 아래턱 그리고 아래 방향으로 향해서 성장합니다.

위, 아래의 턱 성장이 조화롭게 되어야 균형 잡힌 이상적인 얼굴이 됩니다. 이 시기에 치아는 배열이 이상이 없는지, 턱의 모양과 크기는 괜찮은지를 살펴보고 적절한 관리가 되어야 합니다.

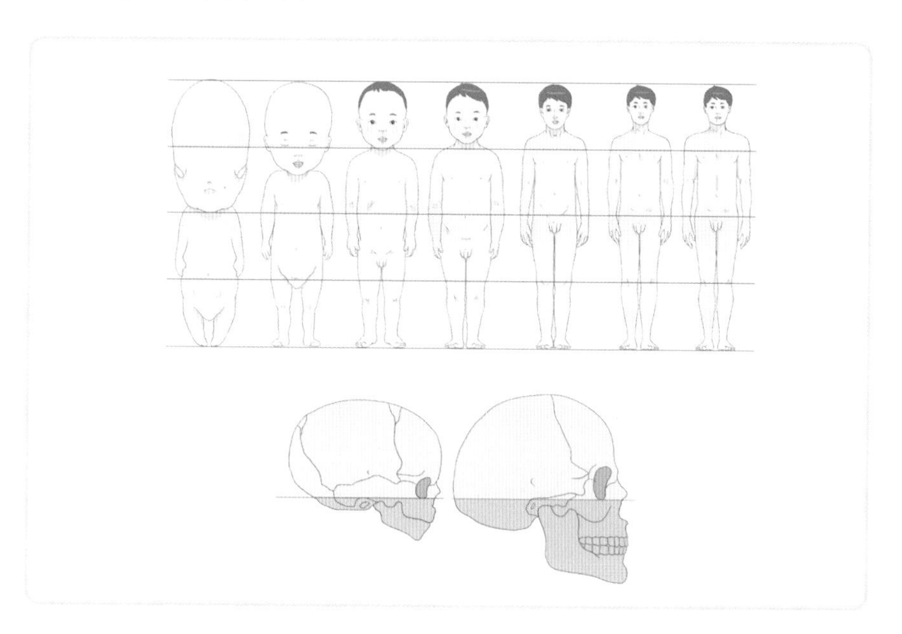

아이의 치아 배열을 확인하자

건강한 치아 배열은 혼합치열기에 결정됩니다. 바르고 건강한 치아 배열은 영구치 28개가 예쁜 곡선을 그리며 위, 아래 치아가 정확히 맞물리는 상태입니다. 아이들은 말하거나 표정을 지을 때 아래턱을 내미는 습관이 있을 수 있습니다. 편안히 어금니로 물었을 때 앞니와 턱의 위치를 살펴보아야 합니다.

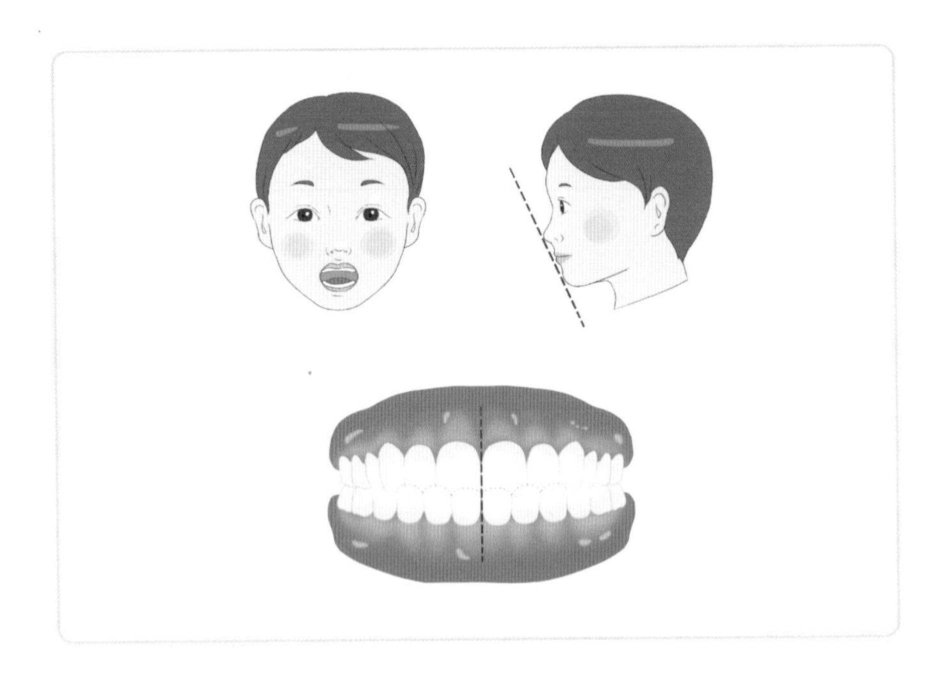

충분한 턱 성장이 있어야 한다

아이들이 자라면서 입안 속에서도 큰 변화가 일어납니다. 유치가 빠지고 영구치가 그 자리를 대신합니다. 영구치는 유치보다 더 크기 때문에 가지런하게 배열되려면 충분한 여유 공간이 필요합니다. 다행히 치아 교환은 성장기에 일어납니다. 그래서 키가 크면서 턱뼈도 같이 자라게 됩니다. 하지만 턱의 성장이 충분치 않다면 부정교합이 발생합니다.

유치보다 1.2배 큰 영구치가 나와서 그 자리를 대신합니다. 그뿐 아니라 유치는 20개인데 영구치는 보통 28개까지 나오게 됩니다. 8개가 더 많이 나오게 되는 것이죠. 그래서 치아를 담고 있는 그릇인 턱의 성장이 중요해집니다. 영구치가 가지런하게 배열되기 위해서는 그에 맞은 턱 성장이 필요합니다.

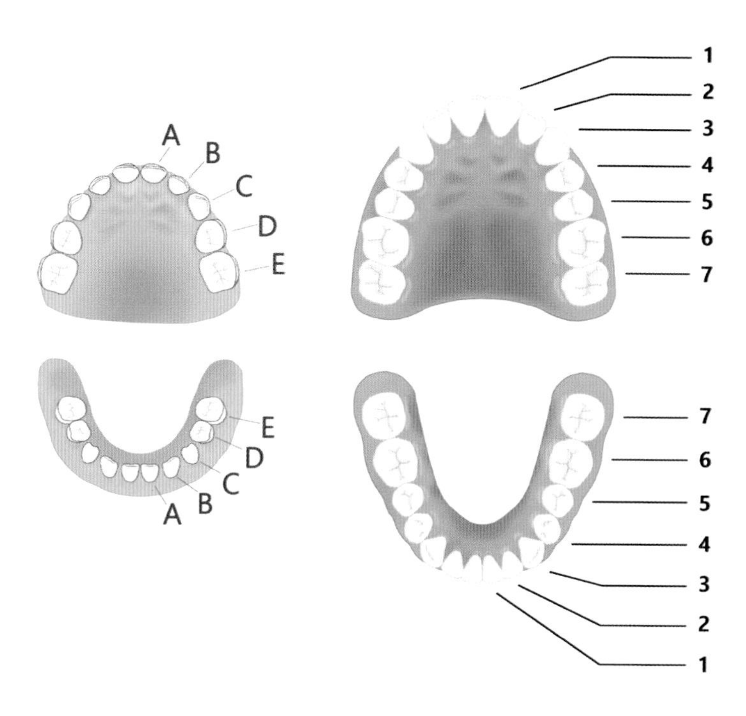

물론 턱이 과성장 되어도 부정교합이 됩니다. 위턱, 아래턱 중 한쪽이 상대적으로 큰 경우가 있습니다. 둘 다 돌출되는 경우도 있고요. 부정교합의 종류와 치료에 대해서는 p282에서 상세히 살펴보겠습니다.

예쁜 턱은 둥그스러운 형태

예쁘게 잘 자란 턱은 둥그스름한 U자형(편자형)입니다. 곡선이 완만하고 영구치 모두가 가지런히 배열될 만큼 충분한 크기를 갖는 것이 좋습니다. 반면에 자세가 안 좋거나 악습관이 있는 경우 턱이 잘 자라지 못합니다. 좌우의 폭이 좁은 형태의 V자형 턱이 됩니다.

잘 발육된 턱뼈의 형태는 U자형

전제적으로 둥그스름한 U자형(편자형)이 이상적입니다. 곡선이 완만할 뿐만 아니라 영구치 모두가 가지런히 배열될 만큼 충분한 크기를 가지는 것이 중요합니다.

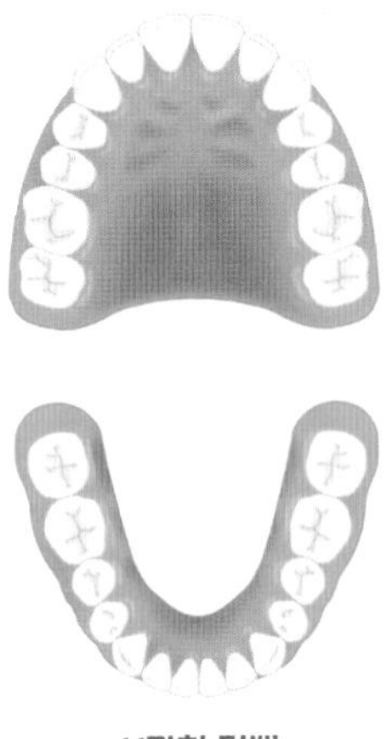

U자형 턱뼈

발육이 부족한 턱은 V자형

많이 씹지 않거나, 자세가 나쁘거나, 손가락을 빠는 습관 등이 있는 경우 턱은 잘 자라지 못하게 됩니다. 턱이 V자형이 됩니다. V자형 턱은 좌우의 폭이 좁아서 앞니는 돌출되고, 치아가 겹치게 됩니다.

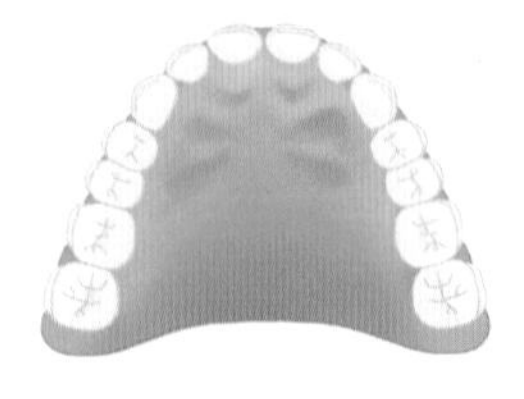

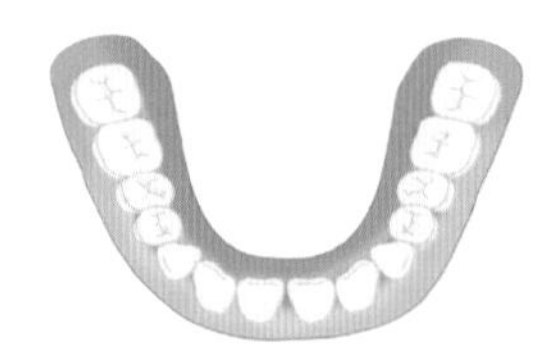

V자형 턱뼈

점점 턱이 좁아지는 아이들

아이들의 턱이 점점 좁아지고 있습니다. 턱이 좁아지면 자칫 얼굴이 길어질 수 있습니다. 그리고 치아가 나올 공간이 부족해 부정교합이 잘생깁니다. 과거에는 거칠고 질긴 음식들을 주로 많이 섭취했습니다. 채소류 위주의 섬유질이 강한 음식들이었습니다. 최근에는 많이 씹지 않아도 되는 가공식품이 많습니다. 적절히 턱이 움직이며 운동이 되어야 충분한 성장이 이루어집니다. 모든 치아가 가지런히 놓일 수 있는 공간이 마련됩니다.

식사할 때 음식을 입에 넣고 30회 이상 씹어주는 것이 좋습니다. 음식을 천천히 씹어서 입안으로 넘기는 것은 턱뼈 성장을 자극합니다. 그리고 음식을 여러 번 씹으면 소화 기능이 좋아져 내장기관이 튼튼해집니다.

혀의 평상시 위치도 중요합니다. 일반인들은 잘 모르는 것이 올바른 혀의 위치입니다. 힘을 빼고 있는 편안한 상태에서 혀는 입천장에 닿아 있어야 합니다. 혀끝은 위 앞니의 뒤쪽 잇몸에 오돌토돌한 곳에 닿고 있으면 좋습니다. 혀는 힘이 굉장히 센 근육이라서 치아에 닿으면 치아를 벌어지며 이동하게 만듭니다. 혀가 입천장을 편안하게 닿아주고 있을 때 위턱이 충분히 자라게 됩니다. 그것에 맞게 아래턱도 같이 자라는 것이지요.

평소 자세가 예쁜 얼굴을 만든다

바른 자세가 올바른 체형을 만들고, 건강하고 멋진 몸매를 갖게 됩니다. 이는 누구나 알고 있는 것입니다. 그런데 더 나아가 평소 자세가 예쁜 얼굴을 만든다는 것도 주목해야 할 사실입니다. 우리도 모르는 사이 안 좋은 자세는 서서히 체형과 얼굴에 영향을 줍니다.

거북목, 굽은 어깨(라운드 숄더)를 만드는 자세들

● 밥 먹을 때 핸드폰 보기

● 고개 내밀고 컴퓨터 하기

● 비스듬히 누워서 핸드폰 보기

● 구부정하게 앉기, 다리가 닿지 않는 의자 사용

● 기대어 앉아 핸드폰 보기

● 바닥에 등받이 없이 구부리고 앉기

얼굴의 비대칭을 만드는 자세들
누워서 턱괴기
앉아서 쭈구리고 턱괴기
책상에서 구부리고 턱괴기
엎드려 자기
한쪽으로 누워서 턱괴기

기타 안 좋은 자세들

● 짝다리 짚기, 구부정하게 서 있기, 상체 굽혀 핸드폰 보기

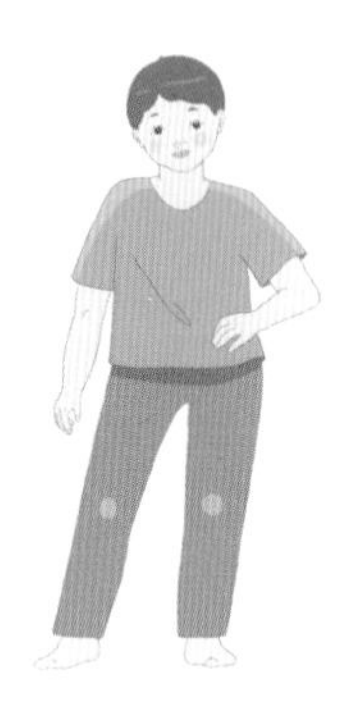

● 한쪽으로 가방 메기

● 벽에 기대어 있기

● 걸으며 핸드폰 보기

● 다리 꼬기

바른 자세

바른 앉은 자세

- 턱: 아래로 가볍게 당긴다.
- 팔: 어깨가 편하게 자연스럽게 걸친다.
- 허리: 등받이에 바짝 붙인다.
- 무릎: 90'도 정도로 유지한다
- 발: 바닥에 편하게 닿게 한다.

바른 선 자세

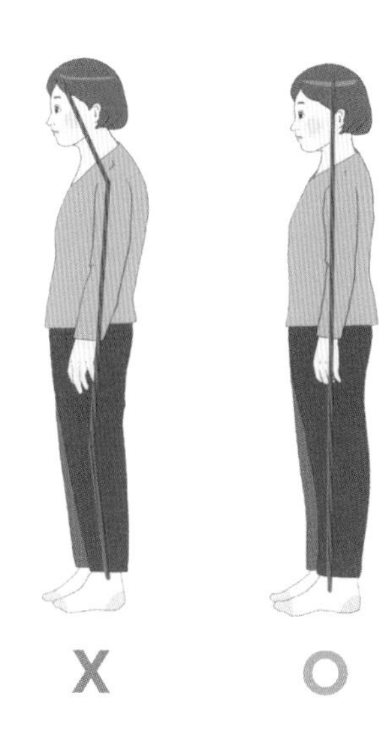

- 가슴을 펴준다.
- 머리를 앞으로 내밀지 않는다.
- 손등은 자연스레 옆쪽을 향한다.
- 양다리에 균등하고 곧게 힘을 준다.

자세는 생활 습관입니다. 성인이 된 후에는 개선하기가 쉽지 않습니다. 심지어 나쁜 자세로 인해 질환으로 고통받더라도 고치기가 어렵습니다. 그 이유는 우선 평생 누적된 습관이라서 바꾸기가 힘듭니다. 식습관, 말버릇, 목소리 등과 같다고 보면 됩니다. 두 번째로는 이미 안 좋은 자세로 굳어진 근육들로 인해 좋은 자세로 바뀌기 어렵습니다. 꾸준한 운동과 지속적인 교정의 노력이 필요합니다. 그렇게 해도 많은 시간이 지나야 개선됩니다.

그래서 중요한 것이 어렸을 때부터 부모가 올바른 자세를 알려주는 것입니다. 아이가 나쁜 자세를 할 때는 계속해서 교정해 주고, 좋은 자세를 하면 칭찬해 주세요. 물론 쉽지 않습니다. 아이와 갈등이나 마찰이 생길 수도 있습니다. 안 좋은 자세일 때는 "똑바로 앉아야지~" 하고 말해 주세요. 이때 화를 내는 것 아닌 일관되고 안정된 톤으로 하는 것이 중요합니다.

그리고 바로 자세를 고치거나 잘할 때는 보상을 해주세요. 칭찬이 제일 좋습니다. "똑바로 앉으니깐 더 멋있어 보이는데! 다리도 더 길~어지겠구나!" 이런 시도를 계속하다 보면 재미있는 사실을 알게 됩니다. 대화가 되기 시작하는 어린아이라면 누구나 다 심미적인 것에 관심이 있다는 것입니다.

"자세가 이쁘니깐 얼굴도 더 이뻐지네~" 이런 칭찬을 듣다 보면 아이도 조금씩 노력하게 됩니다. 좋아 보이고 싶은 욕구가 누구에게나 있기 때문이죠. 어린아이도 마찬가지입니다.

SUMMARY

- 평소 자세가 예쁜 체형과 얼굴을 만든다.
- 자세는 생활 습관이다.
- 가슴과 상체는 펴 준다.
- 머리를 숙이거나 앞으로 내밀지 않는다.
- 허리를 꼿꼿이 세운다.
- 좋은 자세를 하면 칭찬해 준다.

입으로 숨 쉬지 마라

요사이 입으로 숨 쉬는 아이들이 상당히 많습니다. 비염이 있거나 축농증, 편도선염, 아데노이드의 비대 등으로 코가 막히면 입으로 숨 쉬게 됩니다. 코뼈가 휘었거나 기도가 좁은 경우도 코로 숨쉬기 어렵습니다. 그리고 심하게 튀어나온 앞니와 무턱이 있는 부정교합도 마찬가지입니다. 이런 경우 윗입술이 짧고 벌어져 있습니다. 해부학적 구조가 입을 완전히 다물기가 어렵습니다.

마지막으로 습관성 구호흡이 있습니다. 기도 폐쇄의 원인이 없어졌지만 과거에 형성된 습관에 의해 입으로 숨을 쉬는 경우입니다. 이러한 구호흡은 여러 가지 문제를 일으키게 됩니다.

입으로 숨 쉬는 것의 문제점

1) 코의 천연 공기 필터의 역할이 약해집니다

콧속의 코털과 점막 안의 점액과 섬모는 코로 들어오는 잡균과 먼지를 막아줍니다. 입으로 숨을 쉬면 이런 이물질과 균들이 바로 폐로 들어갑니다. 미세먼지도 여과 없이 몸 안으로 들어오게 됩니다.

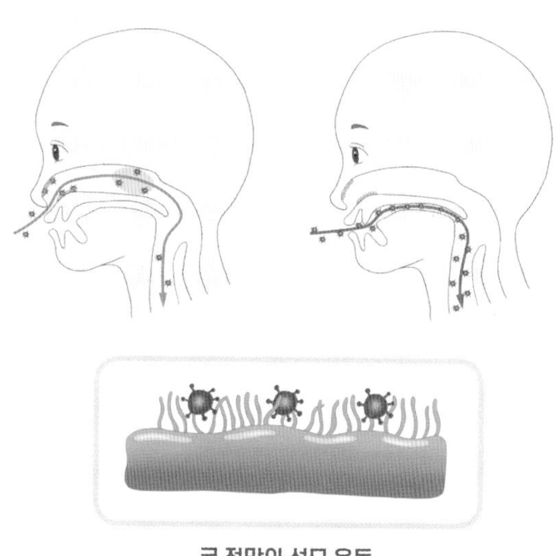

코 점막의 섬모 운동

2) 얼굴과 입의 모양이 바뀝니다

구호흡을 하게 되면 항상 입을 벌리고 있어서 입술의 힘이 약해집니다. 치아는 입술과 혀의 힘이 균형을 이뤄야 정위치에 있게 됩니다. 하지만 약해진 입술로 인해 치아에 혀의 힘만 가해지면 치아는 앞으로 돌출되게 됩니다. 아래턱은 무턱처럼 작아지고 얼굴은 폭이 좁고 길어진 형태를 하게 됩니다. 앞니가 위아래가 안 닿는 개방교합도 발생합니다.

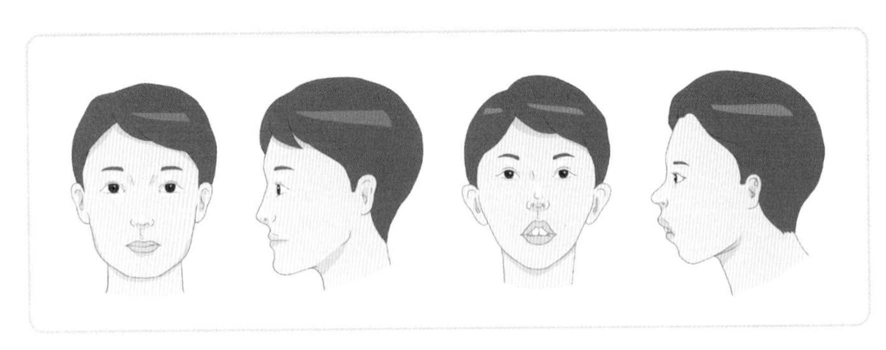

구호흡으로 인해 바뀌는 얼굴

3) 입냄새, 충치, 감기가 잘 생길 수 있습니다

입으로 숨을 쉬면 입안에 건조해집니다. 입안의 침은 완충능력이 있어서 충치나 잇몸병을 예방합니다. 특히 밤사이 구호흡은 입안을 약하게 만들어 구강질환과 입냄새에 취약해집니다. 차갑고 건조한 공기가 폐로 직접 들어가면 감기에도 잘 걸리게 됩니다.

4) 여러 가지 질환의 원인이 될 수 있습니다

수면 중 코골이, 수면 무호흡 같은 수면장애를 일으킬 수도 있습니다. 그로 인해 두통이나 집중력 저하도 발생합니다. 수면의 질이 떨어져 아이의 키 성장에도 방해가 됩니다. 고혈압, 당뇨, 심장기능 저하 등의 전실 질환을 일으킨다는 보고도 있습니다.

우리 아이에게 너무나도 안 좋은 영향을 주는 구호흡의 개선에 대해서는 아이들의 구강 악습관(p293)에서 살펴보겠습니다.

혼합치열기의 양치질법

아이의 양치질법은 앞서 연령대별로 살펴보았습니다. 혼합치열기도 그 방법은 같습니다. 유치열기의 치아/입속관리법(p164)을 참고해 주세요. 그런데 조금 더 신경 써야 할 것이 있습니다. 혼합치열기에는 치아가 빠진 자리도 있고, 유치와 영구치가 혼재되어 있습니다. 그래서 잘 안 닦이는 공간이 생길 수 있습니다. 그런 부위를 숙지하고 조금만 더 주의해서 관리해 주면 됩니다.

치아가 빠지고 아직 영구치가 안 올라온 자리

이런 곳은 오히려 치아가 나란히 빈틈없이 배열되었을 때보다 잘 안 닦입니다. 빠진 곳의 앞 치아 뒤쪽이면, 뒤 치아의 앞면에 치태와 치석이 생기기 쉽습니다. 그 곳을 잘 조준하여 닦아줍니다. 방식은 어떻게든 칫솔의 각도를 잘 주어야 합니다. 정해진 방법은 없습니다. 전동칫솔이 유리할 수도 있습니다.

공간이 부족하여 치아가 못 올라오거나 옆으로 나오는 경우

우선 이런 경우라면 치과에 방문해서 검사하여 공간에 대한 처치가 필요합니다. 공간이 부족해 덧니처럼 삐뚤게 나고 있는 경우에는 그 부위를 조금 더 세심하게 닦아줘야 합니다. 일반적으로 하듯이 양치질하면 잘 안 닦이는 사각지대가 생깁니다. 마찬가지로 전동칫솔, 치간칫솔, 치실을 활용하는 것이 좋습니다.

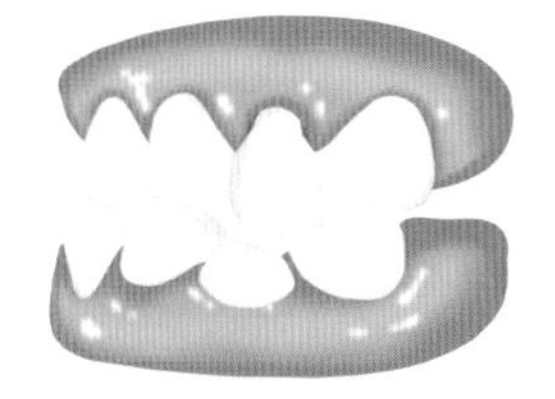

잇몸이 맹출 중인 치아를 덮고 있는 경우

치아가 올라오기 전에 잇몸에 반쯤 덮여 있을 때는 닦기가 어렵습니다. 치아 위에 치태가 쌓이고 충치가 생기기 쉬어집니다. 특히, 유치가 없었던 자리인 첫 번째, 두 번째 어금니 부위가 위험합니다.

혼합치열기인 6세에 첫 번째 어금니가 나오고, 12세경에 두 번째 어금니가 맹출합니다. 이 시기에는 끝의 어금니 쪽을 신경 써서 잘 닦아줘야 합니다. 어금니의 머리가 잇몸 밖으로 나오면 충치를 예방하는 홈메우기(실란트)를 해주는 것이 좋습니다.

치과 정기검진 적절 주기는?

"치과에 1년에 몇 번씩 와야 하나요?"

아이의 보호자가 자주 하는 질문입니다. 혼합치열기의 아이들은 유치가 빠지고 영구치가 올라오는 극적인 변화가 입안에서 벌어집니다. 사실 무조건 자주 가는 게 좋습니다. 언제 충치가 생길지, 치아는 잘 나오고 있는지, 턱은 알맞게 성장하고 있는지를 살펴보는 게 필요합니다.

충치와 잇몸 염증의 진행은 90일 정도가 지나면 그 양상이 심해집니다. 최소한 치아와 잇몸 건강을 지키는데 적정 검진 주기를 생각해 봐야 합니다. 게다가 6세에서 12세의 혼합치열기는 계속되는 변화가 입안에서 벌어지는 시기입니다. 아차 하는 순간에 충치가 발생하기도 합니다. 바쁘다 보면 아이의 치아탈락 시기나 공간적인 배치 등은 챙기기 어려울 수 있습니다.

3개월에 한 번씩은 치과에 방문한다고 기억해 주세요. 내원 시마다 충치 검진을 하고, 다양한 검사와 교육을 받는 게 권장됩니다.

치과 정기검진시 체크사항

- 치아의 교합면, 인접면에 충치가 있는지
- 유치는 뿌리가 잘 흡수되어 탈락하고 있는지
- 영구치는 잘 올라오고 있으며, 그 개수는 문제가 없는지
- 유치가 적정 시기에 빠지며 영구치가 올라오기에 공간의 문제가 없는지
- 맹출 중인 영구치의 머리에 충치가 있는지, 적절한 실란트시기는?
- 충치를 경험한 정도에 따라 아이의 양치질 관리를 교육하기
- 불소 도포 등의 충치 예방 치료
- 치아의 배열이 고르게 되고 있는지
- 위턱과 아래턱의 적정한 성장이 되고 있는지
- 이악물기, 구호흡 등의 악습관이 있는지
- 조화로운 얼굴 성장이 되고 있는지

만 6세 꼭 알아둬야 할 것

6세가 되면 첫 번째 영구치인 첫째 어금니가 나옵니다. 이때 그것을 시작으로 앞니 쪽도 유치 밑에서 어른 치아가 올라옵니다.

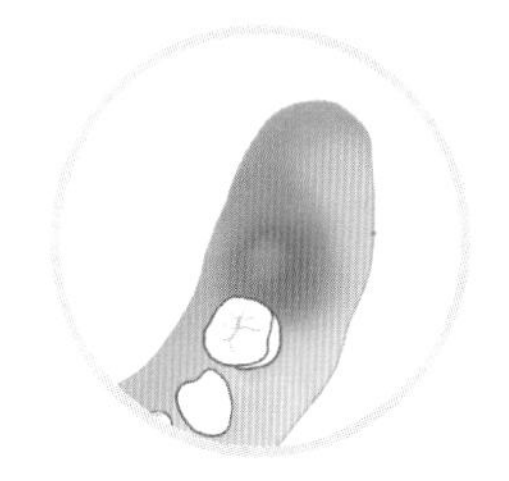

첫째 큰어금니가 올라오기 전 잇몸이 부은 모습

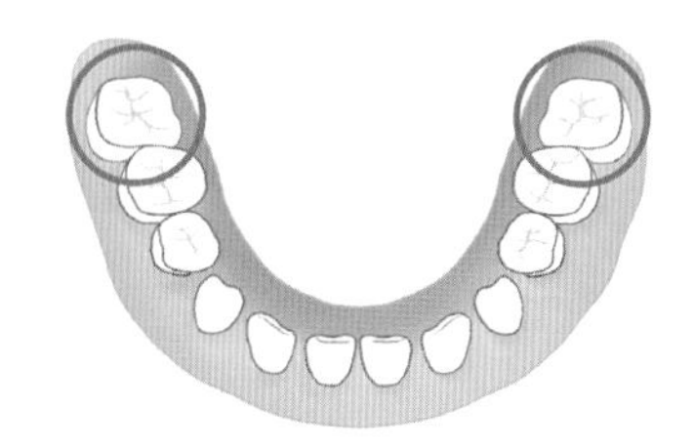

첫째 큰어금니가 올라온 모습

이때 치아가 잇몸 밖으로 나오면서 이앓이처럼 아플 수 있습니다. 열감이 있거나 불편한 느낌이 들기도 합니다. 영구치에 잇몸이 반쯤 덮여 있을 때 잘 닦이지 않을 수

있습니다. 끝의 어금니인 경우 잇몸이 부어서 윗니랑 부딪히며 아프기도 합니다.
만 6세경에 아이가 아프다고 하면 치과에 가서 검사받아 보면 됩니다. 물론 그전부터 치과에 정기적으로 다니며, 영구치가 올라오고 있는 상황을 알고 그 시기를 예상하는 게 더 좋겠죠.

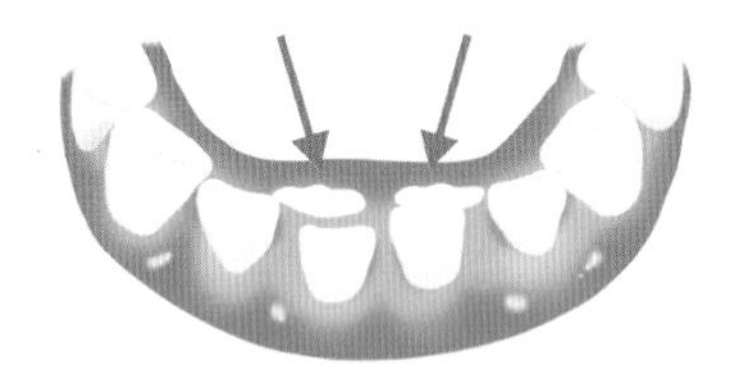

아래 앞니 영구치가 올라오는 모습

갓 나온 영구치는 표면이 약합니다. 그래서 충치 예방 처치를 해주면 좋습니다. 우선 큰 어금니는 치아 표면의 골짜기가 깊어 아차 하면 충치가 생깁니다. 그 부위를 음식이 고이지 않고 잘 닦이게 하는 홈메우기(실란트)를 해주게 됩니다. 어금니가 잇몸 위로 다 올라오면 합니다.

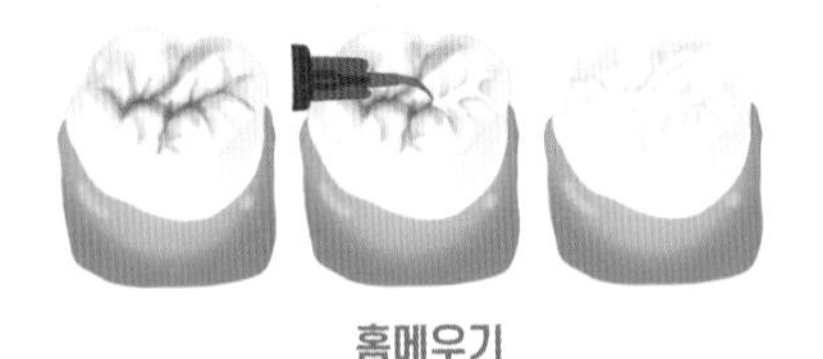

홈메우기

그리고 치아 전체를 충치에 강한 표면으로 바꿔주는 강력한 처치가 있습니다. 불소가 스며들게 하는 겁니다. 지금까지 충치 예방 처치에 가장 효과적으로 입증이 된 불소를 적용합니다. 치과에서 정기적으로 하는 불소도포가 있습니다. 그리고 고농도 불소치약(1,000ppm 이상)과 불소용액 가글이 추천됩니다.

불소 도포는 영구치가 처음 나오는 시기에 하면 치아를 보호해 줄 수 있습니다. 보통 3~6개월에 한 번씩 해주며, 충치가 있거나 치아가 약하면 더 자주 해주는 것이 좋습니다.

불소 바니쉬　　　　불소 트레이

저농도 불소가글은 불소를 치아에 침투시켜 치아를 보호해 주는 간편하고도 효과적인 방법입니다.

불소치약　　　　불소 용액 가글

의학지식 한잔

불소와 충치 예방

"불소가 충치 예방을 위한 만병통치약은 아니다."

앞서 유치열기에 살펴보았지만 너무나 중요해서 한 번 더 짚어보겠습니다. 불소 하나로 충치를 예방할 수는 없습니다. 지금까지 알게 된 가장 확실하고 강력한 보조적 방법일 뿐입니다. 대략 50% 이하의 효과만 있습니다

충치 예방은 첫째로, 식사 후 양치질이 제일 중요합니다. 이것만 잘해도 완벽히 건강한 치아를 가질 수 있습니다. 당연한 이야기입니다. 하지만 현실적으로 쉽지 않은 게 사실입니다. 그래서 두 번째, 다양한 보조적 방법도 같이 활용하는 게 좋습니다. 불소치약, 도포, 양치가글 등 그리고 전동칫솔, 치실, 치간칫솔도 좋은 도구들입니다. 세 번째, 정기적 검진입니다. 우선은 보호자의 관심으로 입안을 자주 들여다보는 것이 필요합니다. 여건이 허락하면 치과에 3~6개월에 한 번씩 내원하는 것이 가장 좋습니다. 마지막으로 중요한 것이 식습관 관리입니다. 특히, 아이들은 간식의 종류와 빈도수 그리고 식후 관리가 중요합니다.

충치 예방의 4가지 방법

1. 식사 후 양치질 잘하기
2. 보조제를 잘 활용하자 (불소치약, 도포, 가글, 전동칫솔, 치실, 치간칫솔 등)
3. 정기적 검진
4. 식습관 관리

“아래 앞니가 혀쪽으로 나와요”

어느 날 아이의 치아를 닦다가 아래 앞니가 안으로 나오는 것을 보게 됩니다.
치아가 잘 못나오고 있는 건 아닌지 걱정스러운 마음으로 치과에 옵니다.

Chapter 11

7·8·9세

7·8·9세

- ☐ 유치의 흡수와 탈락
- ☐ 과잉치/왜소치
- ☐ 순소대, 설소대 검사
- ☐ 치아교정 시기
- ☐ 부정교합의 원인과 문제점
- ☐ 치과외상
- ☐ 구강 악습관

아래 앞니가 혀쪽으로 나와요

어느 날 아이의 치아를 닦다가 아래 앞니가 안으로 나오는 것을 보게 됩니다. 치아가 잘 못나고 있는 건 아닌지 걱정스러운 마음으로 치과에 옵니다. 아래 앞니의 영구치 씨앗은 약간 혀 쪽으로 위치해 있습니다. 그래서 처음에는 유치의 혀 쪽 뿌리를 흡수하게 됩니다. 마지막에는 유치 바로 아래에 위치하며 뿌리 전체를 흡수시키며 탈락하게 만듭니다. 정상적으로 제 위치로 나오게 되는 거죠.

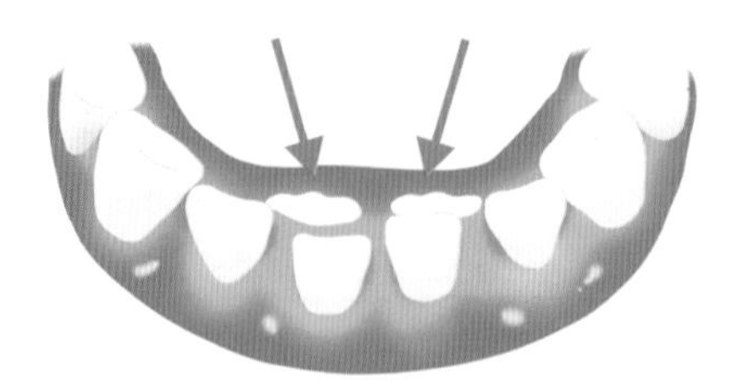

안쪽으로 나오는 아래 앞니 모습

그런 과정에서 아래 앞니 영구치의 머리가 안쪽에서 머리를 내밀게 됩니다. 이런 경우 영구치가 잇몸 밖으로 올라와도 유치가 남아 있을 수가 있습니다. 유치의 뿌리가 충분히 흡수되지 못해 자칫 남아있게 되는 거죠. 그럴 때는 유치를 빼내 주게 됩니다. 그러면 다시 원래의 위치로 영구치는 마저 나옵니다.

유치의 흡수와 탈락

영구치의 나오는 경로가 유치의 흡수 양상을 결정합니다. 유치의 뿌리가 점차 흡수되면서 흔들림이 증가합니다. 그림에서처럼 거의 다 흡수되면 자연스럽게 빠질 때가 되는 것입니다.

유치의 기능 중 하나가 어른 치아가 잘 나오기 위한 길잡이 역할이 있습니다. 만약 유치가 일찍 탈락하거나 충치가 크면 추후 영구치에 영향을 미칩니다. 치아 배열도 틀어지고 다양한 변이가 발생합니다. 그래서 건강한 유치는 영구치가 잘 나오도록 시간적, 공간적 조정을 해줍니다.

그래서 충분히 유치의 뿌리가 흡수되기를 기다렸다가 뽑게 됩니다. 그래야 본래의 역할을 다하는 것이죠.

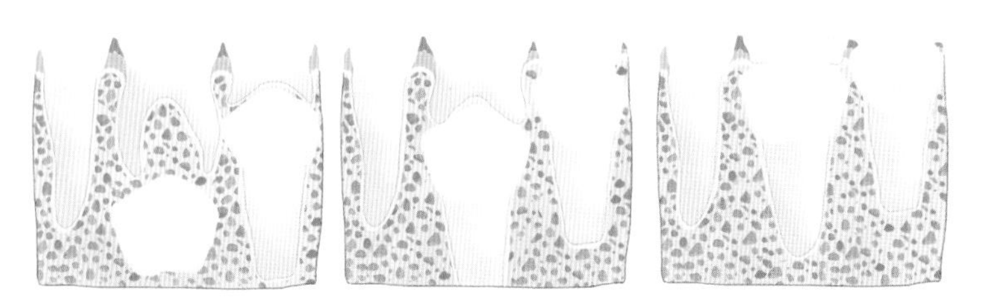

유치의 뿌리가 흡수되는 모습

유치가 너무 일찍 빠진 경우

심한 충치나 외상을 겪게 되면 치아가 일찍 빠지기도 합니다. 그럴 때는 옆의 치아가 유치가 빠진 곳으로 쓰러지며 영구치가 나올 공간이 부족해집니다. 치아가 올바르게 나오지 못하면 배열이 어긋나는 부정교합이 발생합니다. 그래서 영구치가 잘 나올 수 있도록 공간유지장치를 끼워 주는 것이 필요합니다.

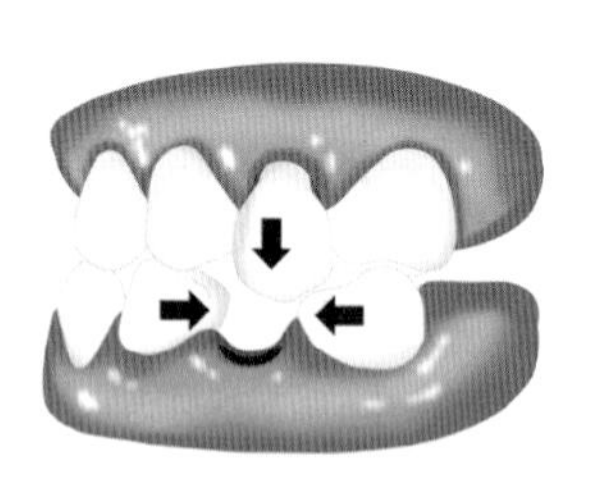

빠진 공간으로 치아가 이동하는 모습

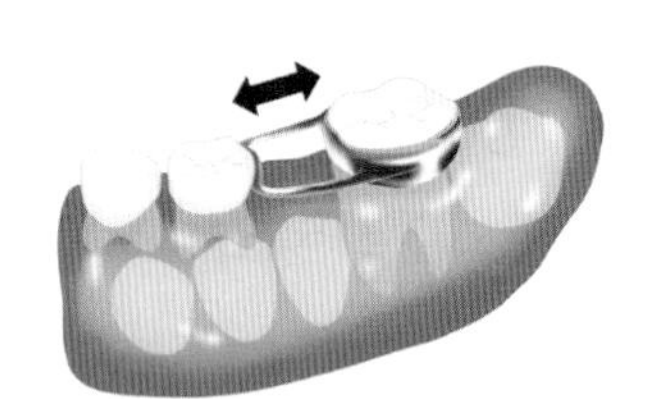

공간유치장치의 장착

치아가 하나 더 있어요 : 과잉치

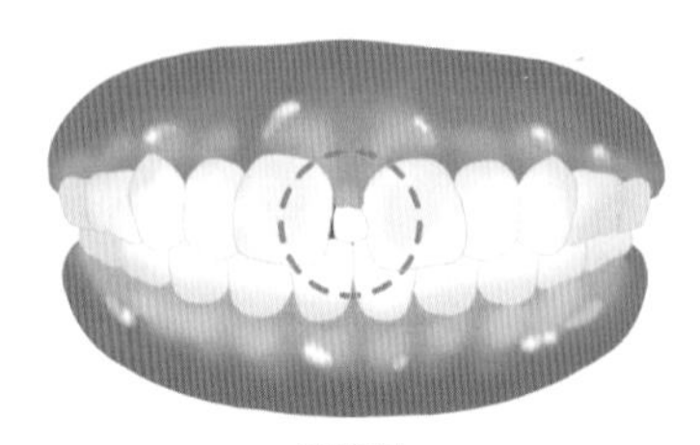

과잉치

없어도 되는 치아가 존재하는 것을 과잉치라고 합니다. 주로 위턱 앞니 부분에 잘 생깁니다. 100명 중 1~3명 정도가 발생하며, 남자아이에게 더 잘 나타납니다.

과잉치는 조기 진단이 중요합니다. 만약 앞니 사이로 나와 있다면 과잉치를 뽑고 적절한 치료를 합니다. 그러나 과잉치가 잇몸 밖으로 나오지 못하고 묻혀 있다면 여러 문제를 일으킵니다. 앞니 사이를 벌어지게 하거나 인접한 치아의 뿌리를 흡수시킬 수 있습니다. 혹은 주변 치아의 정상적인 맹출을 방해하기도 합니다.

정기적인 검진을 하면 과잉치는 자연스럽게 존재를 알게 됩니다. 발견 즉시 빼내는 게 원칙이나 아이의 상태, 인접 치아의 영향 등을 살펴보며 신중히 판단합니다.

앞니가 이상하게 작아요 : 왜소치

주로 정가운데 윗니의 바로 옆 치아에 왜소치가 생깁니다. 문제가 되지는 않지만, 심미적으로 신경이 쓰인다면 보철 치료를 하기도 합니다. 다듬어서 씌워주는 크라운이나 라미네이트 치료를 해서 정상적인 크기와 모양으로 형성해 줍니다.

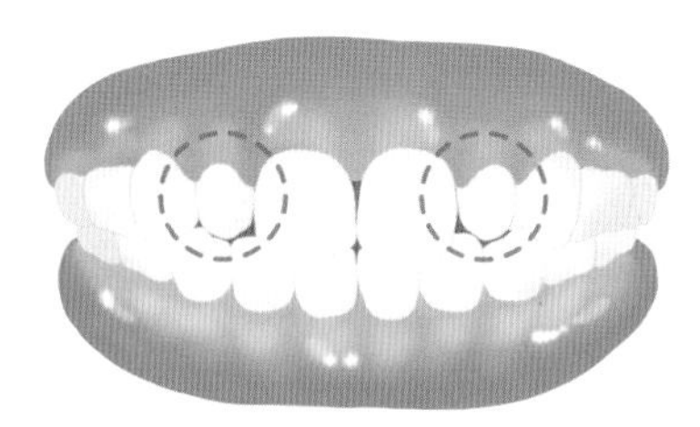

왜소치

앞니 사이가 벌어져서안 이뻐요

영구치 앞니가 나왔는데 사이가 벌어져 있어서 안 이뻐 보이는 경우가 있습니다. 하지만 크게 걱정 안 해도 됩니다. 이제 막 나온 영구치의 앞니가 벌어져 있는 것은 정상입니다. 벌어진 공간은 바로 옆의 두 번째 앞니가 나오며 닫히고, 9~10세에 송곳니가 맹출하며 거의 사라집니다.

이 시기를 '미운 오리 시기(ugly duckling stage)'라고 합니다. 안데르센 동화에서처럼 벌어졌던 치아가 시간이 지나면 예쁘게 바뀌게 되어 그렇습니다.

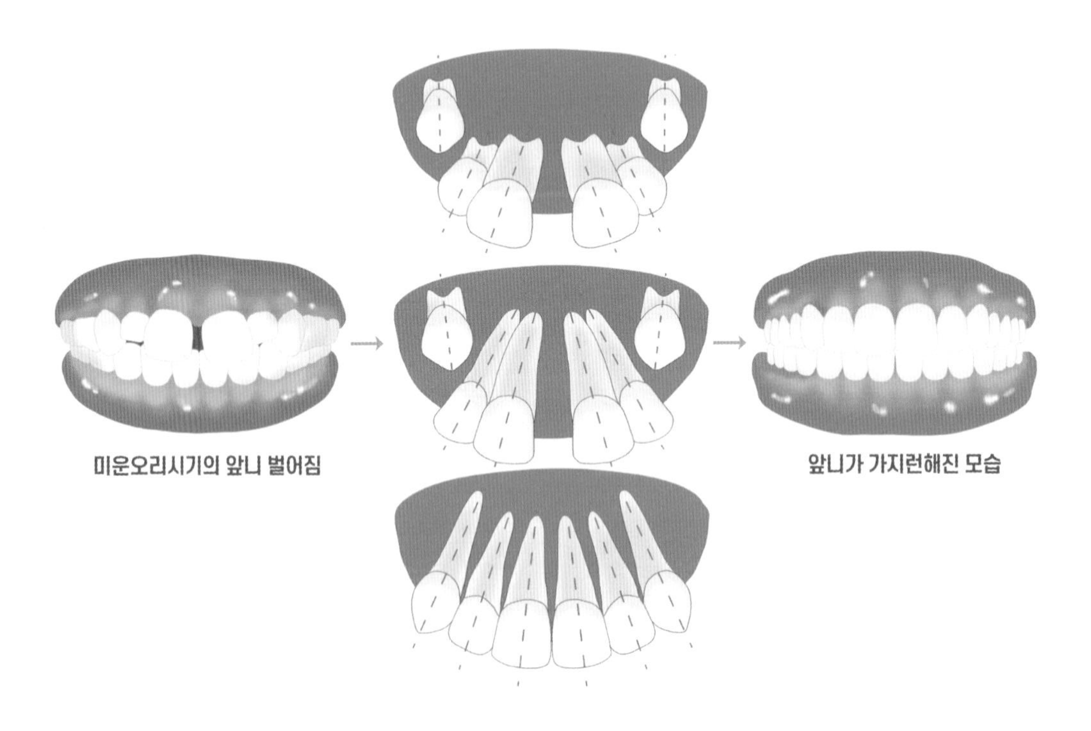

송곳니가 다 나왔는데 앞니가 계속해서 벌어져 있다면 다음과 같은 것을 살펴봐야 합니다.

손가락 빨기, 혀로 치아밀기, 구호흡 등의 악습관

이런 습관들은 위턱이 아래턱에 비해 튀어나오게 되어 앞니도 벌어지게 됩니다. 습관의 교정과 부정교합의 치료가 필요해집니다.

입술 안쪽에서 치아의 잇몸에 이어지는 근육이 큰 경우

이 근육을 순소대라고 합니다. 앞니 정가운데를 향해서 붙어 있습니다. 이것이 치아 근처까지 두껍게 붙어 있으면 앞니 사이가 벌어집니다. 영구치의 앞니가 다 나온 후에 치아교정으로 벌어진 치아를 모아줍니다. 그런 다음 순소대를 정리해줍니다.

앞니 사이에 과잉치가 있는 경우

과잉치는 보이는 경우도 있지만 대부분 잇몸 안에 매복되어 있습니다. 그래서 치과 방사선사진을 찍어야 확인이 됩니다. 보통 잇몸 밖으로 나오지 않고 앞니의 뿌리 쪽에 매복되어 있습니다. 이 과잉치는 영구치의 뿌리를 흡수하기도 합니다. 적절한 시기에 빼내는 것을 고려합니다.

앞니에 왜소치가 있거나, 치아가 부족한 경우

가운데 치아의 바로 옆 치아가 왜소치일 때 공간이 남아서 벌어지기도 합니다. 혹은 아예 치아 수가 부족한 경우가 있습니다. 이럴 때도 앞니가 벌어지기도 합니다. 치아교정을 한 후 보철치료까지 필요할 수도 있습니다.

위턱과 아래턱의 크기 차이로 인한 부정 교합

위턱이 상대적으로 큰 것을 2급 부정교합이라고 부릅니다. 악습관이나 성장의 차이로 인하여 발생합니다. 이 경우에도 앞니가 벌어지는 것이 생길 수 있습니다. 성장교정과 치아교정을 통하여 개선합니다.

순소대, 설소대 검사

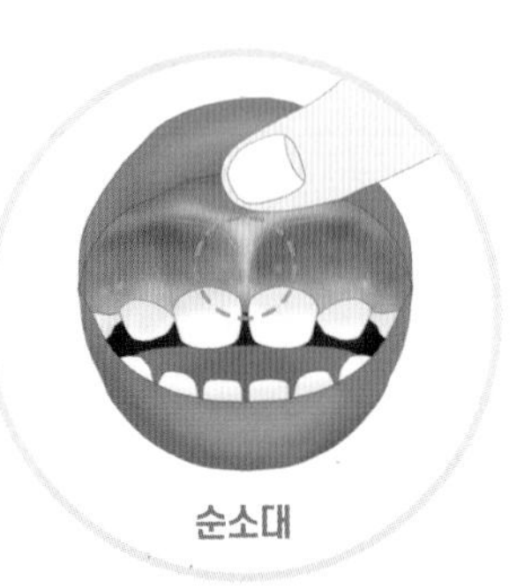
순소대

입술 안쪽에서 치아의 잇몸에 이어지는 근육을 순소대라고 합니다. 순소대가 길어져서 치아 근처까지 두껍게 붙어 있으면 치아 사이가 벌어집니다. 순소대를 잡아당기면 치아 사이의 잇몸이 하얗게 변할 수 있습니다. 이럴 경우 치과에 가서 검사받아 보는 게 좋습니다. 앞니가 다 나와도 치아가 계속 벌어지게 만들 수 있습니다. 치아교정과 순소대 절제술을 시행해 줍니다.

설소대단축증

그리고 아래에서 아래 치아의 안쪽으로 이어지는 끈 같은 근육을 설소대라고 합니다. 이것이 짧으면 혀의 운동 범위가 제약받습니다. 이 현상을 설소대단축증이라고 부릅니다. 앞서 신생아 시기와 3.4.5세 유치열기에서도 자세히 살펴보았습니다. 유아기에는 수유와 발음의 문제가 있을 수 있습니다. 혀를 내밀었을 때 하트 모양이 되기도 합니다. 혀가 윗잇몸과 입천장에 충분히 잘 닿지 못합니다. 혀의 운동 범위가 좁다 보니 ㅊ, ㅆ, ㄹ 등의 발음이 잘 안되는 경우가 있습니다. 또한 위턱, 얼굴의 성장에도 영향을 미칩니다.

짧은 설소대

설소대절제술은 짧아진 설소대를 절제하는 것입니다. 부분마취로 간단히 시행되며 반드시 전신마취가 필요하지는 않습니다. 보통 초등학교 입학 전에 수술하지만, 성인이 돼서 하기도 합니다. 다만 설소대로 인한 발음의 이상은 발생 비율이 낮습니다. 있다고 하더라도 저절로 개선되기도 합니다. 수술 후 발음 문제가 무조건 나아지는 것은 아닙니다. 발음 연습을 병행해야 합니다. 필요시 전문기관에서 교정받아야 할 수도 있습니다. 무턱대고 걱정하거나 신경 쓰여서 미리 수술을 고민할 필요는 없습니다. 정확한 진단과 치료의 결정은 전문의와 상의하며 결정하는 것이 좋습니다.

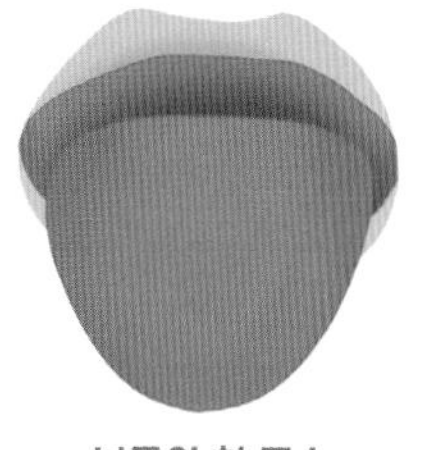

보통의 혀 모습

치아교정 언제 해야 하나요?

"우리 아이가 교정해야 될까요?"

"언제 치아교정을 받아야 하나요?"

아이를 둔 부모가 치과에 와서 많이 하는 질문입니다. 특히 초등학생일 때 더 그렇습니다. 우선은 어떤 경우에 치아교정을 받는지 알아야 합니다. 치아가 삐뚤삐뚤하거나 위아래 턱이 조화롭지 못한 경우입니다. 이것을 '부정교합'이라고 부릅니다.

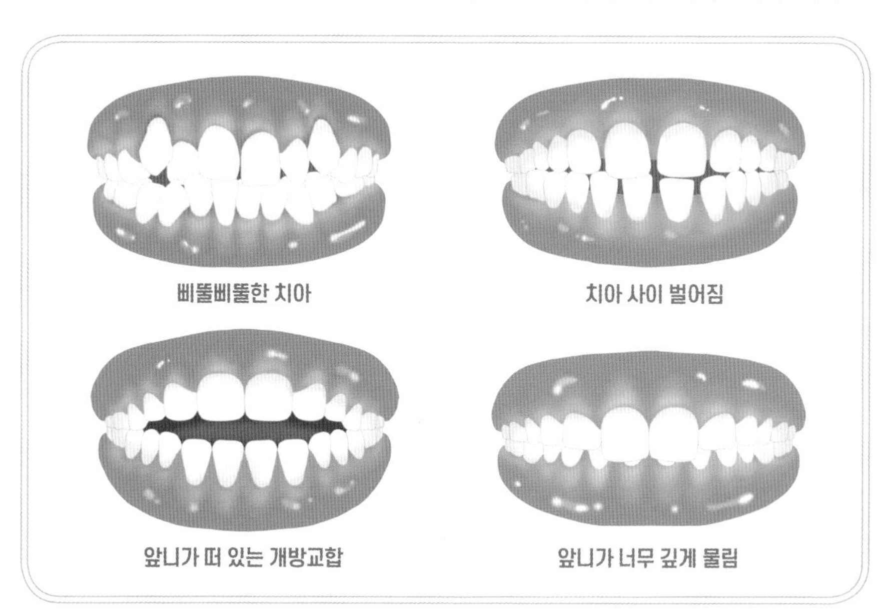

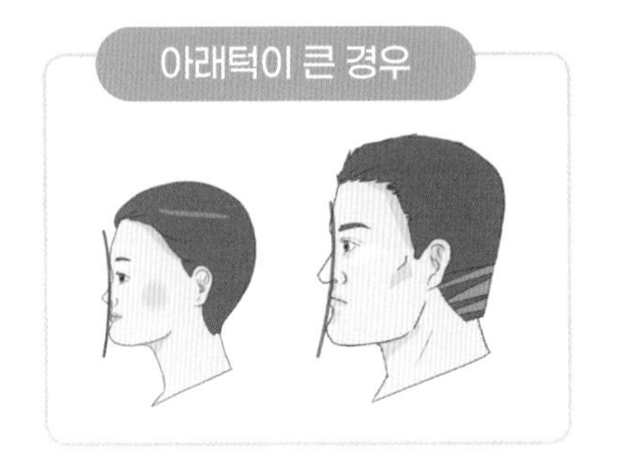

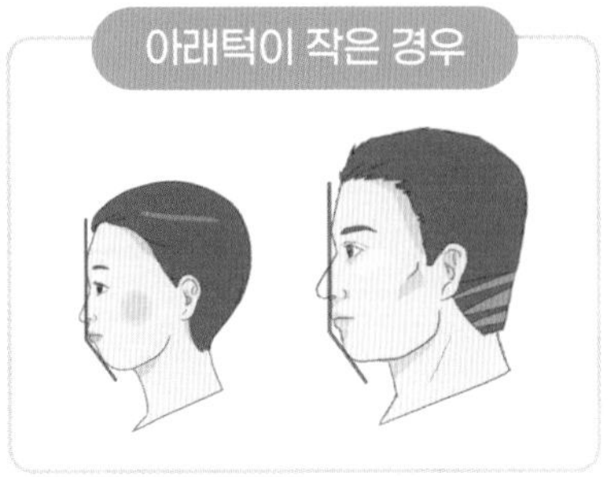

부정교합은 종류가 다양해서 그것에 따라 교정치료의 시기가 달라집니다. 부정교합의 원인, 문제점, 치료 시기와 방법에 대해 살펴보겠습니다.

부정교합의 원인과 문제점

부정교합이 생기는 원인

● 유전적 요소

턱의 성장 정도가 부모에게서 유전되는 성향이 있습니다.

● 나쁜 습관

입으로 숨 쉬는 구호흡, 혀내밀기, 손가락 빨기, 턱괴기 등

● 안 좋은 자세

핸드폰을 보는 구부정한 자세, 상체가 숙어지는 거북목

● 유치의 조기 상실

유치가 일찍 탈락하면 영구치가 나올 공간이 적어집니다.

● 영구치 맹출장애, 손상

영구치가 못 나오거나 다른 방향으로 맹출 되는 경우, 충치나 사고 등으로 손상이 생기는 경우

● 치아 수의 이상

선천적으로 치아가 부족하거나 많은 경우

부정교합을 놔두면 생기는 문제들

부정교합은 충치, 잇몸질환과 함께 3대 치과 질환 중 하나입니다. 대부분의 사람들이 가지고 있는 흔한 질환입니다. 이에 따라 여러 가지 문제를 일으킵니다.

● 충치와 잇몸병 유발

치아가 겹쳐 있고 삐뚤삐뚤하다면 아무리 양치질을 잘해도 깨끗이 하기가 어렵습니다. 치아 사이에 결국 치석이 형성됩니다. 치석은 세균의 덩어리인데 독성물질을 분비합니다. 잇몸질환을 만들게 되죠. 자주 피가 나게 됩니다. 입 냄새도 날 수 있고요. 물론 충치도 잘 생기게 됩니다.

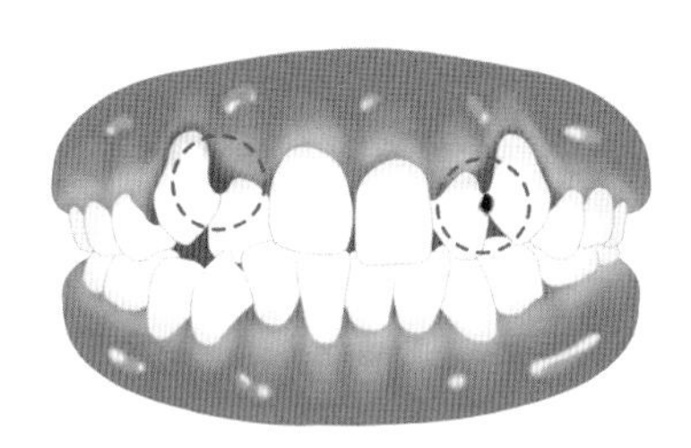

부정교합은 치아 배열의 구조상 위생관리를 힘들게 합니다. 가장 흔한 치과 질환인 잇몸질환과 충치가 생기게 될 확률을 높이게 됩니다. 나이가 들면 그 경향이 더욱 강해집니다.

치아교정 치료를 통해 가지런해진 치아는 칫솔질 관리가 수월해집니다. 치아와 잇몸의 건강을 지키게 됩니다. 삐뚤어지고 튀어나왔던 치아가 바르게 맞춰져서 예뻐지는 것은 부수적인 효과입니다. 첫째는 건강, 둘째가 심미입니다. 사실 이 두 가지는 같은 것이기도 하고요.

● 치아파절 등 외상

튀어나온 치아는 외상에 취약합니다. 앞니가 부러져서 오는 경우가 많습니다. 치과에 근무하며 정말 무수히 많이 보게 됩니다. 주로 부딪혀서 발생합니다. 살면서 크고 작은 위험한 일을 누구나 겪게 됩니다. 미끄러지며 넘어져서, 사고로 외부 충격이 있어서 등등. 그럴 때 앞니가 튀어나와 있으면 그 부위가 먼저 손상을 입게 됩니다. '모난 돌이 정 맞는다'라는 말이 맞습니다.

● 저작 기능 장애로 인한 소화 능력 저하

입안으로 들어온 음식을 잘게 부수는 것은 중요합니다. 위, 장 등의 소화기관이 부담 없이 기능할 수 있게 해줍니다. 장기에 부담을 주면 전반적인 신체의 건강도 약해집니다. 나이가 들수록 더 심해집니다. 치아의 음식물 저작기능은 건강을 유지하는데 중요 역할을 하게 됩니다.

● 심미적 스트레스, 자신감 부족

아이들은 성장하며 자기 외모에 신경을 쓰게 되는 시기가 옵니다. 요새는 친구들과 사회적 관계를 일찍 맺게 됩니다. 그러면서 예민해지기도 합니다. 물론 부정교합이 있어도 당당하고 밝은 모습의 아이도 많습니다.

하지만 치열이 고르지 못하거나 돌출입 등이 있으면 잘 웃지 못하는 경향을 보입니다. 손으로 입을 가리고 웃는 습관이 생기기도 합니다. 또한 사람들 앞에 서는 것을 꺼리기도 합니다. 이런 행동은 자신감 부족으로 인해 발생한다고 볼 수 있습니다. 무턱이나 주걱턱이 있는 경우도 마찬가지입니다.

조화로운 치아 배열과 안모의 성장은 부정교합으로 인한 자신감의 결여를 줄일 수 있습니다. 이는 삶의 질에도 긍정적 영향을 주게 됩니다. 최소한 성장기에 안 좋은 습관으로 인한 부정교합의 발생은 예방할 필요가 있습니다.

● 턱관절 질환

우리 얼굴에서 귓구멍 앞에 아래턱과 위턱이 맞물리며 운동하는 관절이 있습니다. 턱관절이라고 부릅니다. 맞습니다. 얼굴에도 관절이 있습니다. 성인이 되면 턱관절질환으로 아프거나 불편한 증상을 호소하는 경우가 꽤 있습니다. 여러 원인에 의해 발생합니다. 그중에 부정교합으로 인해 생기는 경우도 있습니다.

● 얼굴 변형/안면 비대칭

위, 아래 치아가 잘 맞지 않거나 턱이 좁아질 때 얼굴이 변형되기도 합니다. 안면의 비대칭이 생기기도 하고요. 정기적 검진을 통해 교합 관계로 인해 발생하는 안모의 부조화를 최소화해야겠습니다

● 발음장애

간혹 치아 사이가 벌어져 있거나 앞니가 닿지 않는 경우에 발음 장애가 생기기도 합니다. 교정 치료를 통해 치아들을 모아주고 앞니들을 닿게 해주어 발음 개선에 도움을 줄 수 있습니다. 물론 발음 훈련이 동반되어야 더 좋은 결과를 가져올 수 있습니다.

● 수면장애

예로부터 잠이 보약이라는 말이 있습니다. 아이들은 특히 수면 중에 성장의 중요 활동이 이루어집니다. 부정교합으로 인해 입을 벌리고 숨을 쉬는 아이들이 많습니다. 구호흡을 하면 수면의 질이 떨어집니다. 잠을 잘 못 자면 성장이 부진할 수 있습니다. 집중력이 떨어져 학습에도 영향을 미칩니다.

● 구호흡

구호흡은 코로 숨을 안 쉬고 입으로 호흡하는 것입니다. 입으로 숨을 쉬면 다양한 문제가 생기게 됩니다(p293). 여러 원인이 있습니다. 그중 아래턱보다 위턱이 크면 입이 벌어지며 구호흡이 발생할 수 있습니다. 치아와 입술의 관계에서 생기기도 합니다. 턱과 얼굴의 성장기에 조기 검진을 통해 예방하는 것이 필요합니다.

부정교합의 치료

영구치아가 나오기 전 6~12세의 혼합치열기에 교정하는 것을 '조기 교정' 혹은 '1차 교정'이라고 합니다. 혼합치열기를 지나면 유치는 다 빠지고 영구치아가 자리 잡게 됩니다. 이때 교정하는 것을 '2차 교정'이라 부릅니다.

1차 교정

대상/치료 시기

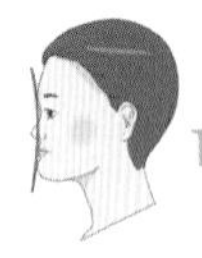

1) 위턱보다 아래턱이 큰 경우 :
5~9세, 초등학교 저학년

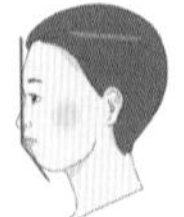

2) 위턱이 아래턱보다 큰 경우 :
최대 성장기 전, 초등학교 5학년 이후

치료 목표

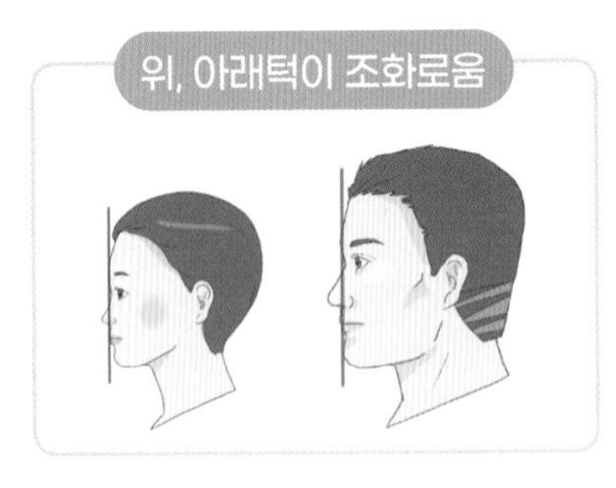

주로 턱의 성장 조절을 목표로 하게 됩니다. 기간은 6개월~1년 전후입니다. 조기 교정은 주로 아이의 얼굴과 턱뼈의 모양을 잡아주는 치료입니다. 치아가 담기는 기본 틀을 조정해 주는 겁니다.

1차 교정 후 영구치열이 되면 대부분 2차 교정이 필요합니다. 2차 교정이 우리가 알고 있는 치아 배열에 관련한 교정입니다. 그래서 심한 턱의 부조화, 덧니, 반대교합, 치아의 맹출 이상 등에만 조기 교정치료를 하기도 합니다. 물론 아이가 심미적 스트레스를 호소하거나 불편함이 크다면 치료를 고려해야 합니다.

1차 교정치료는 이렇게 적절한 진단으로 결정이 됩니다. 또한 치료 전 중요한 고려 요소가 있습니다. 무엇보다 아이의 협조도가 필요합니다. 진단에 따라 치아와 턱에 사용하는 장치가 달라집니다. 이 장치를 아이가 정해진 시간에 잘 사용해 주어야 합니다. 그리고 치료 기간에 충치나 악습관 조절을 신경 써주는 것이 좋습니다. 결국 아이의 적극적인 참여가 이루어져야 좋은 결과가 나오게 됩니다.

이렇듯 1차 교정은 힘든 진료입니다. 아이와 부모 모두 같이 노력해야 합니다. 하지만 대상이 되는 아이에게는 너무나 중요한 과정입니다. 아이의 얼굴형을 잡아주고, 치아와 입의 기능을 건강하게 하는 기틀을 만들게 됩니다. 그러니 5세경부터는 조기 검진을 하여 치료가 필요한 경우를 알고 대처하는 것이 좋습니다.

치료 방법

1) 아래턱이 더 큰 경우

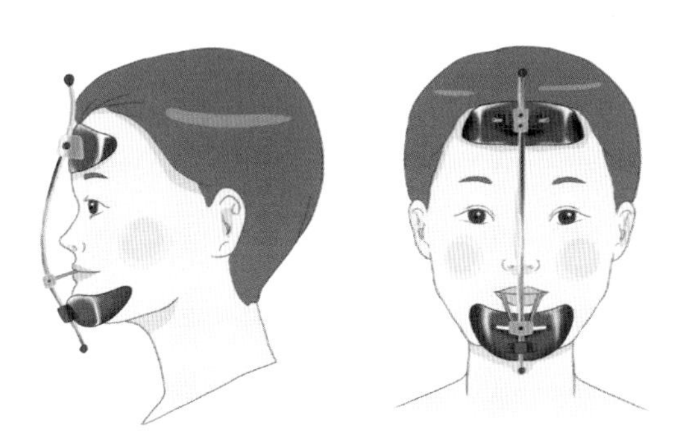

페이스마스크(face mask)를 착용한 모습

그림처럼 위턱이 움푹 꺼진 아이들의 경우 정확한 진단 후에 장착하게 됩니다. 위턱의 전방 견인을 빠르게 유도하기 위해 급속 확대를 먼저 시행합니다. 그런 다음 페이스마스크가 일반적인 치료로 사용됩니다. 성장 호르몬이 많이 분비되는 저녁 시간을 활용하기 위해 저녁 식사 후 아침에 일어날 때까지 하루에 12~14시간을 사용하게 할 수 있습니다. 그 이상 장착하는 경우도 있습니다.

페이스마스크의 치료 결과는 4~6개월에 나타나기 시작하며 상당히 효과적입니다. 하지만 아래턱의 과성장으로 인한 경우에는 치료 결과 유지를 예측하기 어렵습니다. 그 이유는 교정치료 완료의 시점이 아이의 성장이 왕성한 시기여서 그렇습니다.

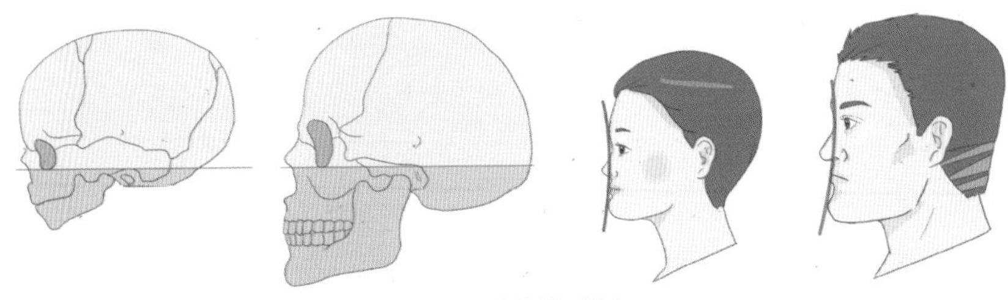
아래턱이 성장하는 모습

아이들은 자라면서 점점 머리뼈 아래의 뼈들이 성장합니다. 아래턱의 경우 20대 후반까지도 성장하기도 합니다. 그래서 안타깝지만, 성장교정의 결과가 계속 유지된다는 보장이 없습니다. 조기에 성장교정을 한 경우 장기간 사후관리가 필요하고, 성장이 다 된 후에는 결과가 다시 나빠질 수 있습니다.

아래턱이 튀어나온 경우, 성장교정의 결과 유지가 안 되는 것은 흔히 보고되고 있습니다. 결국 해결을 위해 성인이 된 후 외과적 수술을 하기도 합니다. 이는 성장기 어린이의 아래턱 교정 시 조기 교정에 대한 부정적 견해의 근거가 되기도 합니다.

2) 아래턱이 위턱에 비해 작은 경우

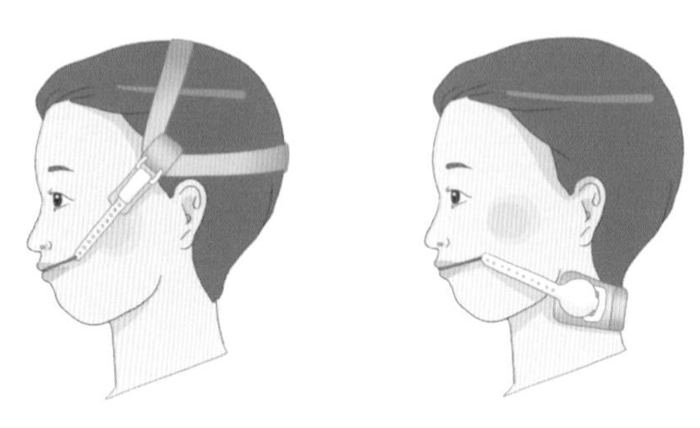
헤드기어(headgear)를 착용한 모습

위턱이 큰 아이들을 위한 일반적인 방법 중 하나가 헤드기어를 사용하는 것입니다.

또 다른 방식으로 트윈블록(twin block)이라는 장치를 장착할 수 있습니다. 24시간 착용하면 효과는 더욱 확실해집니다. 힘들 경우 식사 시에는 제거해도 됩니다. 발음에 대한 것이 타 장치에 비해 비교적 쉬운 장점이 있습니다.

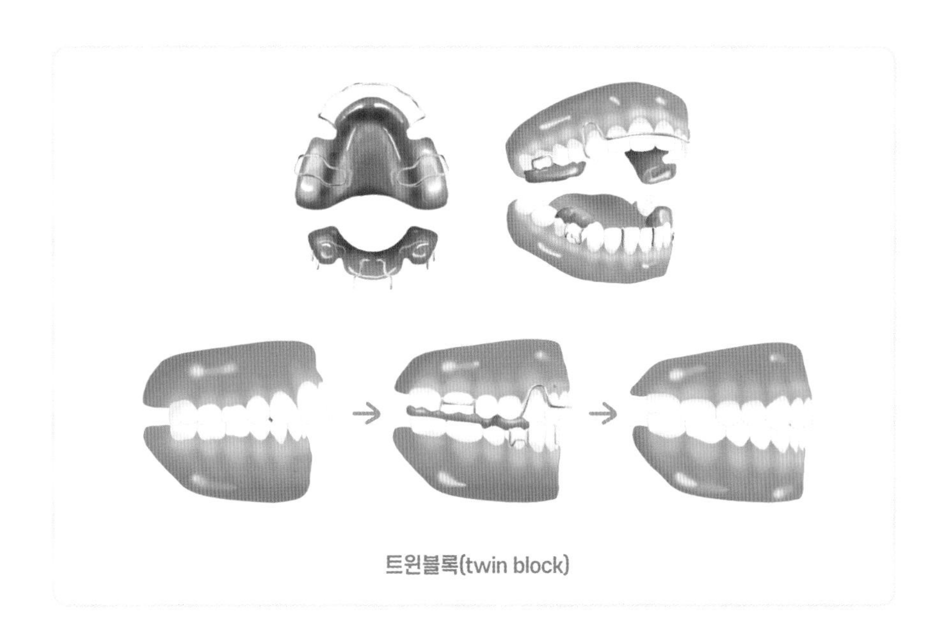
트윈블록(twin block)

2차 교정

대상/치료 시기

이가 고르지 못하고 삐뚤게 난 경우도 살펴보면 그림처럼 다양한 모습이 있습니다. 이럴 때는 '2차 교정'을 합니다. 영구치가 다 나오면 하게 되고, 그 시기는 대략 초등학교 6학년 이후가 됩니다. 과정은 성인 교정과 같습니다.

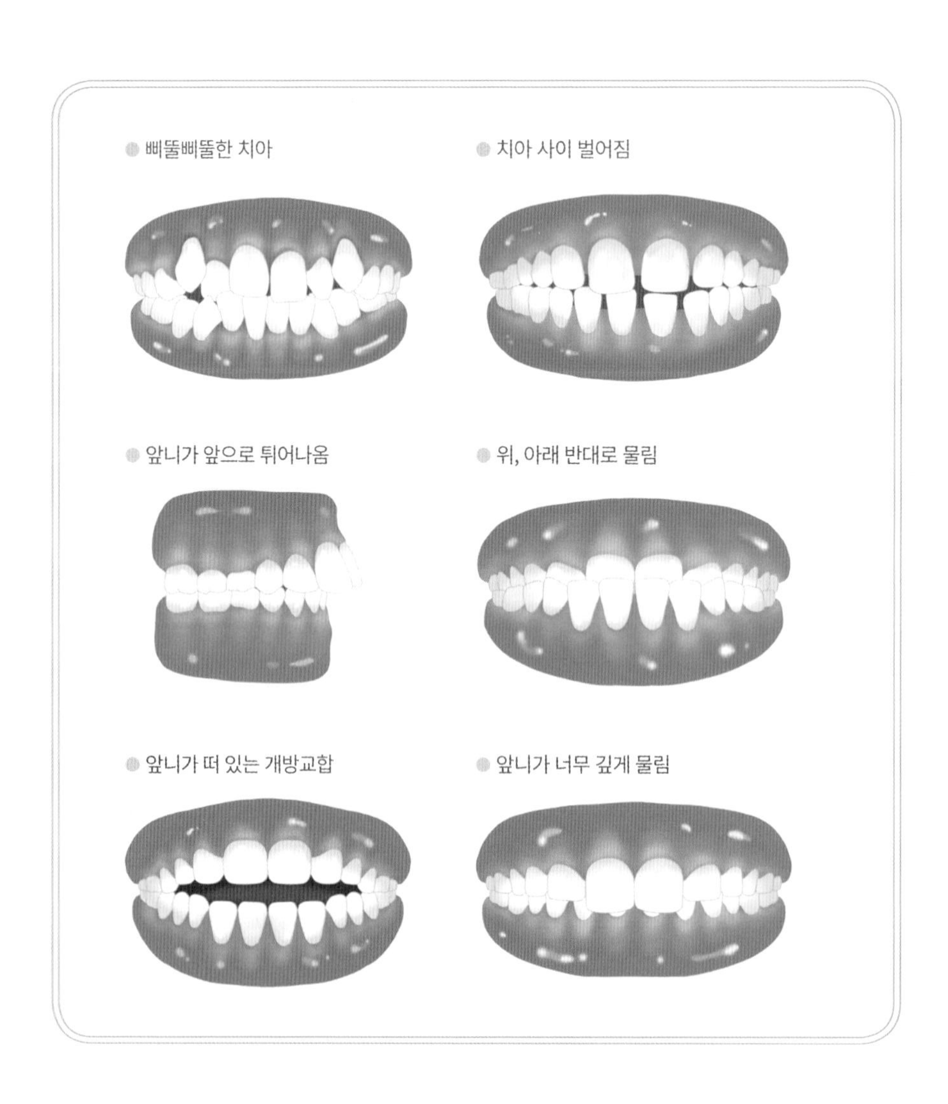

치료 방법

우리가 흔히 보는 치아교정 진료입니다. 치아에 브래킷을 붙이고 철사를 연결합니다. 물론 꼈다 뺐다 하는 장치로 하는 경우도 있습니다. 대부분은 교정용 철사를 이용하는 진료를 합니다. 치료 기간은 1~2년 정도가 걸립니다. 아래턱이 위턱보다 큰 경우에는 성인이 된 후 턱의 성장이 멈추었을 때 수술을 하여 교정하기도 합니다.

치과에서의 교정 진료는 그동안 눈부시게 발전되었습니다. 턱과 치아가 조화롭게 되어 기능과 심미가 개선되면 치과의사도 큰 보람을 느낍니다. 하지만 안타깝게도 다시 치아 배열이 틀어지는 경우도 많습니다. 재교정을 받게 되는 비율도 상당히 있습니다. 교정치료 후에 유지의 노력이 필요합니다. 유지장치의 꾸준한 사용과 악습관의 조절로 치료의 결과를 최대한 보존할 수 있습니다.

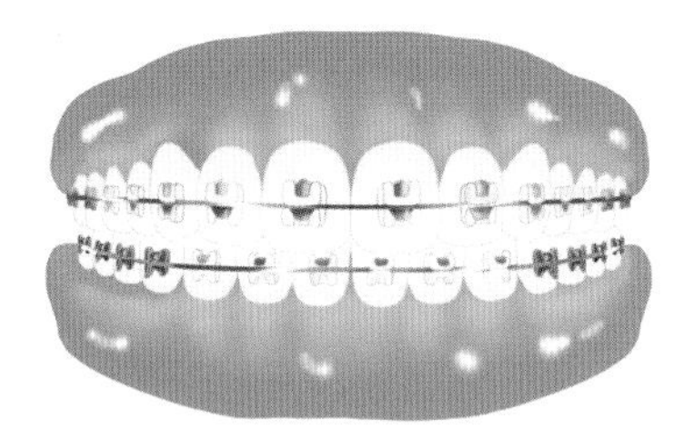

치아교정용 브래킷과 철사를 장착한 모습

치과 외상

8~10세경이 되면 아이들은 활동량이 많아집니다. 다양한 운동도 하게 되고요. 안타깝게도 이 시기에 치아, 입술, 턱 등을 다쳐서 치과에 오는 경우가 많습니다. 막상 우리 아이에게 얼굴을 다치는 일이 발생하면 크게 당황하게 됩니다. 아이보다 부모가 더 놀라게 됩니다. 사전에 대처 방법을 알아둬야 적절한 대응이 가능합니다. 또한 놓치지 말아야 할 중요사항도 있습니다.

치아가 빠졌을 때

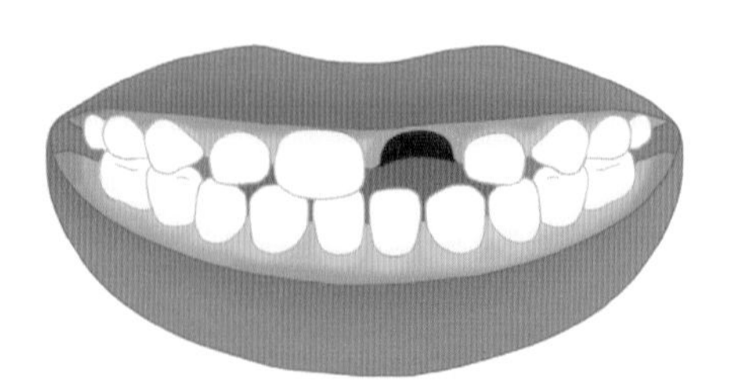

앞니가 외상으로 빠진 모습

빠진 이를 가지고 즉시 치과로 가야 합니다. 어떻게 가지고 가느냐가 중요합니다. 치아의 구조는 아래 그림과 같습니다.

머리가 있고, 뿌리가 있습니다. 빠진 이를 찾고 머리를 집어야 합니다. 뿌리는 절대로 건드리면 안 됩니다. 치아의 뿌리에는 얇은 섬유세포들이 덮여있습니다. 이것을 보호하는 게 중요합니다. 손으로 만지거나 종이로 닦아내도 안 됩니다.

흐르는 물에 가볍게 씻고 식염수나 우유에 넣어서 치과에 가져갑니다. 30분 내에, 치과에 가져가서 다시 원위치로 넣으면 살아날 가능성이 높습니다. 뿌리가 심하게 훼손되거나 공기 중에 노출된 채로 오래되면 섬유세포는 기능을 잃게 됩니다.

생리식염수나 우유를 구할 수 없다면 아이의 입안에 넣어갑니다. 사탕처럼 치아와 볼살 사이에 위치시킵니다. 삼킬 가능성이 있다면 침을 뱉어서 담가서 갑니다.

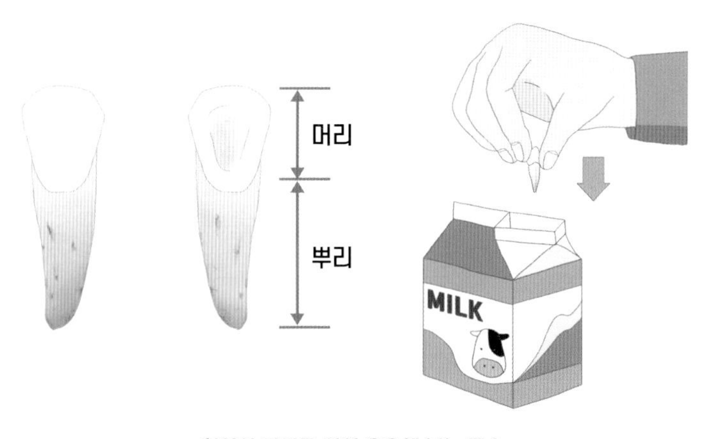

치아의 머리를 집어 우유에 넣는 모습

치아가 부딪혀서 움직인 경우

영구치가 부딪혀서 잇몸으로 들어가 있거나 튀어나오게 됩니다. 그런 경우에는 마취를 하고 원래 위치로 바로잡아줍니다. 그리고 2~3주 정도 철사로 고정합니다. 마치 등산을 하다가 다리에 부상당했을 때 나무를 대고 묶어주는 것과 같습니다.

고정작업을 한 뒤 치아를 관찰합니다. 만약 신경이 죽어 치아 색이 변하거나, 염증과 통증이 있다면 신경치료를 받게 됩니다. 고정 기간 후에 철사를 제거합니다. 뒤늦게 치아와 주변에 증상이 나타나기도 해서 지속 관찰을 합니다.

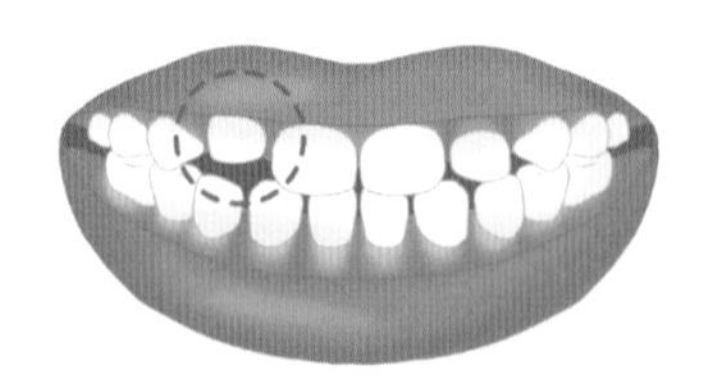
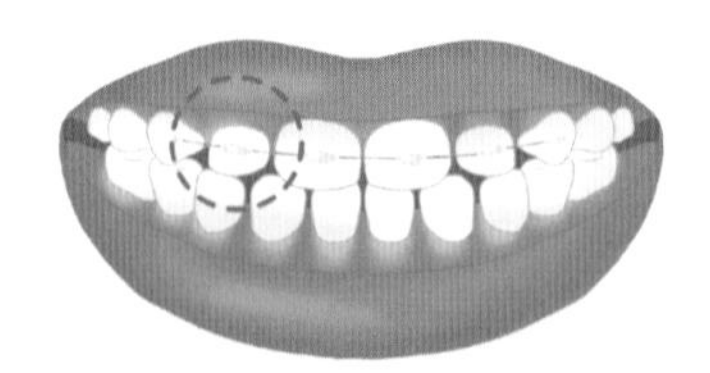

깨진 경우

치아가 깨져서 치과에 오게 되는 것도 아주 흔한 일입니다. 살짝만 깨져도 혀가 자구 건드려져서 상처가 날 수 있습니다. 치아색으로 때워주는 게 좋습니다. 간단히 마취도 없이 치료가 가능합니다.

만약 깨진 양이 많다면 증상 체크 후에 씌워주는 크라운치료를 하게 됩니다. 치아색으로 때우거나 씌우는 치료는 잘 발달하여있어 외관상 차이가 안 나게 회복이 됩니다.

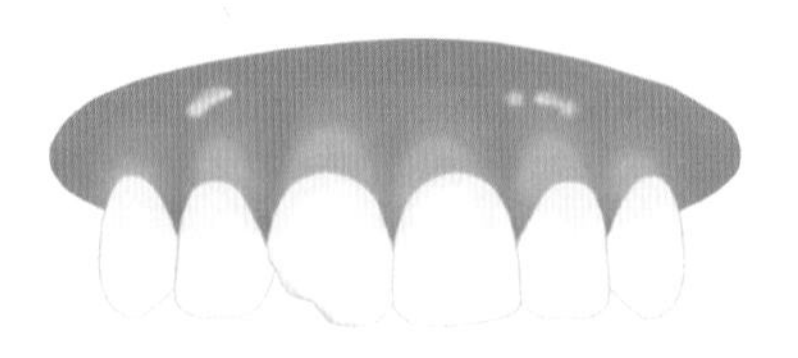
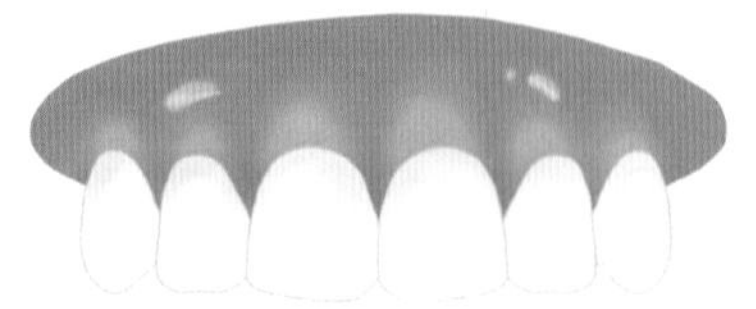

외상 후의 관리

다친 후에 1~2주는 상처 부위가 안정을 취하는 것이 좋습니다. 팔, 다리가 다치면 깁스하여 보호하는 것과 마찬가지입니다. 될 수 있으면 자극적이거나 딱딱한 음식은 피해주세요. 혀가 계속 손상 부위에 닿게 되면 회복이 지연되거나 고정이 안 될 수 있습니다.

보통 상처 부위는 3~4일이면 통증과 부기가 좋아집니다. 다친 부위에 음식이 남아 있으면 2차 감염의 우려가 있으니 부드럽게 양치질해줍니다. 구강세정 용액으로 입을 헹구어 주는 것도 좋습니다.

불편한 증상과 손상 부위가 회복이 되어도 추후 치아색이 변하거나 염증이 나타나기도 합니다. 아이들은 영구치의 뿌리가 흡수가 되거나 맹출이상이 생길 수 있습니다. 반드시 정기적으로 검진을 받고 확인하는 게 좋습니다. 그래야 문제가 되기 전에 최대한 예방하며 대처할 수 있습니다.

치과 외상의 예방

무엇보다 중요한 것은 예방일 것입니다. 정말 아차 하는 순간에 사고가 납니다. 아이가 다치지 않게 주의를 기울여야 합니다. 위험한 곳이나 행동은 피해야겠지요. 무작정 활동을 줄일 수도 없습니다. 다양한 안전사고에 대한 교육을 습관화해야 합니다. 운동을 좋아하는 아이거나 활동성이 크다면 마우스가드를 착용하는 것이 좋습니다.

스포츠치의학은 운동에 관련된 얼굴과 치아의 손상, 예방, 치료를 다루는 분야입니다. 연구에 따르면 전체 외상에서 열 명 중 셋은 운동과 관련된 것입니다. 특히, 돌출된 앞니가 있을 경우 더 높아집니다.

최근에는 아이들이 여러 가지 스포츠 활동을 합니다. 야구, 축구, 농구, 아이스하키 등 다양한 단체 운동이 있습니다. 마우스가드를 사용하지 않았을 때는 수십 배나 외상의 확률이 높아집니다.

비접촉성 개인 운동도 조심해야 합니다. 수영이나 골프, 탁구, 테니스 등 순간적으로 힘을 주는 운동도 주의가 필요합니다. 치아와 턱관절에 상당히 큰 무리가 가게 됩니다. 지속적인 손상이 가해집니다. 마찬가지로 마우스가드를 착용하는 것이 좋습니다.

마우스가드는 기성형 제품과 변형 가능한 기성형, 그리고 치과 제작형이 있습니다. 인터넷 등에서 구매가 가능한 기성형은 간편한 장점이 있습니다. 하지만 아이의 입안 속 상황에 맞게 치과에서 맞춤형으로 제작하는 것이 권장됩니다. 특히 입과 턱에 돌출이 있거나 부정교합이 있는 경우는 주의가 필요합니다. 오히려 잘못된 장치의 착용으로 다른 손상이 생길 수도 있습니다.

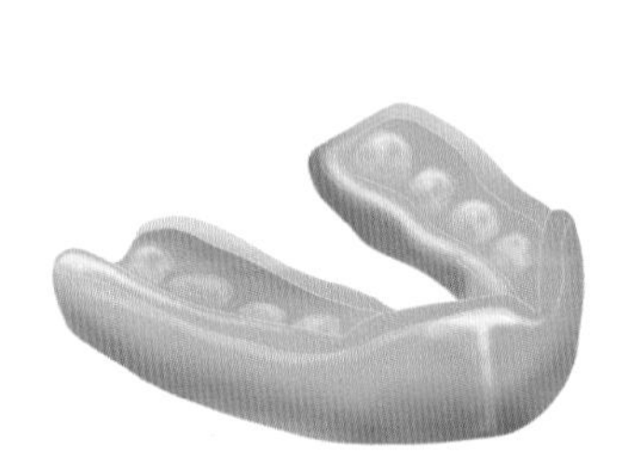

스포츠 마우스가드

아이들의 구강 악습관

아이들의 입에 관련된 악습관들이 많습니다. 사실 이런 것을 잘 모르고 있는 경우가 대부분입니다. 설령 인지하고 있어도 어떻게 개선해야 하는지가 어려운 문제입니다. 다양한 안 좋은 습관들이 우리 아이의 치열과 얼굴 성장, 나아가 전신 건강에도 큰 영향을 미칩니다.

입으로 숨 쉬는 아이

구호흡 관찰: 먼저 아이의 호흡 상태를 점검하자. 입을 벌리고 있는지 살펴 본다

테스트: 입술을 닫고 코로 숨쉬기, 천천히 물 마시기

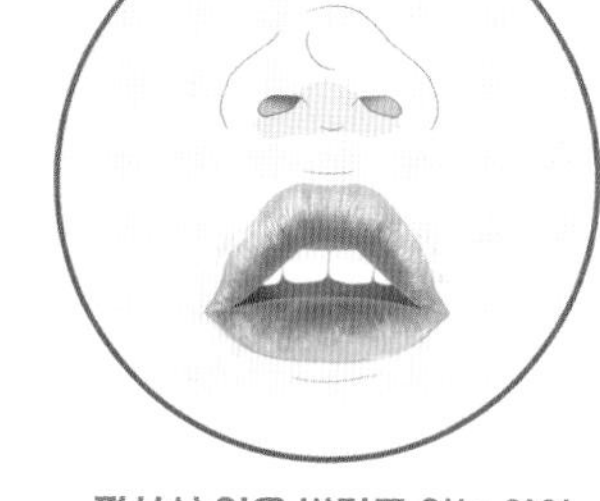

평상시 입을 벌리고 있는 아이

구호흡이 확인되면 우선 이비인후과나 소아과에서 비염, 편도선, 아데노이드 등에 이상이 있는지를 검사받습니다. 그리고 치과에서 턱과 치아, 입술 등의 해부학적 구조를 확인합니다. 그런 경우는 성장기교정(1차 교정)을 통해 개선할 수 있습니다. 이비인후과와 치과적 치료를 통해 코의 폐쇄가 나아져도 습관성 구호흡으로 전환되기도 합니다.

입으로 숨쉬는 아이들은 '아데노이드성 얼굴'이라는 독특한 형태를 보이기도 합니다. 아데노이드 조직의 비대로 장기간 구호흡을 함으로써 발생합니다. 얼굴이 길고 좁게 됩니다. 짧은 상순과 아래턱이 뒤로 들어가 보이는 무턱 형태를 보입니다. 돌출입 모양을 띄기도 합니다.

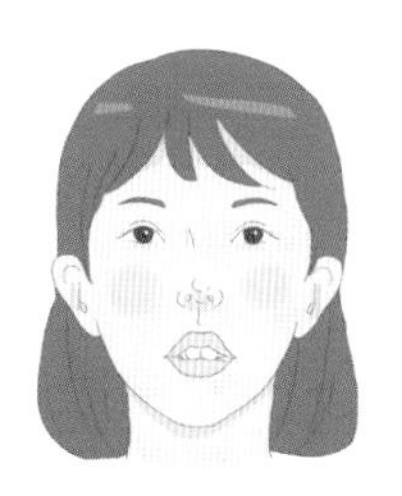

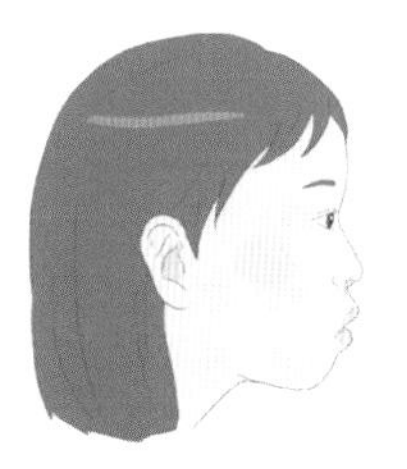

구호흡이 있는 아데노이드성 얼굴

구호흡의 개선을 위한 근기능 운동

입으로 숨을 쉬는 것은 해부학적 구호흡과 습관성 구호흡으로 나누어 생각할 수 있습니다.

해부학적 구호흡: 윗치아가 돌출되고 윗입술이 짧아서 입술을 완전히 다물기 어려운 경우

습관성 구호흡: 코의 폐쇄가 개선되었어도 과거 습관으로 계속 입으로 숨 쉬는 경우

코호흡으로 바꾸기 위한 근육 훈련, 구강 훈련이 있습니다. 입을 벌리지 않고 입술에 힘이 들어가서 닿게 만듭니다. 수시로 아이가 할 수 있도록 합니다.

① 실로 단추 당기기

단추에 실을 넣어서 입술로만 물고, 손으로 당기는 운동을 합니다.

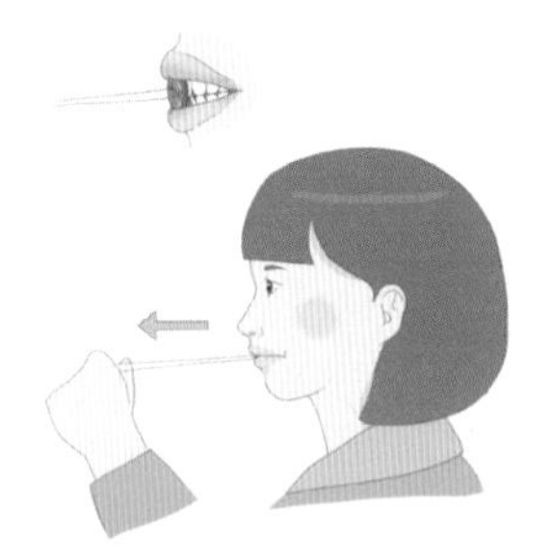

② 면봉 물기

면봉을 입술로만 무는 연습을 합니다. 입술에 힘이 들어가 평상시에도 닫혀 있도록 해줍니다. 튀어나온 앞니도 더 나오지 않게 막아줍니다.

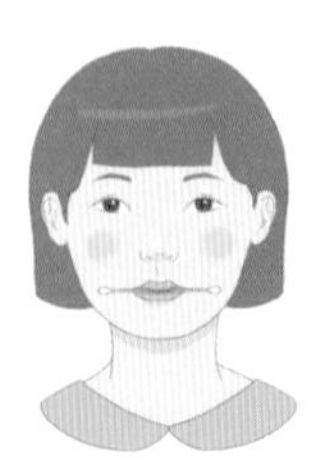

* 구호흡 하는 아이들은 혀의 위치가 아래에 있는 경우가 많습니다. 혀는 평상시 입천장에 닿아 있어야 합니다. 그래야 위턱이 발달하며 비강도 넓어집니다. 이어서 다뤄지는 이갈이를 위한 근기능운동(p299)을 병행하면 좋습니다.

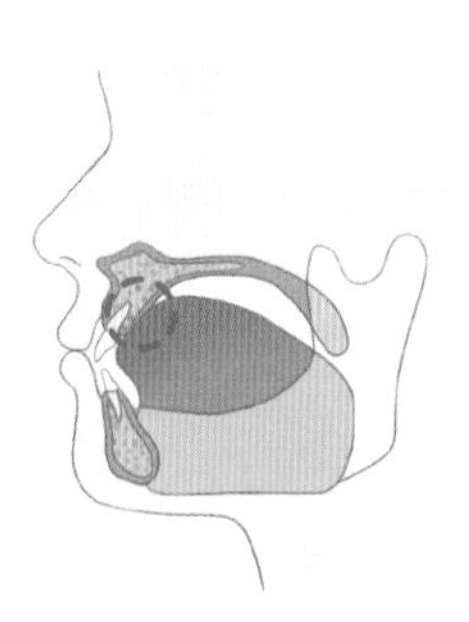

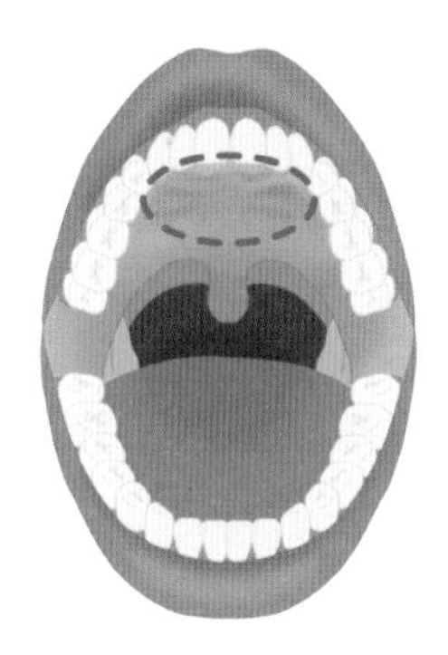

* 아이가 스스로 하는 것이 좋지만 충분히 설명해 줄 필요가 있습니다. 근기능 운동을 해줘야 코로 숨을 쉬어 머리도 맑아지고, 입도 더 튀어나오지 않아 예뻐진다고 알려줍니다. 그러면 아이들도 동기 부여됩니다.

우리 아이가 이를 심하게 갈아요

"우리 아이가 밤에 이를 갈아서 걱정이에요!"

" 너무 소리가 커서 이가 깨져나가는 것 같아 걱정이에요"

낮이나 밤에 치아를 물고 있거나 가는 것을 '이갈이'라고 부릅니다. 무언가에 집중하거나 스트레스를 받으면 우리는 무의식적으로 이를 꽉 깨물게 되어있습니다. 지금 한번 이를 꽉 물어보세요. 아마도 5초만 지나도 턱 근육에서 힘이 빠지는 것을 느끼게 될 겁니다. 의식이 있는 동안 치아가 너무 센 힘으로 물리게 되면 뇌에서 서로 떨어지게 명령을 내립니다. 이것을 '보호성 반사'라 합니다.

치아는 서로 부딪혀서 좋을 일이 하나도 없습니다. 사실 식사할 때도 치아끼리 거의 닿지 않습니다. 닿는 듯 마는 듯하며 음식을 부수고 있죠. 아주 딱딱한 종류의 음식을 먹을 때만 치아끼리 맞닿는 효과가 있습니다. 이렇게 치아는 스스로 손상되는 것을 보호하게 되어있습니다. 그런데 이것이 작동이 안 될 때가 있습니다.

언제 이갈이가 생길까요?

식사할 때는 보호성 반사가 작동됩니다. 아주 딱딱한 음식만 아니면 괜찮습니다. 식사하지 않는 시간에 치아를 물거나 갈게 됩니다.

운동 시

스트레스받을 때

잠을 잘 때

이 중에서 가장 위험한 것이 수면 중 이갈이입니다.

수면 중 이갈이는 이를 꽉 깨물거나 가는 것 둘 다 해당됩니다. 이게 가장 큰 문제인 이유는, 잠을 잘 때 무는 힘은 낮에 무는 힘보다 4~10배가 더 세기 때문입니다. 그래서 심한 경우 밤에 끼는 보호장치를 착용하기도 합니다.

장치로 인하여 이갈이가 사라지지는 않습니다. 또한 성장기 어린이는 주기적으로 장치를 교체해 줘야 합니다. 결국은 습관 개선의 노력이 필요합니다.

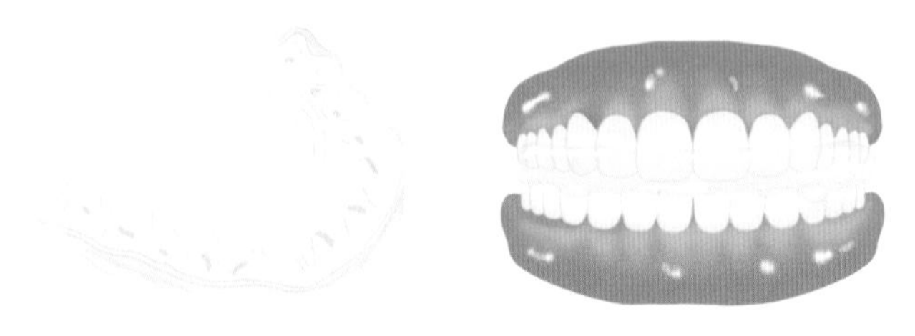

이갈이 장치

이갈이는 여러 가지 손상과 질환을 만든다

우선 치아의 표면이 갈리거나 깨져 나갑니다. 그리고 치아를 붙잡고 있는 주변 조직이 손상됩니다. 대표적인 것이 잇몸뼈가 주저앉게 됩니다. 그리고 무는 힘이 자주 가해지면 턱관절에도 무리가 갑니다. 결국 턱에서 소리가 나거나 염증이 생겨 통증이 나타납니다.

습관의 개선

결국은 낮이건 밤이건 치아를 물고 있는 습관이 사라져야 합니다. 그리고 우리 아이들의 목과 어깨가 올바른 자세로 되도록 해줘야 합니다. 치아와 턱, 입술과 혀의 위치를 잡아주는 운동이 있습니다. 그리고 머리와 어깨의 자세도 나빠지는 것을 예방합니다.

안정위(rest position)
: M 소리내기 운동

치아와 혀, 입술 그리고 턱과 머리의 이상적인 위치가 있습니다. 무리가 가해지지 않는 건강한 자세입니다. 거북목이 되거나 치아와 턱에 손상이 안 생기는 위치입니다.

● 안정위(rest position)
- 치아는 살짝 떨어집니다
- 입술은 살짝 붙어있습니다
- 혀는 입천장의 오돌토돌한 잇몸에 닿고 있습니다
- 어깨와 상체는 펴져 있습니다.

● M 소리내기 운동

이 안정위를 스스로 잡아주는 운동을 자주 합니다. 치과계에서는 여러 가지 방법으로 추천되어 왔습니다. 그중 가장 간단히 할 수 있는 방법이 있습니다. 'M 소리내기 운동'입니다.

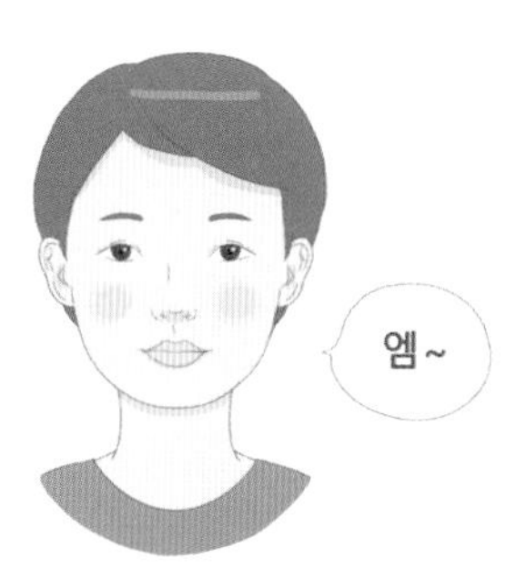

❶ 엠(M)하고 소리를 내다보면, 입술은 붙고 치아는 살짝 떨어집니다. 그 상태에서 천천히 심호흡합니다.

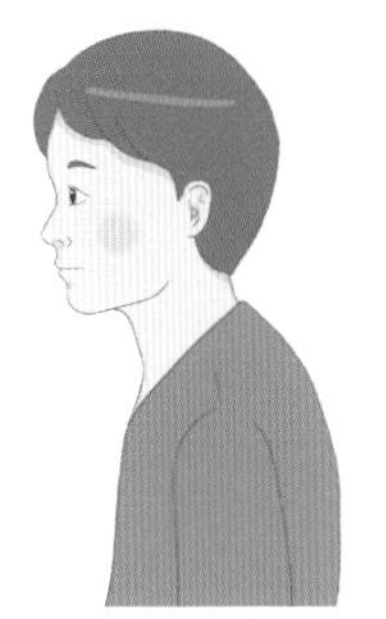
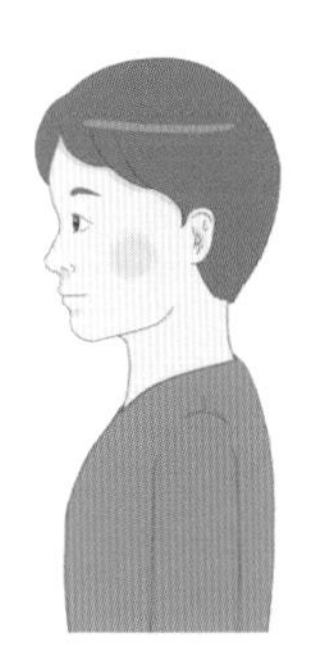

❷ 그러면 자연스레 상체가 펴지고, 입안의 혀도 입천장에 닿게 됩니다. 그러면 안정위(rest position)가 됩니다.

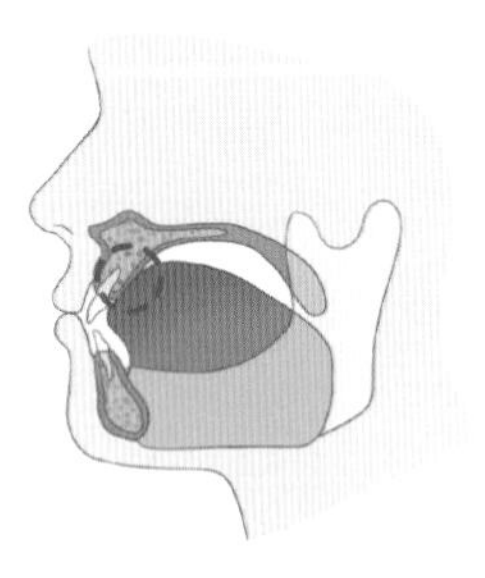

이 상태가 치아와 턱, 혀와 입술의 올바른 평상시의 위치입니다. 자주 안정위의 자세를 잡아주는 운동을 해주면, 안 좋은 습관이 사라지게 됩니다.

꾸준히 노력하다 보면 아주 심하게 소리 내며 이를 가는 사람도 악습관이 사라집니다. 평균 1~2년이 걸립니다. 고칠 수 있고 개선될 수 있습니다. 아이와 함께 보호자도 같이하는 게 좋습니다.

◈ 안정위 후 근기능 운동 ◈

안정위의 자세를 잡은 뒤 근기능 운동을 같이 해주면 좋습니다. 목과 어깨 등의 근육을 풀어주어 긴장과 스트레스를 낮춰줍니다. 이갈이로 인해 손상된 조직을 이완시키며 혈류가 증가합니다. 더욱 건강한 상태로 나아지게 됩니다.

❶ 엠(M)하고 심호흡을 한 뒤, 머리를 좌우로 돌려 5초간 바라봅니다.

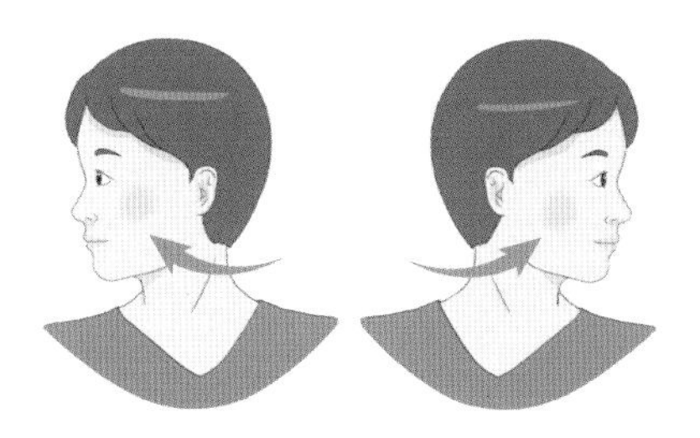

❷ 좌우로 5초간 갸우뚱하듯이 스트레칭합니다.

③ 머리를 밑으로 5초간 숙이며 이완시킵니다.

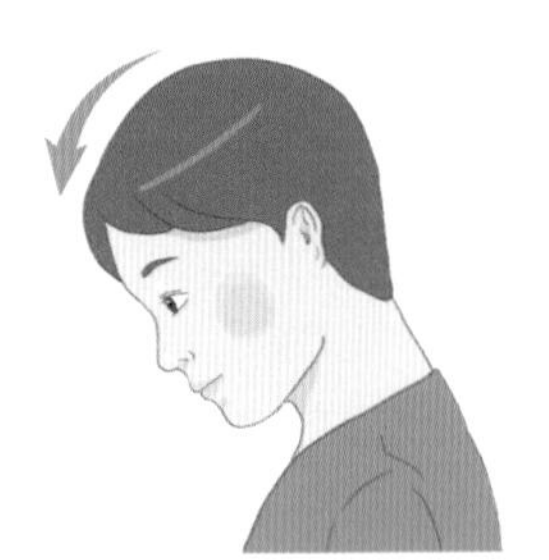

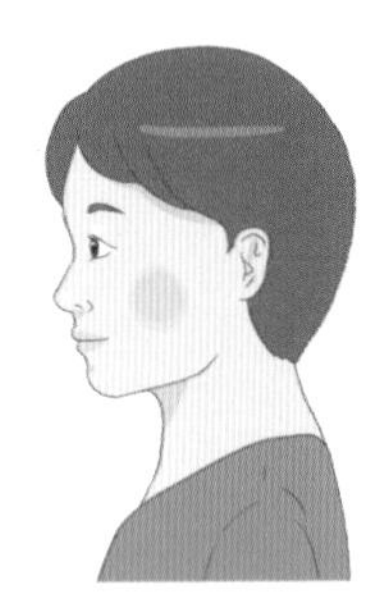

④ 손으로 깍지를 끼고 견갑골을 당기며 어깨를 펴줍니다. 5초 동안 합니다.

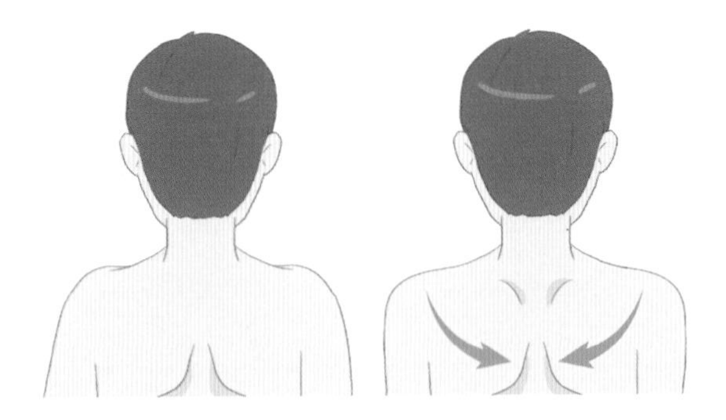

* 이것을 한번 할 때 전체를 5번 반복해서 해주는 것이 좋습니다.
* 그리고 오전에 3번, 오후에 3번, 자기 전에 1번을 해줍니다. 즉 시간이 날 때마다 자주 합니다.
* 가능하면 부모와 같이 하는 것이 좋습니다.
* 책상에 'M'을 써서 붙이고, 눈으로 볼 때마다 수시로 하게 하는 것도 좋습니다.

습관의 개선은 마치 새로운 길을 내는 것과 같습니다. 안 좋은 습관의 반대되는 좋은 습관의 운동을 계속하다 보면, 어느새 안 좋은 습관의 길은 사라지며 좋은 습관의 길이 선명하게 생기어 자리가 잡힙니다. 물거나 가는 습관은 치아와 턱관절 등에 다양한 손상도 생기게 하지만, 구호흡과 구부정한 자세로 인한 집중력 저하와 전신 건강을 해치게 되는 일까지도 만듭니다.

초등학교때부터 시작되는 이갈이, 이악물기는 성인이 되서도 50% 이상이 악습관으로 남아 있어서 여러 가지 폐해를 만듭니다. 아이들뿐 아니라 성인들도 고통을 호소합니다. 어렸을 때부터 부모와 함께 생활습관을 체크하며, 좋은 근기능 운동을 해나갈 필요가 있습니다.

손톱 물어뜯기

"아이 손톱을 언제 깎아 주었는지 기억이 안 나요"
"손톱을 깎아 주려 했는데 깎을 게 없어요"

이렇게 얘기하는 부모님이 의외로 많습니다. 열 명 중 3~4명은 손톱을 무는 습관이 있다고 합니다. 흔한 행동이지만 사회적으로 나쁜 습관으로 여겨집니다. 손톱을 물어뜯는 습관은 보통 유아기에 시작됩니다. 8~10세에 가장 왕성하게 보입니다. 성인이 돼서도 지속되는 경우가 있습니다. 때에 따라 손톱뿐 아니라 손가락, 손, 입술 그리고 손에 잡히는 물건 등을 물어뜯기도 합니다.

손톱 물어뜯기로 인한 문제

1. 세균의 감염

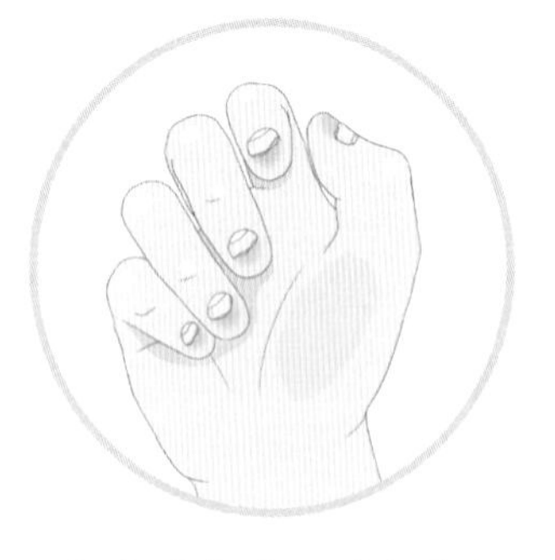

물어뜯게 되면 자칫 상처가 나게 됩니다. 그 부위에 세균의 감염이 생길 수 있습니다. 손을 입으로 갖다 데는 것 자체가 감염에 취약해집니다. 각종 바이러스 질환 관련 위험이 커지는 것이지요.

손톱 주변 손가락도 항상 빨갛게 부어 있거나 손톱이 작아져 있습니다. 성인이 돼서도 손톱이 작고 쭈글쭈글해집니다. 이쁘지 않게 됩니다. 무엇보다 아프게 될 때가 자주 있습니다.

2. 부정교합

치아로 물어뜯으니 당연히 치아의 손상이 옵니다. 치아도 짧아집니다. 그리고 모양도 변합니다. 무엇보다 치아가 삐드러지거나 하는 부정교합이 발생합니다. 이는 또한 구호흡이나 턱관절 질환으로 연결됩니다.

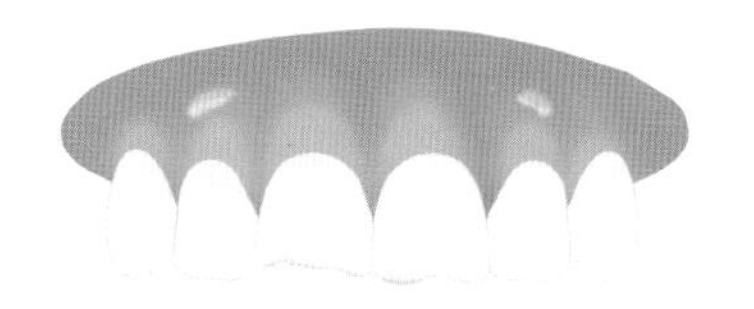

3. 턱관절 장애

손톱을 물어뜯는 행위는 앞니만 닳게 하는 게 아니라 턱관절에도 압력이 증가하게 만듭니다. 이는 곧 턱관절 질환으로 이어집니다. 귀 앞의 턱관절에서 소리가 나던지, 통증, 염증 나아가 얼굴의 비대칭을 일으킬 수도 있습니다.

4. 심리적 위축

사회적으로 안 좋은 습관으로 인식되기에 부모가 먼저 신경이 쓰이게 됩니다. 이는 아이에게 바로 전달이 되고 서로 예민한 상황이 만들어지기도 합니다. 아이 또한 자각하고 고치려 하지만 쉽지 않아서 스트레스가 됩니다. 초등학교에 올라가 사회적 관계를 맺게 될수록 심해집니다. 결국 대인관계에서 심리적 위축감이 생기기도 합니다. 사람을 만날 때 소극적이고 자신감이 모자랄 수 있습니다.

손톱 물어뜯기의 원인

1. 정서적인 문제

손톱을 뜯는 것은 심리적인 안정감을 느끼기 위해 하는 행동입니다. 긴장감을 해소하려고 혹은 욕구불만을 표출하기 위해 합니다. 예민하거나 인내력이 적은 아이, 완벽주의가 있거나 경쟁심이 강한 아이 등에게 나타납니다.

2. 모방

가족 구성원이 하는 행동은 보고 따라 하는 경우도 많습니다. 이 또한 살펴보고 같이 노력해야 합니다.

습관의 개선

1. 심리적 불안감 해소

손톱을 물어뜯는 버릇은 아이가 마음을 편안하게 하기 위한 행동임을 이해해 주는 게 필요합니다. 아이와 대화를 많이 나누고 자신이 사랑받고 있다는 사실을 자주 느끼는 것이 좋습니다. 스킨십과 표현을 더 많이 해주세요.

2. 스트레스 줄이기, 마음공부

아이에게 현재 학업 스트레스는 없는지 살펴보세요. 부모의 지나친 요구와 잔소리는 아이에게 스트레스적인 정보로 누적됩니다. 손톱을 뜯으며 스스로 해소하려 하게 되는 것이지요.

경쟁심과 완벽주의도 아이의 마음을 힘들게 할 수도 있습니다. 이겨야 직성이 풀리고 자기중심적인 아이가 있습니다. 그런 것은 긍정적인 면도 있지만 조절이 필요합니다. 때론 나와 상대방을 인정하는 것도 알아 가야 합니다. 스포츠를 통해 승부를 대하고 상대를 존중하는 마음을 배우는 것도 권장됩니다.

안타깝지만 우리가 잘 알고 있는 사실은, 아이는 부모의 거울이라는 것입니다. 부모의 평상시 모습을 보고 배우게 됩니다. 부모도 감정이 절제되지 않은 모습을 보여줄 수 있습니다. 우리는 신은 아닙니다. 여러 감정을 느끼는 보통의 인간입니다. 하지만 아이를 위하는 순간, 부모는 비범하며 위대해집니다. 사랑하는 마음으로 꾸준한 노력을 해나가면 되리라 봅니다. 심리적인 문제들에 대해 자주 대화를 나누고 공감하는 게 필요합니다. 아이와 함께 같이 고민하며 성장한다고 생각하면 조금은 편할 것 같습니다. 부모도 함께 마음공부를 해나가는 것이지요

3. 거울 보며 인지하기

어느 정도 지각 능력이 있는 초등학교 입학 전후의 아이인 경우에 인지를 도와 습관 개선을 할 수 있습니다. 매일 아침저녁으로 5분씩 아이를 거울 앞에 앉혀놓고 손톱을 물어뜯는 행동을 하게 합니다. 아이가 저절로 자신의 버릇을 인식하고 통제할 수 있게 하는 것도 손톱 물어뜯기를 고치는 데 도움이 되는 방법입니다.

4. 칭찬하기

손톱을 물어뜯는 습관은 개선이 되면 바로 표가 납니다. 손톱이 길게 난다든지 손톱 주변이 좋아집니다. 그럴 때는 바로 칭찬을 후하게 해주세요. 모든 습관 조절의 최고의 상은 칭찬입니다. 사소한 것이라도 칭찬해 주세요. 아침에 잘 일어나던지, 스스로 정리한다든지, 밥을 잘 먹어도 어떤 것이든 좋습니다. 의외로 우리는 우리 아이에게도 칭찬에 인색합니다. 아끼지 말고 많이 해주세요. 안아주는 스킨십을 같이 해주면 더 효과가 좋습니다.

"오~ 손톱이 자라 있네. 많이 좋아졌구나"
"습관을 바꾸기가 쉽지 않은데 너무 잘했어. 대단한데~"

인간은 칭찬을 받으면 무의식적으로 기분이 좋아집니다. 우리 몸에 나쁜 세균과 좋은 세균이 모여 살듯이, 우리 마음에도 안 좋은 감정과 좋은 감정이 같이 공존합니다. 될 수 있으면 좋은 기분이 더 많이 차지하고 있어야 합니다. 설령 안 좋은 마음도 생겨도 빠르게 회복되어야 합니다. 아이가 인정과 칭찬을 자주 받으면 스스로 자존감과 감정을 추스르는 능력이 좋아집니다.

혀내밀기

혀는 생각보다 우리 인체의 근육 중에 힘이 센 근육입니다. 많은 아이들이 혀를 내밀어 치아에 닿고 있습니다. 혀로 계속 치아를 밖으로 밀다 보면 벌어지고 뻐드러지게 됩니다. 앞니 쪽이 잘 안 닿게 되는 부정교합이 됩니다.

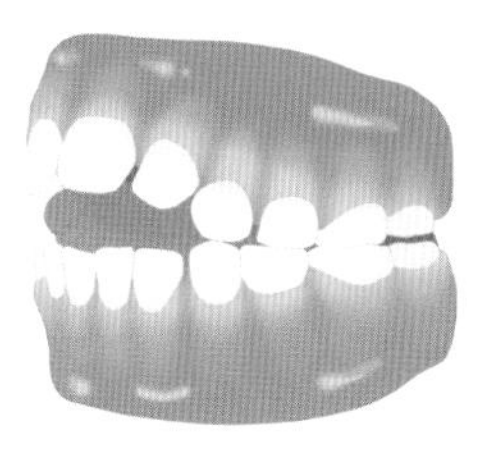

원인

유아형 연하의 잔존 : 젖을 먹는 아기는 혀를 내밀고 삼키게 됩니다. 젖병을 먹을 때도 마찬가지입니다. 이것을 유아형 연하라고 부릅니다.

유아형 연하

그러다가 유치가 나오면 식사할 때 점점 혀를 안으로 넣게 됩니다. 혀를 입천장에 위치시키고 깨무는 근육을 사용하여 음식을 넘기게 됩니다. 생후 12~15개월이 지나면서 대체로 성숙형 연하로 자연스레 바뀝니다. 만 4~5세가 되면 충분히 완성됩니다.

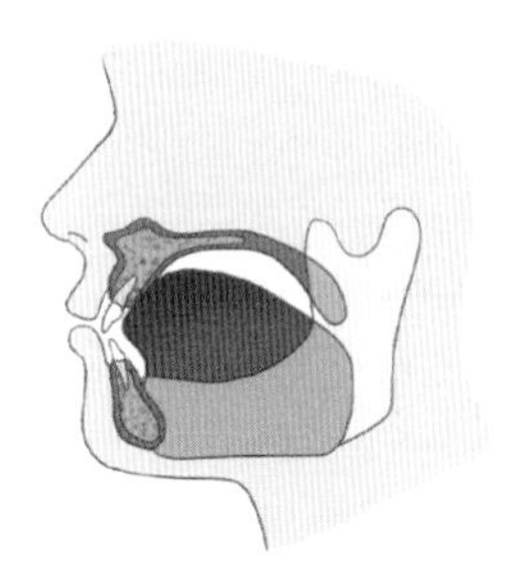

성숙형 연하

그러나 적절한 이유식 시기를 놓치거나, 컵 사용이 늦어졌을 때 유아형연하가 남아있을 수 있습니다. 그런 경우 혀내밀기 습관이 생길 수 있습니다.

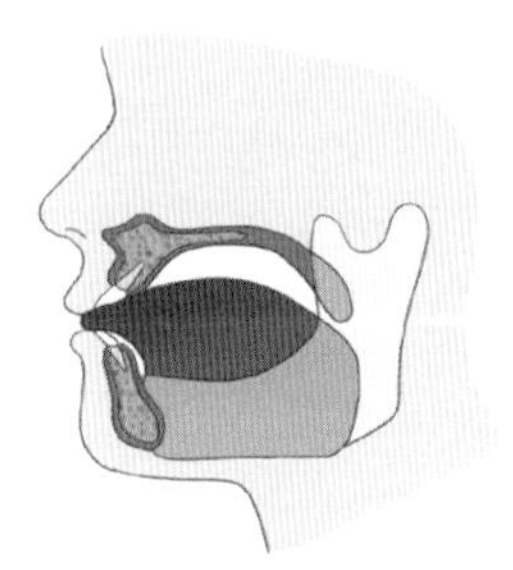

유아형 연하 잔존

부정교합 : 손가락 빨기나 구호흡을 하는 경우 앞니가 맞닿지 않게 됩니다. 이것을 개방교합이라고 부릅니다. 그 공간 사이로 혀가 가서 메꾸게 됩니다. 그러면 더욱 사이가 벌어지는 악순환이 발생합니다.

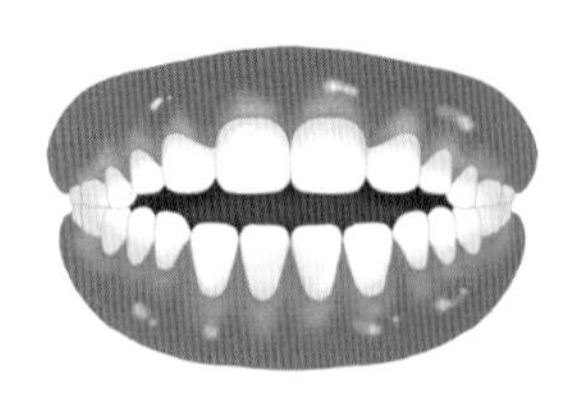

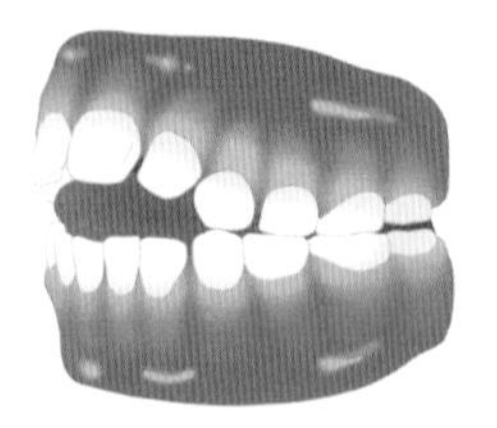

개방교합 ➡ 혀 ➡ 더 벌어짐

해부학적 구조 : 갑상선기능저하증이 있는 경우 혀가 비정상적으로 커질 수 있습니다. 또한 편도나 아데노이드가 과도하게 커져 어쩔 수 없이 혀를 내밀게 되는 경우도 있습니다. 이럴 때는 내분비내과나 이비인후과 치료가 우선됩니다. 내과적 치료로 작아지지 않는다면 청소년기 이후 혀를 외과적 수술로 줄여주는 것을 고려합니다.

치료

근기능요법 : 안정위 혀 위치에서 침삼키기

혀의 올바른 위치를 아는 것이 중요합니다. 편안하게 힘을 빼고 있을 때 혀의 위치를 '안정위'라 합니다. 이때 치아에 닿지 않고 있어야 합니다. 혀의 올바른 위치는 위 앞 치아의 안쪽 오돌토돌한 잇몸입니다. 입천장에서 혀가 위치하게 되는 곳입니다.

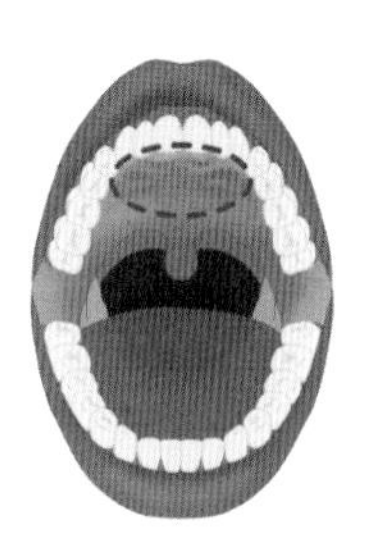
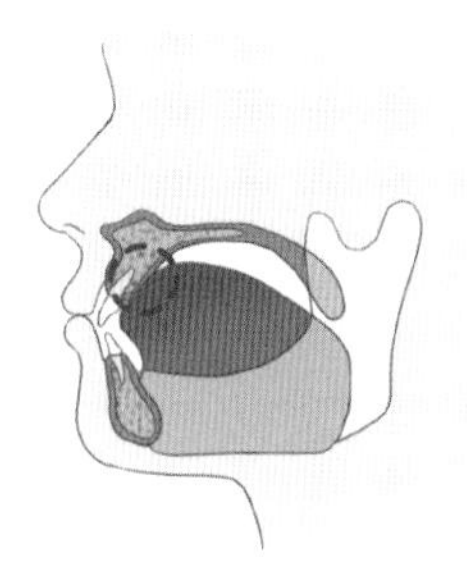

혀가 닿는 올바른 위치

이 위치를 알고 혀를 가져다 데는 연습을 해야 합니다. 이 부위에 가볍게 혀를 갖다 데고 침을 삼키는 연습을 합니다. 침을 삼킬 때 혀가 떨어지면 안 됩니다. 막대기로 입천장 잔주름의 위치를 가리키며 혀를 위치시키게 하거나 껌을 붙여 연습하기도 합니다.

습관차단장치 : 장치 치료를 고려할 수 있습니다. 혀를 내밀면 자극이 되는 장치입니다. 습관이 심한 경우에만 사용하고 아이와 충분히 사전에 의논합니다.

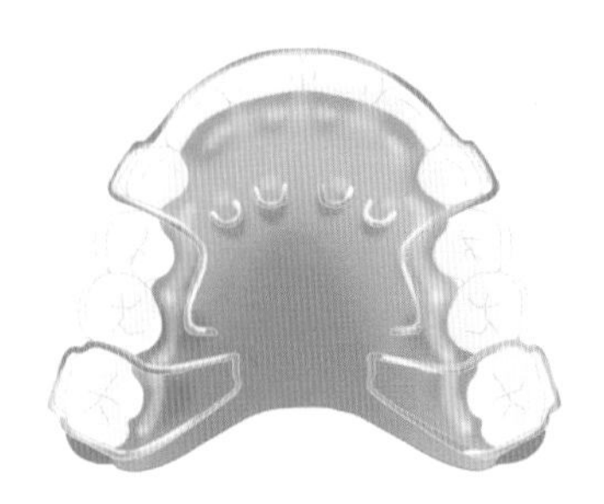

알아두면 좋은 Tips

: 우리 아이가 알약을 잘 삼키지 못해요

유아형 연하가 남아있으면 덩어리진 음식을 넘기는 걸 힘들어합니다. 이런 경우 알약을 삼키기 어려워하는 경우가 많습니다. 올바른 혀의 위치를 잡고, 침 삼키는 근기능운동을 꾸준히 하면 개선될 수 있습니다.

습관 교정 시 피해야 할 것

1) 집착하기

부모가 아이의 안 좋은 습관에 집착하면 아이는 더 하게 됩니다. 스트레스를 받기 때문이지요. 또 혼날까 봐 불안해집니다. 앞선 방법들을 노력해도 개선에 시간이 걸리기 마련입니다.

2) 혼내기

쉽게 개선이 안 되고 시간이 걸리기에 부모는 그만 참지 못하는 경우가 있습니다. 소리를 지르거나 화를 내기도 합니다. 최대한 자제하고 조심할 필요가 있습니다. 어렵습니다. 인내와 노력이 필요합니다. 다양한 시도를 하되 혼내지는 마세요. 시간을 주시고 기다려 주세요.

3) 무작정 장치나 바르는 치료하기

당장 해결을 위해 입안이나 손에 끼우는 장치 치료를 합니다. 신맛이나 쓴맛이 나는 것을 손톱에 바르기도 합니다. 반창고 같은 것을 붙이기도 하고요. 일시적인 도움은 되나 근본적인 해결은 안 됩니다.

"우리 아이에게 입냄새가 나요"

부모님과 아이는 누구보다 가까운 거리에서 생활합니다. 그러기에 아이의 입냄새가 느껴질 때가 있습니다. 심하게 나는 경우는 부모도 참기 힘든 경우가 있습니다. 입냄새가 있을 때는 아이가 커가며 사회성도 넓어지기에 엄마, 아빠의 걱정도 커지게 됩니다.

Chapter 12

10·11·12세

10·11·12세

- ☐ 이소맹출
- ☐ 간식 조절/양치질
- ☐ 입 냄새
- ☐ 수면장애
- ☐ 턱관절 장애

앞니가 나온 뒤 어금니가 바뀌는 시기

혼합치열기의 영구치 맹출은 크게 3가지 시기로 나뉩니다. 1차시기, 휴지기, 2차시기가 있습니다.

1차시기 : 제1치열교환기 1st transitional period

초등학교 1~2학년의 시기로 유치 앞니부터 빠지기 시작합니다. 앞서 살펴본 미운오리시기를 겪게 되는 때입니다. 위아래 앞니 4개씩 빠지고 총 8개의 치아가 영구치로 교합됩니다. 보통 초등학교 1~2학년 시기입니다.

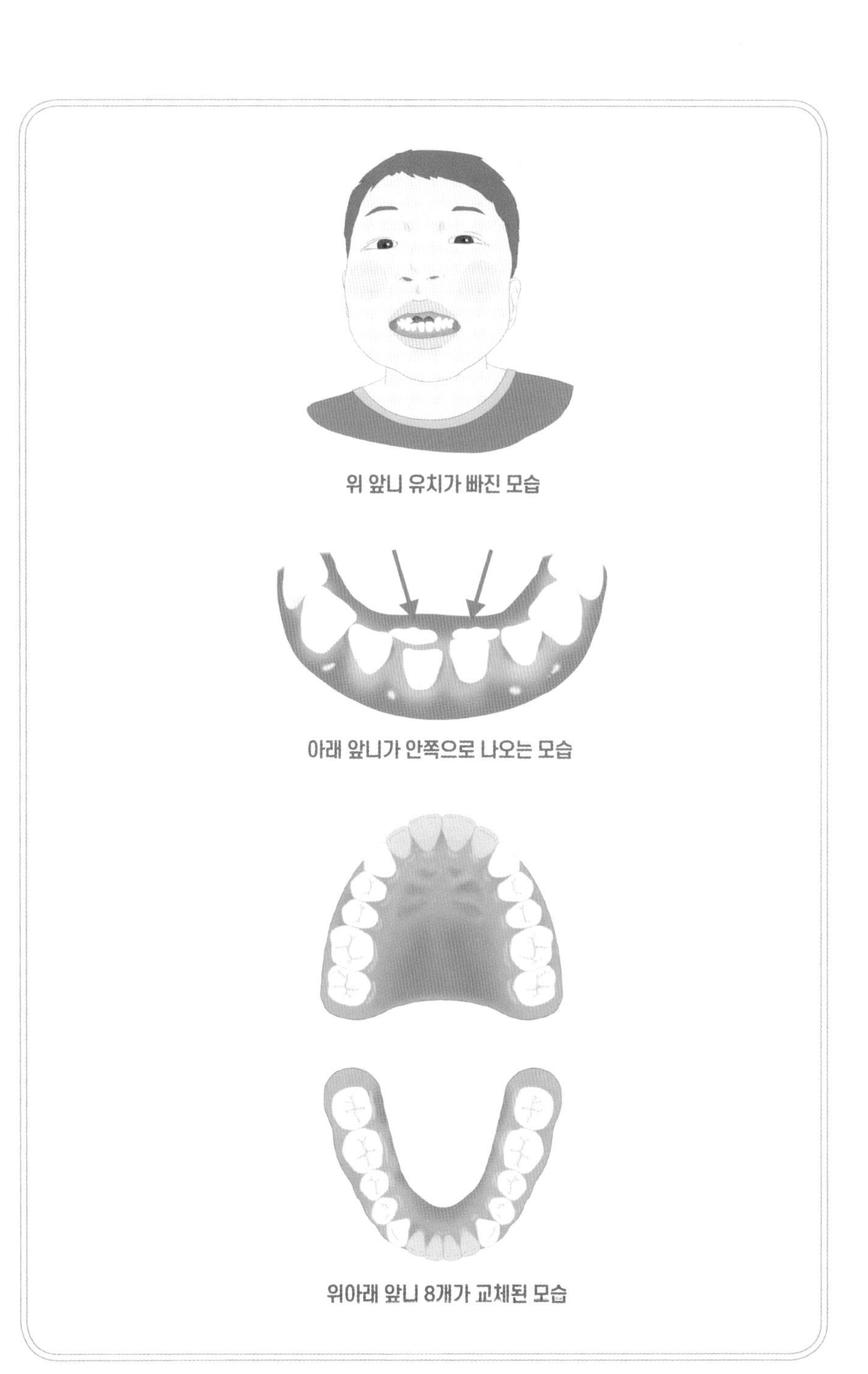

위 앞니 유치가 빠진 모습

아래 앞니가 안쪽으로 나오는 모습

위아래 앞니 8개가 교체된 모습

휴지기

이 시기는 유치의 교환이 일어나지 않는 정지기입니다. 대략 초등학교 3~4학년 시기입니다.

2차시기 : 제2치열교환기 2st transitional period

3번째, 4번째, 5번째 치아인 송곳니와 작은 어금니가 교체되는 시기입니다. 초등학교 5~6학년 때쯤이며 중학교 초반까지 연장될 수 있습니다. 위턱은 4 ⇨ 5 ⇨ 3 혹은 4 ⇨ 3 ⇨ 5 순서이고, 아래턱은 3 ⇨ 4 ⇨ 5 순서로 나옵니다.

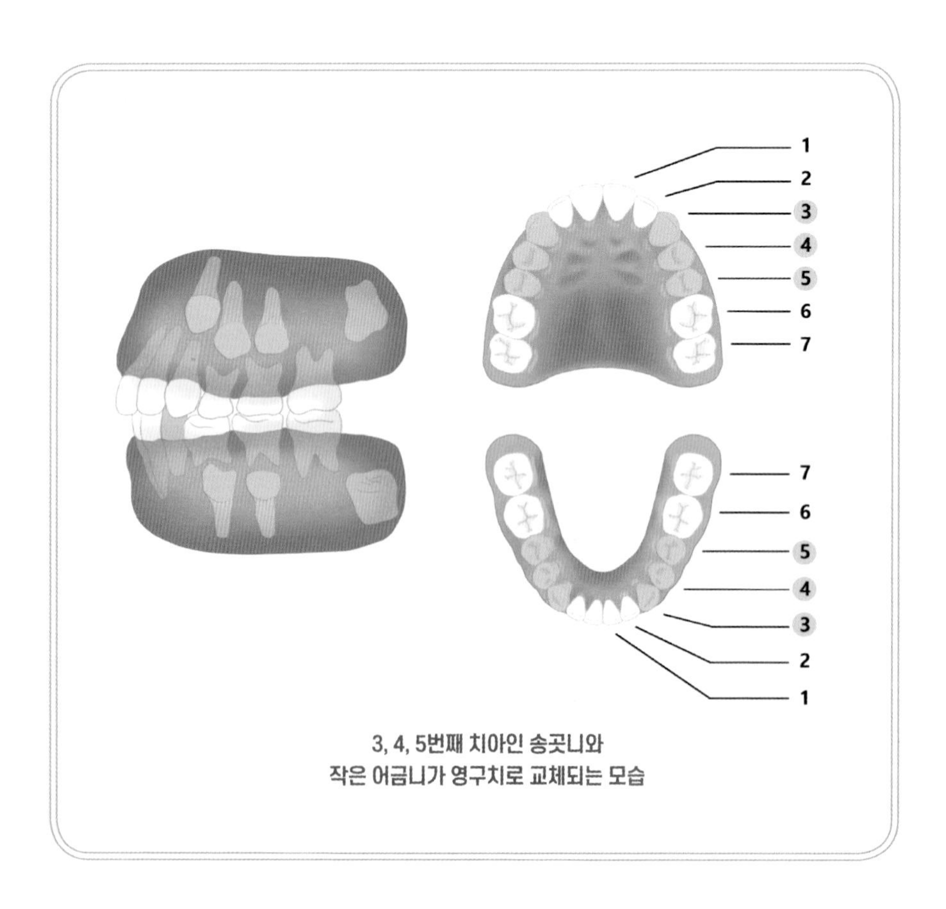

3, 4, 5번째 치아인 송곳니와
작은 어금니가 영구치로 교체되는 모습

치아가 이상한 곳으로 나와요(이소맹출)

- 치아와 턱뼈 크기의 부조화로 인한 공간 부족
- 유치 뿌리의 흡수가 잘 안될 때

이런 경우 치아가 비정상적 위치로 맹출하는 것을 이소맹출이라고 합니다. 주로 위턱 제1 큰어금니, 아래 앞니, 위 송곳니에서 발생합니다.

이소맹출이 있더라도 적기에 유치를 발치하면 영구치가 원위치로 돌아옵니다. 너무 걱정하지 않아도 됩니다. 입술과 혀와 뺨 등 치아 주변의 근육들에 의해 자연스레 제 위치로 가게 됩니다. 그러나 유치 발치가 늦어지고 영구치가 원위치에서 너무 벗어나 있으면, 불가피하게 치아교정을 받아야 하기도 합니다.

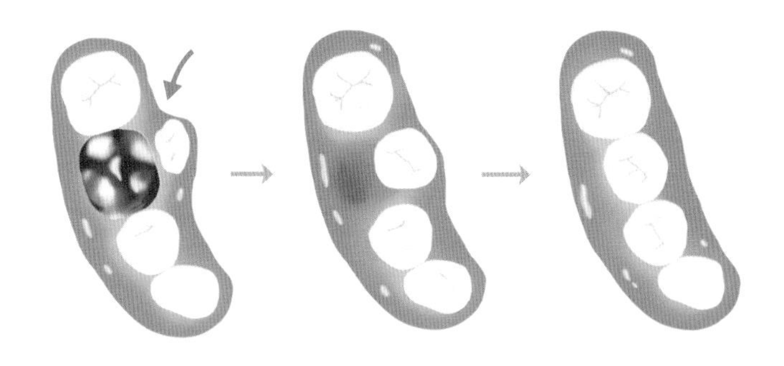

옆으로 난 치아가 원래위치로 이동하는 모습

간식 조절과 양치질하기

6~12세 혼합치열기는 아이에게 충치가 잘 생기는 시기입니다. 활동량이 증가하여 왕성하게 음식을 섭취합니다. 입안에 있는 유치와 갓 나온 어른 치아인 영구치도 아직 표면이 단단하지 않습니다.

만약 음식이 치아에 자주 고여 있다면 충치 원인균이 모여들어 파티를 열게 됩니다. 그리고 산성 분비물을 내뿜어 치아를 부식시킵니다. 충치가 생기게 되는 것이지요. 그래서 충치 예방에 있어서 간식 조절은 너무나 중요합니다(P147).

정기식사 외에 간식은 최소로 하는 것이 좋습니다. 먹더라도 시간을 정해서 섭취하게 합니다. 물론 간식 후에도 꼭 양치하는 습관을 들여 주세요. 재밌는 것은 음식을 먹은 후 양치 습관이 잘되어 있는 아이들은 간식도 덜 먹습니다. 양치 후의 개운함을 알기에 귀찮아서라도 안 먹게 됩니다.

이 시기의 약한 치아 표면을 위해 불소도포와 홈메우기를 해주는 것이 좋습니다. 물론 건강할 때 맘 편히 정기적으로 치과에 가는 것이 가장 좋은 예방의 방법일 것입니다. 잘 알다시피 치과는 늦게 오면 호미로 막을 것을 가래로 막게 되는 곳이죠.

우리 아이에게 입 냄새가 나요

부모님과 아이는 누구보다 가까운 거리에서 생활합니다. 그러기에 아이의 입 냄새가 느껴질 때가 있습니다. 심하게 나는 경우는 부모도 참기 힘든 경우가 있습니다. 입 냄새가 있을 때는 아이가 커가며 사회성도 넓어지기에 엄마, 아빠의 걱정도 커지게 됩니다. 입 냄새의 원인은 어떤 것이 있을까요?

충치가 있거나 입안이 깨끗하지 않은 경우

입 냄새 대부분은 입안에 문제가 있을 때입니다. 부모가 매일 보고 아이를 양치질 해주더라도 충치를 못 보는 경우가 있습니다.

특히, 위턱의 4번째 치아의 뒤 부분에 충치가 잘생깁니다(p192). 이런 경우 당연히 냄새가 납니다.

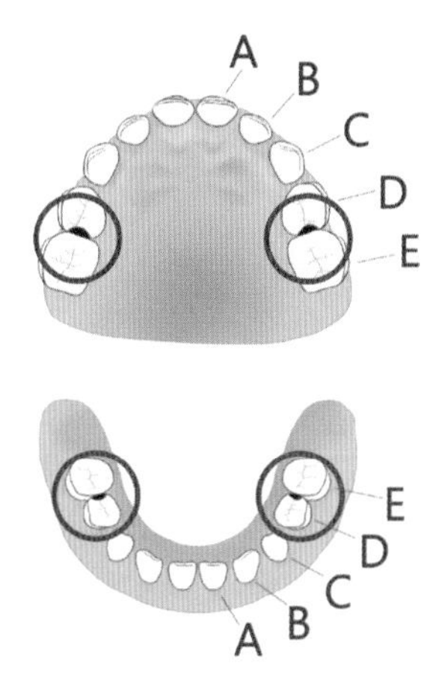

또한 문제가 되는 것이 치아가 겹친 부위입니다. 충치가 잘 생기고 쉽게 잇몸에 염증이 생깁니다. 그러면 그 부위에서도 입 냄새가 납니다. 이런 경우 치과에서 해당 치료를 받으면 쉽사리 해결됩니다.

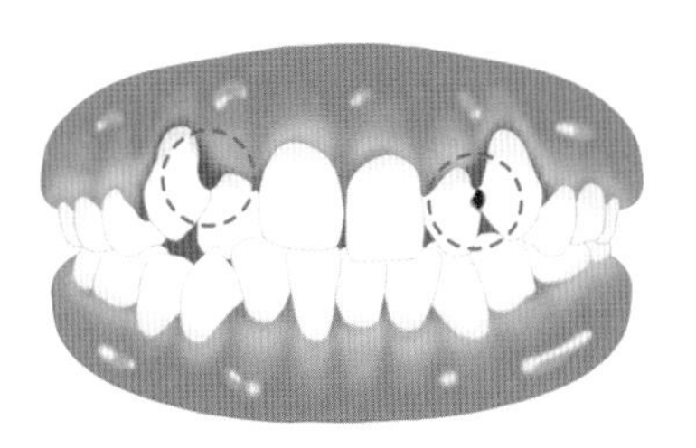

충치와 함께 치아 사이의 음식물 찌거기도 입 냄새의 주범입니다. 양치 후에는 반드시 치실을 하여 치아 사이를 확인해줘야 합니다.

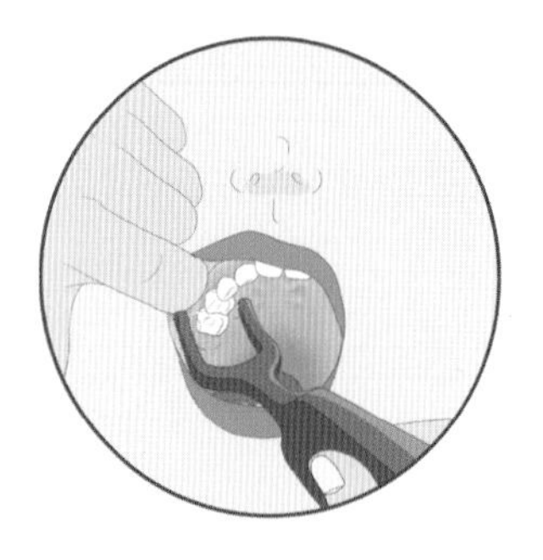

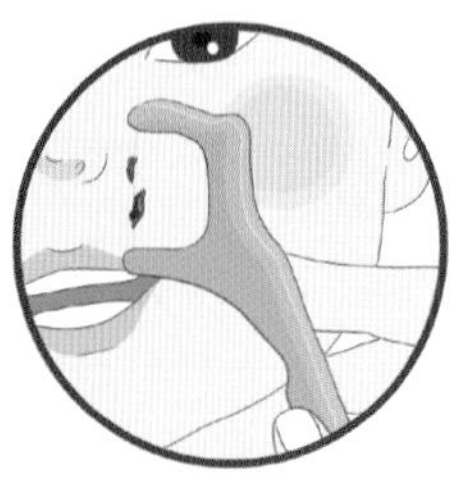

혀에 설태(백태)가 심하게 있는 경우 입 냄새가 나기도 합니다. 양치질 후 혀도 닦아주는 것이 필요합니다. 혀를 내민 후 칫솔이나 혀클리너를 이용하여 5회 정도 닦아 줍니다. 너무 과도하게 하면 혀가 상할 수 있으니 가볍게 닦아줍니다.

마지막으로 목구멍을 가글해줍니다. 그래야 그곳에 있는 안 좋은 세균을 괴롭혀 주고 깨끗이 할 수 있습니다.

아침에 일어났을 때

밤사이 입안은 침 분비가 적어 건조해집니다. 안 좋은 세균이 활동하기 좋은 환경이 되는 것이지요. 누구나 잠에서 깨면 어느 정도 입 냄새가 납니다. 만약 그 정도가 심하다면 잠들기 전 양치질이 중요합니다. 밤사이에 입안에 음식 찌꺼기가 남아 있으면 부패가 되어 냄새가 납니다.

보호자가 마무리 양치 시 더 꼼꼼히 해주는 것이 좋습니다. 그리고 치실을 꼭 해줍니다. 깨끗이 한 것 같아도 치실을 해보면 음식이 나오는 경우가 많습니다. 기억해주세요. 잠들기 전 마지막으로 아이의 입에 닿은 것은 칫솔과 치실이어야 합니다.

전신 질환이 있는 경우

입 냄새 원인 중 20% 이하에서 전신건강과 관련이 있습니다. 상당히 높은 비중입니다. 역류성식도염, 편도결석이 있을 때도 입 냄새가 발생합니다. 축농증과 후비루증도 마찬가지입니다.

질환에 따라 독특한 냄새가 나기도 합니다. 신장이 안 좋을 때는 암모니아 냄새가 납니다. 당뇨가 있을 때는 과일 향의 아세톤 냄새가 나고, 간질환이 있을 때는 달걀 썩은 내가 납니다. 이런 경우들은 반드시 이비인후과, 내과, 소아청소년과에서 검진과 치료를 받아야 합니다.

입으로 숨을 쉴때

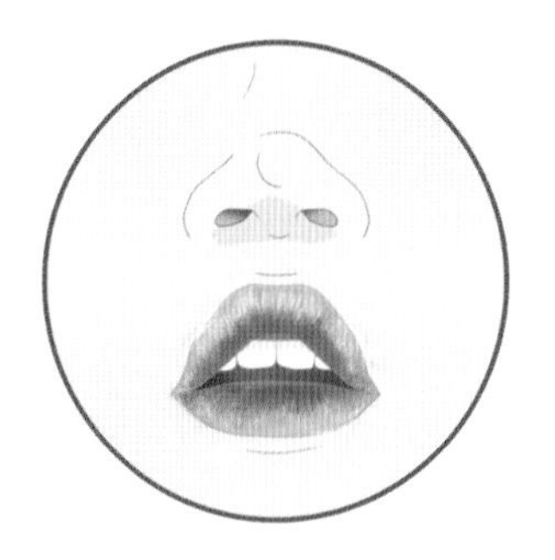

코로 숨을 쉬지 못하고 구호흡을 할 때 입 냄새가 나기도 합니다. 입으로 숨을 쉬어 입안이 건조해지면 충치와 잇몸염증이 잘 생깁니다. 코로 숨을 쉴 수 있는 환경과 노력이 필요합니다(p293).

수면장애

아이가 산만하고 오래 집중하기를 어려워하면 수면장애를 의심해 봐야 합니다. 잠이 충분치 않으면 성장이 저하되고, 학습 능력도 떨어집니다. 수면장애에서 치과 영역과 관련이 있는 것이 수면 무호흡입니다.

수면 무호흡증은 자면서 일시적으로 숨이 멈추는 증상을 말합니다. 이런 경우에 호흡을 회복하기 위해 코를 골기도 합니다. 코골이 현상은 숨이 멎는 증상과 함께 나타납니다. 부모가 수면 중 옆에서 확인할 수 있습니다. 정확한 진단은 수면 다원 검사를 하기도 합니다.

수면 무호흡은 잠자는 동안 반복적으로 일어나서 수면의 질이 하락하고, 이 때문에 낮에도 많이 졸게 됩니다. 악몽을 자주 꾸기도 하며 아침에 일어나기 힘들어 합니다. 문제는 아이가 늘 피곤하기 때문에 무기력, 산만함, 화를 참지 못함 등이 나타날 수 있습니다.

가장 큰 원인은 기도가 막혀 좁아지는 것입니다. 비만인 아이들은 목둘레가 두꺼워져 기도가 좁아집니다. 편도선이 커진 경우나 혀가 누웠을 때 쳐지게 되면 기도가 막힙니다. 위턱이 좁고 아래턱이 무턱인 경우도 마찬가지 입니다. 비염과 축농증도 원인이 됩니다.

수면장애 개선을 위한 방법

- 편도선 비대나 비염의 경우 이비인후과나 소아청소년과에서 진단 후 치료를 받습니다.
- 적절한 식이조절과 운동으로 비만이 되지 않게 합니다. 목둘레가 크면 수면 무호흡일 가능성이 증가합니다.

- 혀의 위치 잡는 운동을 합니다. 혀가 힘이 없고 목구멍쪽으로 쳐지면 수면 중 기도가 막힙니다. 혀를 올바른 위치에 놓는 연습을 많이 하는 것이 좋습니다.
- 입천장이 좁고 무턱인 경우에도 기도가 좁아지기에 치과 교정치료가 필요합니다. 치과 검진 후 턱 성장교정, 치아교정을 하여 올바른 성장이 되도록 합니다.
- 수면 중 이악물기나 이갈이도 수면의 질을 떨어뜨립니다. 습관개선운동(p299)과 장치치료를 병행하는 치료가 필요할 수 있습니다.

건강한 수면을 위한 지침: 수면 위생법

1. 잠자리에 드는 시간과 아침에 일어나는 시간을 일정하게, 규칙적으로 하세요.
2. 낮에 40분 동안 땀이 날 정도의 운동은 수면에 도움이 됩니다. (하지만 잠자기 3-4시간 이내에 과도한 운동은 수면을 방해할 수 있으니 피하도록 하십시오.)
3. 낮잠은 가급적 안 자도록 노력하시고, 자더라도 15분 이내로 제한하도록 해주세요.
4. 잠자기 4~6시간 전에는 카페인(커피, 콜라, 녹차, 홍차 등)이 들어 있는 음식을 먹지 않도록 하시고, 하루 중에도 카페인의 섭취를 최소화하는 것이 좋습니다. (카페인은 각성제로 수면을 방해할 수 있습니다.)
5. 담배를 피우신다면 끊는 것이 좋은 수면에 도움이 됩니다. (특히 잠잘 즈음과 자다가 깨었을 때 담배를 피우는 것은 다시 잠자는 것을 방해할 수 있습니다.)
6. 잠을 자기 위한 늦은 밤의 알코올 복용하지 않도록 해주세요. (알코올은 일시적으로 졸음을 증가시키지만, 밤늦게 잠을 깨울 수 있으며 아침에 일찍 깨어나게 합니다.)
7. 잠자기 전 과도한 식사나 수분 섭취를 제한해 주세요. (과식은 수면을 방해할 수 있습니다.)
8. 잠자리에 소음을 없애고, 온도와 조명을 안락하게 조절해 주세요.
9. 수면제는 매일, 습관적으로 사용하지 않는 것이 좋습니다.
10. 과도한 스트레스와 긴장을 피하고 이완하는 것을 배우면 수면에 도움이 됩니

다. (요가, 명상, 가벼운 독서 등)

⑪ 잠자리에 들어 20분 이내 잠이 오지 않는다면, 잠자리에서 일어나 가벼운 독서, TV 시청 등을 하면서 이완하고 있다가 다시 졸리면 다시 잠자리에 들도록 합니다. 이후 다시 잠이 안 오면 이러한 과정을 잠들 때까지 계속 반복해 주세요. (하지만 기상 시간은 아무리 간밤에 잠을 못 잤다고 하더라도 일정한 시간에 일어나도록 하시고 낮잠은 안 자도록 노력해 주세요.) (출처:대한수면학회)

턱관절 장애

귓구멍 앞에 아래턱과 위턱이 만나는 부위가 있습니다. 턱관절입니다. 우리 인체는 뼈하고 뼈가 만나는 부위에 연골이 있는데 디스크(disc)라고 부르기도 합니다. 움직이는 뼈 사이의 마찰로부터 뼈를 보호합니다. 허리 디스크, 목 디스크처럼 턱관절 사이에도 턱관절 디스크(관절원판, articular disc)가 있습니다. 이 턱관절 디스크와 주변의 인대 그리고 근육들의 문제를 턱관절장애라고 합니다.

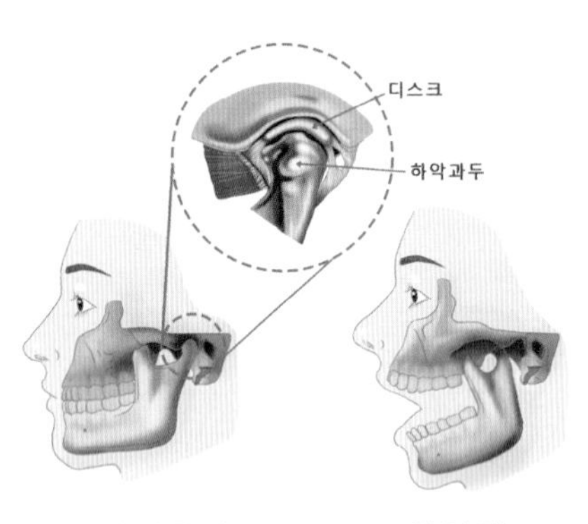

입 다물 때　　입 열 때

턱관절 장애의 증상

- 턱에서 소리가 나거나 크게 벌릴 때 통증이 있을 수 있습니다.
- 하품하거나 밥을 먹을 때도 아프다고 할 수 있습니다.
- 통증이 오래되면 입을 벌리기가 어렵고 가만히 있어도 아픕니다.
- 두통과 이명, 그리고 목과 어깨의 통증으로 이어지기도 합니다.

턱관절 질환이 오래되면 집중력이 부족해져 의욕이 떨어지고, 학습 능력 저하가

올 수 있습니다. 음식을 씹는 기능도 약해집니다. 그뿐만 아니라 성장기 어린이에게는 턱과 얼굴의 발육에도 영향을 미칩니다. 얼굴의 비대칭을 만들기도 합니다.

턱관절 장애의 원인

- 치아의 상실, 조기 접촉, 부정교합: 치아가 일찍 빠지고 입을 다물 때 쓰러진 치아가 먼저 부딪히면 턱관절 장애가 오기도 합니다. 부정교합으로 인해 치아가 조화롭게 물리지 못해도 마찬가지입니다.
- 구강 악습관: 이악물기, 이갈이, 턱괴기, 손톱물기, 혀내밀기 등의 악습관은 턱에 무리가 가게 합니다
- 치아 및 얼굴의 외상: 얼굴에 외상을 입으면 턱에도 충격이 가해져 손상이 있을 수 있습니다.
- 정신, 정서적 문제: 구강 악습관에 영향을 주는 것으로 정서적 스트레스를 주요인으로 보고 있습니다.

치료

턱관절질환이 다양한 원인에 의해 발생하므로 하나의 치료법으로 해결이 어려운 경우가 많습니다. 정신적 스트레스에 의한 이악물기를 주된 원인으로 보고 교합안정장치를 수면 중 치아에 장착시킵니다. 그리고 근기능 운동을 통해 악습관 개선의 노력을 합니다.

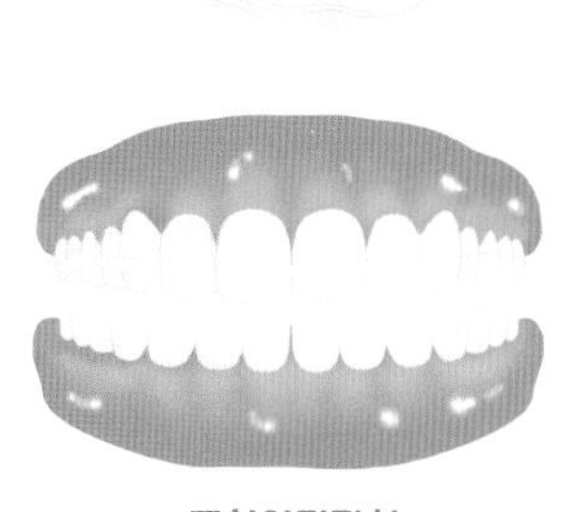

교합안정장치

턱관절 장애를 위한 근기능 운동

앞서 살펴 보았던 '이갈이를 고치는 행동인지요법(p295)'과 요령은 같습니다. 너무나 중요해서 요약하여 한번 더 소개하겠습니다.

◆ M 소리내기 운동 ◆
: 안정위(Rest position) 잡기

❶ 엠(M)하고 소리를 내다보면, 입술은 붙고 치아는 살짝 떨어집니다. 그 상태에서 천천히 심호흡합니다.

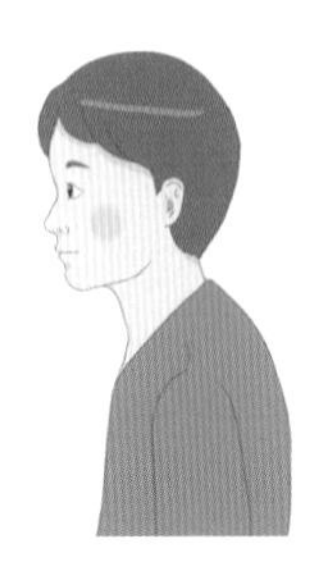

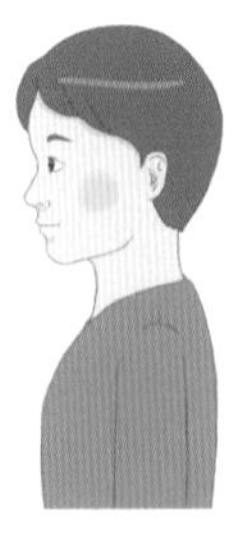

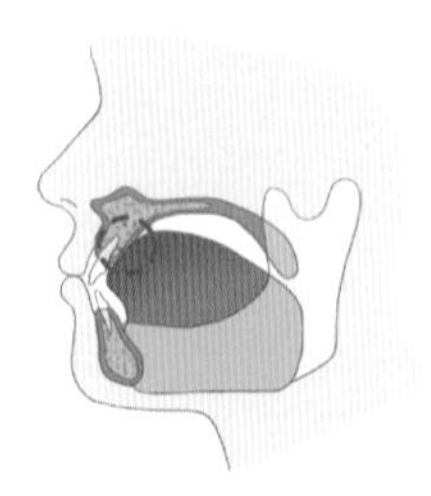

❷ 그러면 자연스레 상체가 펴지고, 입안의 혀도 입천장에 닿게 됩니다. 그러면 안정위(rest position)가 됩니다.

안정위 후 근기능 운동

❶ 엠(M)하고 심호흡을 한 뒤, 머리를 좌우로 돌려 5초간 바라봅니다.

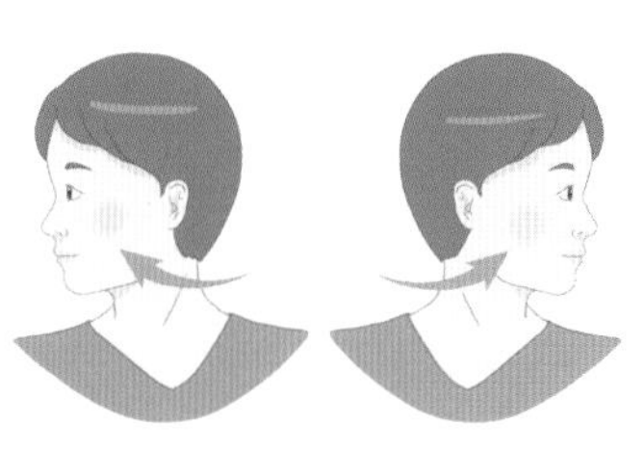

❷ 좌우로 5초간 갸우뚱하듯이 스트레칭합니다.

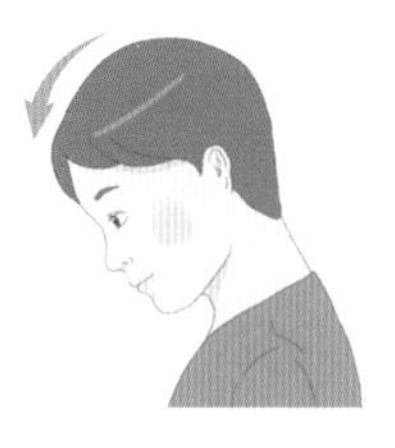

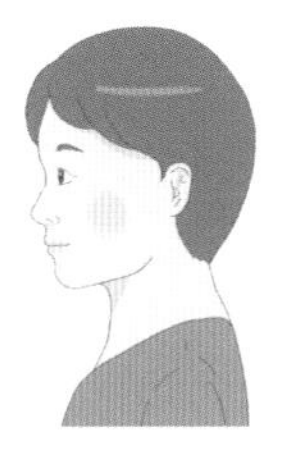

❸ 머리를 밑으로 5초간 숙이며 이완시킵니다.

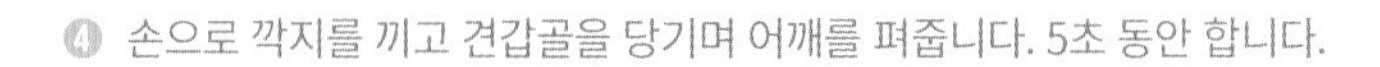

❹ 손으로 깍지를 끼고 견갑골을 당기며 어깨를 펴줍니다. 5초 동안 합니다.

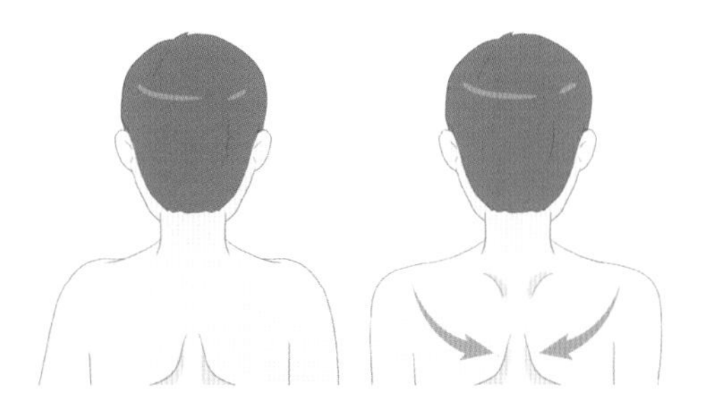

염증이 있을 때는 소염진통제와 근육이완제 등의 약물치료를 합니다. 물리치료를 병행하기도 합니다. 다행인 것은 소아·청소년의 턱관절장애는 성인과 유사하지만, 성장발육중에 있고 변화에 적응력이 뛰어나므로 조기 발견하여 치료한다면 비교적 좋은 결과로 이어집니다.

예방

턱관절 장애의 예방은 우선 질환이 무엇인지를 이해하는 게 중요합니다. 턱관절 자체의 존재를 모르는 경우도 많습니다. 귀 앞에 관절이 있고, 그 안에 디스크가 있어서 안 좋은 습관이 있으면 나빠질 수 있음을 아는 것이 중요합니다. 우리 아이가 턱관절 장애가 생기지 않게 하는 예방법을 알아보겠습니다.

- 평상시 밥을 먹을 때나, 하품할 때 갑자기 턱을 크게 벌리지 않는다.
- 이악물기, 이갈이, 손톱깨물기, 혀내밀기 등의 악습관이 있는지 관찰한다.
- 혀와 치아, 턱의 안정적인 위치 잡기를 스스로 할 수 있도록 알려준다.
- 부정교합이 있으면 치과교정을 통하여 올바른 관계로 맞춰준다.
- 한쪽으로 누워 자기, 음식 씹기, 턱괴기 등의 안좋은 자세는 몸에 배지 않도록 초기에 교정해준다.
- 스트레스가 덜 쌓이도록 심리적 안정을 도와준다.

부록 1,2

부록 1

13세 이후는 어른치아 완성, 영구치열기

보통 12~13세가 되면 7번째 치아가 나와서 어른 치아가 완성됩니다. 이때부터 영구치열기라 부릅니다. 앞으로 평생 써야 할 치아들이 다 만들어진 것이지요. 8번째 치아인 사랑니는 사람에 따라 다릅니다. 17세 이후에 나오기 시작하는데 아예 없는 경우도 있고, 개인마다 맹출 되는 정도와 개수의 차이가 있습니다.

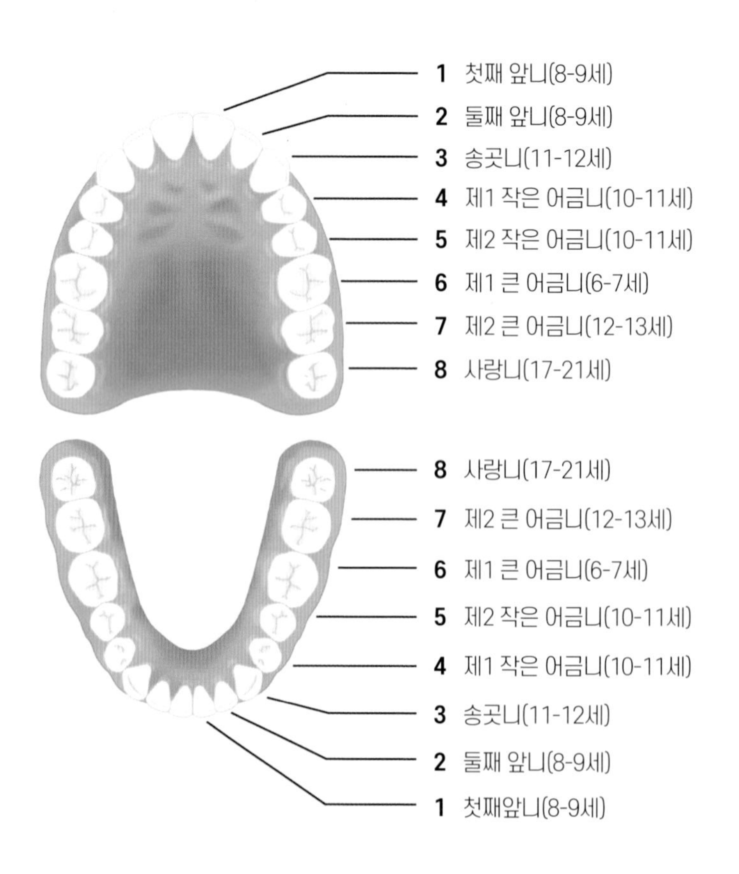

어렸을 때부터 입속관리법을 꾸준히 실행해왔다면 그리 어렵지 않게 영구치열기를 맞이할 수 있습니다. 당연히 이제부터가 중요합니다. 신생아부터 지금까지 신경 써서 노력해온 것은 결국 어른 치아를 건강하게 사용하기 위함입니다. 양치질 등의 생활 습관은 익숙해지면 오래가기 때문에 그 결과는 평생을 갑니다. 그리고 여전히 악습관의 조절이 필요합니다. 또한 영구치열이 완성되면 치아교정을 통해 바람직한 얼굴 성장을 도모할 수 있습니다.

아이의 영구치열기에 알아야 할 중요 사항

1 갓 나온 어른치아는 약하다

이제 막 맹출한 영구치아는 매우 약합니다. 치아의 바깥 껍질이 아직 덜 단단하기 때문입니다. 6세 나온 제1큰어금니와 12세 이후에 나오는 제2큰어금니는 중요합니다. 앞 페이지 그림의 6번째, 7번째 치아입니다. 음식물 저작에 주요 역할을 합니다. 하지만 맨 뒤의 치아라서 잘 안 닦입니다. 성장기의 아이들은 간식도 많이 먹고 하기에 관리가 안 되면 금방 충치가 생기곤 합니다.

마지막에 나오는 7번째 치아인 제2큰어금니를 충치로부터 예방하는 좋은 치료는 홈메우기(실란트)입니다. 6세에 나온 첫번째 큰어금니는 이미 홈메우기가 되어 있을 수 있습니다. 만약 실란트를 안 했거나 탈락해 있다면 같이 치료해 줍니다.

그 외에 불소도포와 불소용액 가글 역시 효과적인 충치예방치료입니다. 물론 제일 중요한 것은 치과에 정기적으로 나와서 검진하여 조기에 충치치료를 하는 것입니다. 미리 발견하면 비교적 간단하게 치료하여 문제없이 기능이 회복됩니다.

2 치아교정의 최적기이다

12세 이후에 7번째 영구치아까지 다 나오면 성인의 치열이 완성됩니다. 이때부터를 치아교정의 골든타임이라고 부릅니다. 위턱과 아래턱이 아직 단단하지 않기에 치아의 이동이 수월합니다. 그래서 치아교정의 결과가 좋습니다. 보통 중학교부터 아이가 바빠지는 고등학교 3학년 전까지의 시기입니다. 이때를 이용하여 아이의 균형 잡힌 얼굴 성장을 도모할 수 있습니다.

3 양치질 습관이 굳어진다

중고등학교 시기에 양치습관을 잘 들이는 것이 중요합니다. 이때 굳어진 습관은 평생을 간다고 해도 과언이 아닙니다. 12세 이후의 영구치열기는 아이들의 치아가 아직 단단하지 않기에 충치균의 공격에 쉽게 부식됩니다. 즉 충치가 잘 생기는 것이지요. 그래서 식사를 하거나 간식을 먹으면 바로 양치질을 하는 습관을 들이는 게 좋습니다.

이 나이 때는 사회적 관계가 더욱 중요시됩니다. 친구들을 많이 만나고 그 시간도 늘어납니다. 입속관리가 잘 안되면 그로 인해 입 냄새가 날 수도 있습니다. 그러면 아이는 자신감을 잃게 되고, 대인관계에서 소극적이 될 수도 있습니다. 입 냄새의 대처는 앞서 살펴보았습니다(p320). 치과적인 문제라면 정확한 칫솔질과 치실, 치간 칫솔, 가글 등으로 해결할 수 있습니다.

4 악습관이 강화된다

우리 아이들은 생각보다 안 좋은 습관이 많습니다. 흔한 것으로는 이갈이, 이악물기, 손톱깨물기, 혀내밀기, 턱괴기, 구부리고 핸드폰 보기 등이 있습니다. 이런 악습관은 아이의 치아건강을 해칠뿐 아니라 부조화스러운 얼굴 성장을 만들게 됩니다.

턱관절 질환도 야기하며, 굽은 등 같은 안 좋은 체형도 유발합니다.
본문에서 악습관 교정에 도움이 되는 대표적인 근기능 운동을 살펴보았습니다(p299). 나쁜 자세를 교정을 해주다 보면 아이와 신경전을 벌일 수도 있습니다. 하지만 이 시기에 좋은 자세를 잡게 도와주는 것은 아이가 건강한 삶을 영위하는데 매우 중요합니다. 또한 균형 잡힌 멋진 체형을 갖게 되어 자신감 있게 살아가게 됩니다.

5 사랑니

영구치열기에 치과에 와서 많이 하는 질문 중 하나가 있습니다. 바로 사랑니에 대해 물어보는 것입니다. 평균적으로 17세~21세에 사랑니가 맹출 하기에 치과에서 정기검진을 할 필요가 있습니다. 잇몸 밖으로 사랑니가 똑바로 나오기보다 반쯤 머리를 내밀거나, 잇몸살 안에 매복되어 있을 수 있습니다. 이런 경우는 특별히 신경 써서 잘 닦아줘야 합니다. 맨 뒤의 치아라서 양치질하기가 쉽지 않습니다. 그래서 사랑니가 나왔다면 대부분의 경우 뽑는 것을 권장합니다.

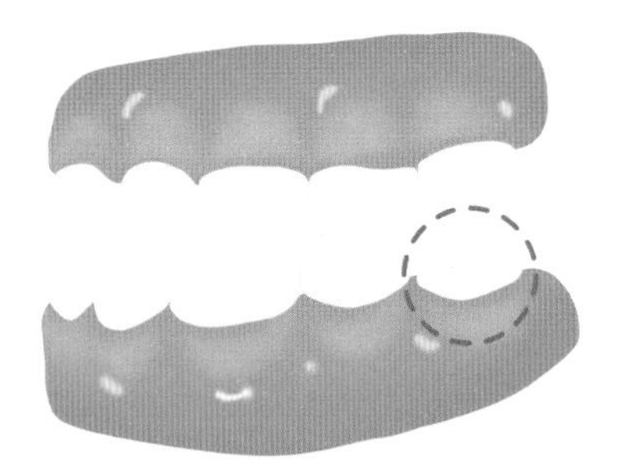

사랑니가 반쯤 머리를 내민 모습

부록 2

교정치료시 입속관리법

치아교정을 받게 되면 교정장치로 인해 칫솔질이 어렵습니다. 만약 양치가 잘 안 된다면 충치가 발생하거나 잇몸이 나빠질 수 있습니다. 입 냄새로 고민하게 될 수도 있고요. 교정 기간에 뜻하지 않게 다양한 문제가 발생할 위험이 있는 것입니다. 영구치열기의 아이들은 간식도 자주 먹게 됩니다. 게다가 아직 치아의 바깥 껍질은 약하기에 쉽게 충치가 생깁니다. 이 사실을 알고 있어도 울퉁불퉁한 교정장치로 인해 잘 닦는 것이 쉽지 않습니다. 하지만 닦는 요령을 알고 익히면 충분히 깨끗이 관리될 수 있습니다. 우선 교정장치 주변의 잘 안 닦이는 사각지대를 알아야 합니다. 그리고 부위별로 적절한 기구를 이용하여 닦습니다.

치아교정 시 입속관리법

사각지대

교정용 브래킷과 주변에 5개의 사각지대가 있습니다. ①~⑤로 갈수록 관리가 어렵습니다.

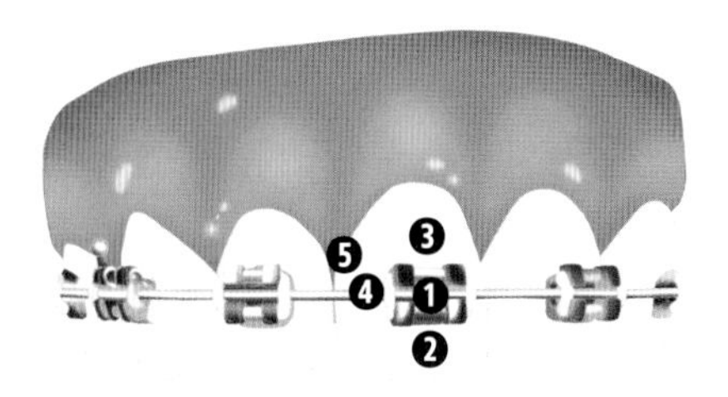

❶ **교정용 브래킷 정면** : 칫솔로 원을 그리며 닦습니다.
❷ **브래킷의 치아 끝 쪽** : 45° 각도로 비스듬히 닦습니다.
❸ **브래킷의 잇몸 쪽** : 45° 각도로 비스듬히 닦습니다.
❹ **브래킷의 옆면** : 치간칫솔을 이용하여 닦습니다.
❺ **치아사이** : 교정용 치실을 이용하여 닦습니다.

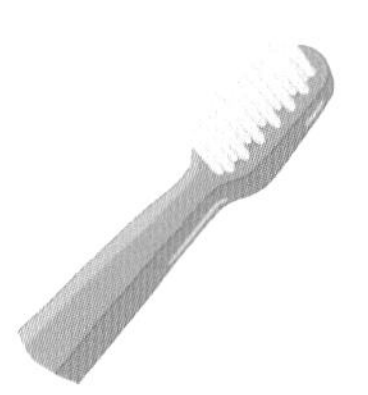
일반(교정용) 칫솔

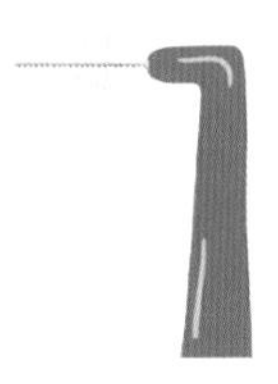
치간칫솔

교정용 치실

부위별 닦는 법

❶ 교정용 브래킷 정면

칫솔로 작은 원을 그리며 닦습니다. 한 브래킷 당 최소 10회는 닦아줍니다.

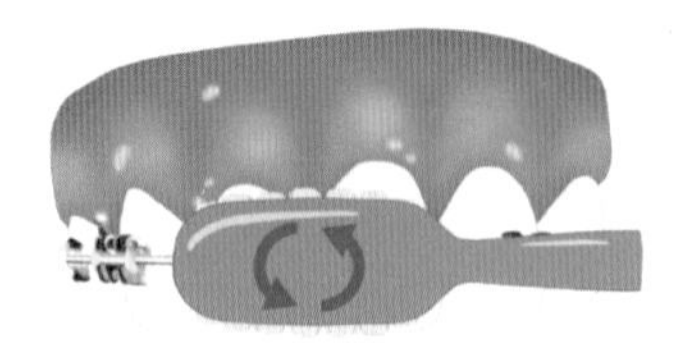

❷ 브래킷의 치아 끝 쪽

치아면에 45°각도로 갖다 데고 좌우로 움직이며 진동을 주어 닦습니다.

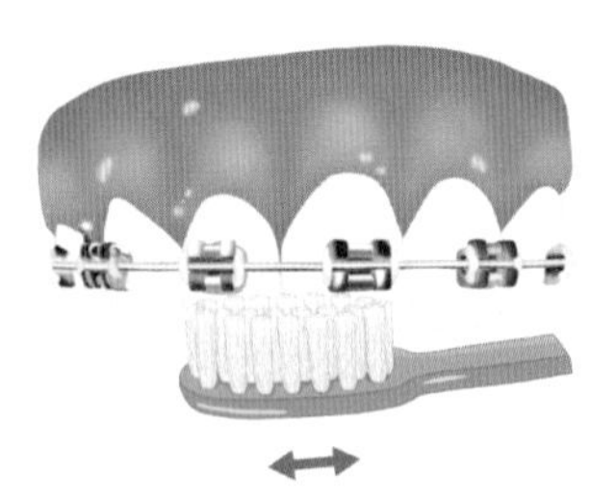

❸ 브래킷의 잇몸 쪽

치아면에 45°각도로 갖다 데고 좌우로 움직이며 진동을 주어 닦습니다.

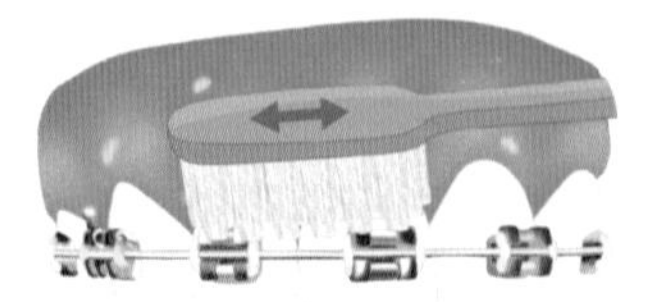

④ 브래킷의 옆면

치간칫솔을 이용하여 교정용 와이어 사이에 넣어 위아래로 닦습니다.

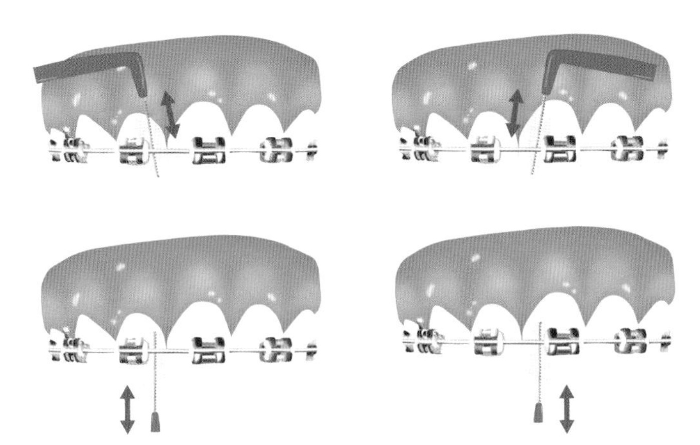

⑤ 치아사이

교정용 치실을 와이어 사이에 넣습니다.

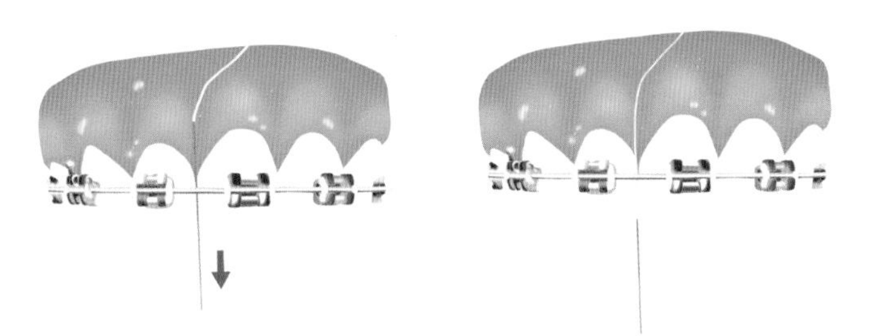

치아와 잇몸 사이에서부터 치면을 따라 당기면서 쓸어내립니다.

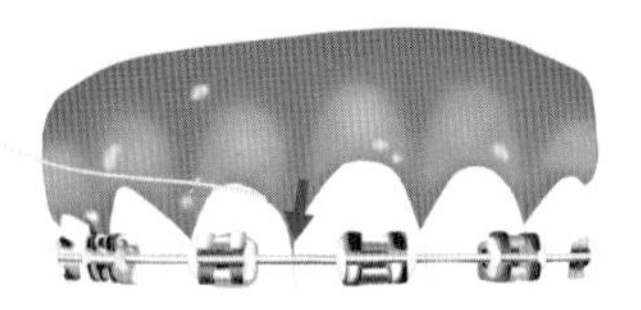
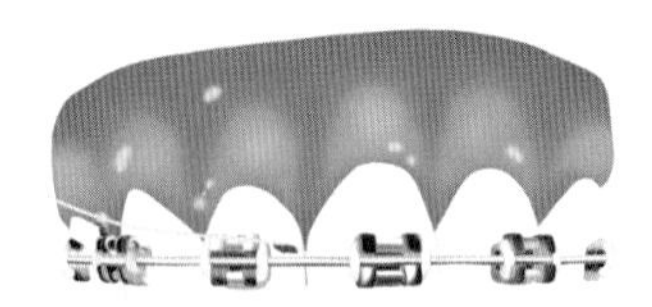
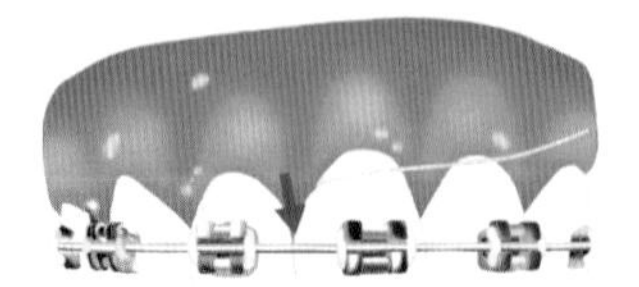
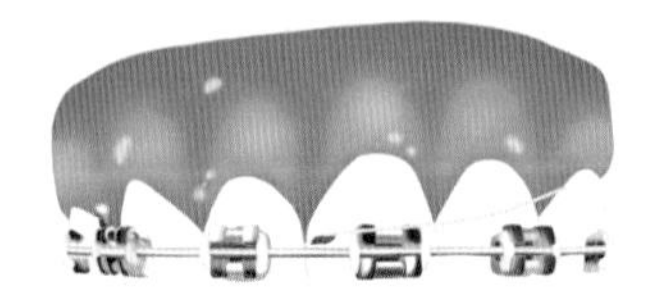

- 칫솔질이 끝나고 혀를 닦아줍니다. 그리고 양치 가글도 해줍니다.
- 전동칫솔을 사용하여 닦으면 효율이 향상됩니다.
- 구강물세정기도 도움이 됩니다.
- 교정 기간에는 정기적으로 치아와 브래킷 주변을 검진받아야 합니다.